全国计算机等级考试二级教程
——MS Office 高级应用与设计 上机指导

教育部教育考试院

主编　吉燕
参编　赫亮　张惠民　陈悦

高等教育出版社·北京

内容提要

本书为《全国计算机等级考试二级教程——MS Office 高级应用与设计》配套的上机辅导教程,其内容与主教程相匹配,共包括三大部分:利用 Word 高效创建电子文档,通过 Excel 创建并处理电子表格,使用 PowerPoint 制作演示文稿。 配套资源中有书中所用的案例文件、素材文件及任务完成效果。

本书侧重于对 Word、Excel、PowerPoint 三个模块的高级功能的综合应用,更加有助于培养和提高解决实际问题的能力。 本书以任务驱动的方式,每章采用一个完整的案例完成一个实际任务,每个案例都与实际生活和工作息息相关,可以真正解决实际问题。 每个案例均包含若干个重要的知识点,这些知识点的详细操作方法均分散于本书主教程的各章节中。如与主教程配套使用,则学习效果会事半功倍。

本书不仅是计算机等级考试的指定辅导教程,同样可以作为中、高等学校及其他各类计算机培训机构对 Microsoft Office 高级应用与设计的教学用书,也是计算机爱好者实用的自学参考书。

图书在版编目(CIP)数据

全国计算机等级考试二级教程. MS Office 高级应用与设计上机指导 / 教育部教育考试院编. --北京:高等教育出版社,2022.2(2024.1 重印)
ISBN 978-7-04-057678-8

Ⅰ.①全… Ⅱ.①教… Ⅲ.①电子计算机-水平考试-教材②办公自动化-应用软件-水平考试-教材 Ⅳ.①TP3

中国版本图书馆 CIP 数据核字(2022)第 012060 号

策划编辑	何新权	责任编辑	何新权	封面设计	李树龙	版式设计	马 云
责任校对	刘 莉	责任印制	田 甜				

Quanguo Jisuanji Dengji Kaoshi Erji Jiaocheng——MS Office Gaoji Yingyong yu Sheji Shangji Zhidao

出版发行	高等教育出版社	网 址	http://www.hep.edu.cn
社 址	北京市西城区德外大街 4 号		http://www.hep.com.cn
邮政编码	100120	网上订购	http://www.hepmall.com.cn
印 刷	山东新华印务有限公司		http://www.hepmall.com
开 本	787mm×1092mm 1/16		http://www.hepmall.cn
印 张	19.75		
字 数	480 千字	版 次	2022 年 2 月第 1 版
购书热线	010-58581118	印 次	2024 年 1 月第 3 次印刷
咨询电话	400-810-0598	定 价	54.00 元

本书如有缺页、倒页、脱页等质量问题,请到所购图书销售部门联系调换

积极发展全国计算机等级考试 为培养计算机应用专门人才、促进信息产业发展作出贡献

（序）

中国科协副主席　中国系统仿真学会理事长
第五届全国计算机等级考试委员会主任委员
赵沁平

当今，人类正在步入一个以智力资源的占有和配置，知识生产、分配和使用为最重要因素的知识经济时代，也就是小平同志提出的"科学技术是第一生产力"的时代。世界各国的竞争已成为以经济为基础、以科技（特别是高科技）为先导的综合国力的竞争。在高科技中，信息科学技术是知识高度密集、学科高度综合、具有科学与技术融合特征的学科。它直接渗透到经济、文化和社会的各个领域，迅速改变着人们的工作、生活和社会的结构，是当代发展知识经济的支柱之一。

在信息科学技术中，计算机硬件及通信设施是载体，计算机软件是核心。软件是人类知识的固化，是知识经济的基本表征，软件已成为信息时代的新型"物理设施"。人类抽象的经验、知识正逐步由软件予以精确的体现。在信息时代，软件是信息化的核心，国民经济和国防建设、社会发展、人民生活都离不开软件，软件无处不在。软件产业是增长快速的朝阳产业，是具有高附加值、高投入高产出、无污染、低能耗的绿色产业。软件产业的发展将推动知识经济的进程，促进从注重量的增长向注重质的提高方向发展。软件产业是关系到国家经济安全和文化安全，体现国家综合实力，决定21世纪国际竞争地位的战略性产业。

为了适应知识经济发展的需要，大力促进信息产业的发展，需要在全民中普及计算机的基本知识，培养一批又一批能熟练运用计算机和软件技术的各行各业的应用型人才。

1994年，国家教委（现教育部）推出了全国计算机等级考试，这是一种专门评价应试人员对计算机软硬件实际掌握能力的考试。它不限制报考人员的学历和年龄，从而为培养各行业计算机应用人才开辟了一条广阔的道路。

1994年是推出全国计算机等级考试的第一年，当年参加考试的有1万余人，2019年报考人数已达647万人。截至2019年年底，全国计算机等级考试共开考57次，考生人数累计达8935万人，有3256万人获得了各级计算机等级证书。

事实说明，鼓励社会各阶层人士通过各种途径掌握计算机应用技术，并通过等级考试对他们的能力予以科学、公正、权威性的认证，是一种比较好的、有效的计算机应用人才培养途径，符合我国的具体国情。等级考试同时也为用人部门录用和考核人员提供了一种测评手段。从有关公司对等级考试所作的社会抽样调查结果看，不论是管理人员还是应试人员，对该项考试的内容和

形式都给予了充分肯定。

计算机技术日新月异。全国计算机等级考试大纲顺应技术发展和社会需求的变化,从2010年开始对新版考试大纲进行调研和修订,在考试体系、考试内容、考试形式等方面都做了较大调整,希望等级考试更能反映当前计算机技术的应用实际,使培养计算机应用人才的工作更健康地向前发展。

全国计算机等级考试取得了良好的效果,这有赖于各有关单位专家在等级考试的大纲编写、试题设计、阅卷评分及效果分析等多项工作中付出的大量心血和辛勤劳动,他们为这项工作的开展作出了重要的贡献。我们在此向他们表示衷心的感谢!

我们相信,在21世纪知识经济和加快发展信息产业的形势下,在教育部考试中心的精心组织领导下,在全国各有关专家的大力配合下,全国计算机等级考试一定会以"激励引导成才,科学评价用才,服务社会选材"为目标,服务考生和社会,为我国培养计算机应用专门人才的事业作出更大的贡献。

前　言

本套教材是根据教育部教育考试院最新制订的《全国计算机等级考试二级 MS Office 高级应用与设计考试大纲》中对 Microsoft Office 高级应用与设计的要求编写的。新的考试大纲要求在 Windows 7 平台下使用 Microsoft Office 2016 办公软件。

经改版后,二级 MS Office 高级应用与设计包括主教程和配套上机指导教程两本,本书为主教程的配套上机指导教程,其内容与主教程相匹配,共包括三大部分:利用 Word 高效创建电子文档,通过 Excel 创建并处理电子表格,使用 PowerPoint 制作演示文稿。配套资源中有书中所用的案例文件、素材文件及任务完成效果,资源可由 http://px.hep.edu.cn 下载。

本书侧重于对 Word、Excel、PowerPoint 三个模块的高级功能的综合应用,更加有助于培养和提高解决实际问题的能力。本书以任务驱动的方式,每章采用一个完整的案例完成一个实际任务,每个案例都与实际生活和工作息息相关,可以真正解决实际问题。每个案例均包含若干个重要的知识点,这些知识点的详细操作方法均分散于主教程的各章节中。

通过本套教程的学习,能够熟练掌握 Microsoft Office 办公软件的各项高级操作,并能在实际生活和工作中进行综合应用,提高计算机应用能力和解决问题的能力。

本书不仅是计算机等级考试的指定辅导教程,同样可以作为中、高等学校及其他各类计算机培训机构对 Microsoft Office 高级应用与设计的教学用书,也是计算机爱好者实用的自学参考书。如与主教程配套使用,则学习效果会事半功倍。

参加本书编写的有赫亮(Word 部分)、吉燕(Excel 部分)、张惠民(PPT 部分),全书由吉燕统稿。

尽管经过了反复斟酌与修改,但因时间仓促、能力有限,书中仍难免存在疏漏与不足之处,望广大读者提出宝贵的意见和建议,以便再次修订时更正。

编　者

目　　录

第一篇　利用 Word 高效创建电子文档

第 1 章　制作图文混排展示页 ………… 3
　1.1　任务目标 ………………………… 3
　1.2　相关知识 ………………………… 4
　　1.2.1　按照指定方式对段落进行
　　　　　分栏 ……………………… 4
　　1.2.2　为页面添加可打印的背景颜色 … 4
　1.3　任务实施 ………………………… 6
　　1.3.1　设置页面布局 ……………… 6
　　1.3.2　设置文字格式和段落样式 …… 8
　　1.3.3　创建和格式化表格及
　　　　　图形类元素 ……………… 12
　　1.3.4　添加引用和其他文档信息 …… 17

**第 2 章　设计并批量生成参会代表
　　　　胸卡标签** ………………… 20
　2.1　任务目标 ………………………… 20
　2.2　相关知识 ………………………… 21
　　2.2.1　仅合并数据源中符合要求的
　　　　　特定记录 ……………… 21
　　2.2.2　保护文档以便仅能添加
　　　　　批注状态 ……………… 22
　2.3　任务实施 ………………………… 23
　　2.3.1　设置标签布局 ……………… 23
　　2.3.2　创建标签内容 ……………… 24
　　2.3.3　合并参会者信息并生成
　　　　　单独标签 ……………… 28

第 3 章　成绩汇总及批量生成成绩单 … 32
　3.1　任务目标 ………………………… 32

　3.2　相关知识 ………………………… 33
　　3.2.1　对表格数据进行排序 ……… 33
　　3.2.2　处理邮件合并中小数位数
　　　　　过多的问题 ……………… 35
　3.3　任务实施 ………………………… 35
　　3.3.1　完善原始成绩记录表数据 …… 36
　　3.3.2　设置原始成绩记录表格式 …… 37
　　3.3.3　设置原始成绩记录表的页眉和
　　　　　页脚 ……………………… 39
　　3.3.4　创建个人成绩单表格 ……… 41
　　3.3.5　为个人成绩单表格添加表格标题、
　　　　　页眉页脚和页面边框 …… 47
　　3.3.6　为每位学员创建单独的
　　　　　成绩单 ……………………… 49

第 4 章　应用样式排版论文 ………… 53
　4.1　任务目标 ………………………… 53
　4.2　相关知识 ………………………… 54
　　4.2.1　为文档加载模板 …………… 54
　　4.2.2　为文档的页面设置不同的
　　　　　方向 ……………………… 55
　4.3　任务实施 ………………………… 56
　　4.3.1　为各级标题添加样式 ……… 57
　　4.3.2　为各级标题添加自动编号 … 62
　　4.3.3　为论文分节并添加目录 …… 64
　　4.3.4　为论文添加页眉和页脚 …… 66
　　4.3.5　修改论文中的表格为图表 … 70
　　4.3.6　删除空行并更新目录 ……… 73

第5章 为调研报告添加引用内容 …… 75
5.1 任务目标 ……………… 75
5.2 相关知识 ……………… 76
5.2.1 一次性将某个词汇全部标记为
索引项 ………… 76
5.2.2 备份电脑中的参考文献 …… 77
5.2.3 转换脚注和尾注 ………… 78
5.3 任务实施 ……………… 79
5.3.1 创建索引 …………… 79
5.3.2 添加参考文献 ………… 80
5.3.3 添加题注和交叉引用 …… 83

5.3.4 添加目录和图表目录 …… 86

第6章 制作差旅费报销电子表单 …… 88
6.1 任务目标 ……………… 88
6.2 相关知识 ……………… 89
6.2.1 认识"开发工具"选项卡 … 89
6.2.2 设置可以打勾的复选框 … 90
6.3 任务实施 ……………… 91
6.3.1 插入内容控件 ………… 91
6.3.2 插入旧式窗体 ………… 96
6.3.3 限制编辑并填写表单 …… 98

第二篇 通过 Excel 创建并处理电子表格

第7章 家庭收支管理 …………… 103
7.1 任务目标 ……………… 103
7.2 相关知识 ……………… 104
7.2.1 原始数据的保留 ……… 104
7.2.2 工作簿模板的网上调用 … 104
7.2.3 彩色打印与黑白打印 …… 105
7.3 任务实施 ……………… 106
7.3.1 输入 1 月基础数据 …… 106
7.3.2 充实美化 1 月数据 …… 109
7.3.3 对 1 月数据进行计算统计 … 114
7.3.4 打印 1 月数据 ……… 119
7.3.5 制作其他月份工作表 …… 122

第8章 学生成绩管理 …………… 125
8.1 任务目标 ……………… 125
8.2 相关知识 ……………… 126
8.2.1 绝对引用和定义名称 …… 126
8.2.2 高级筛选中的条件构建 … 127
8.2.3 图表的移动 ………… 127
8.2.4 借助控件制作动态图表 … 128
8.2.5 巧用排序 …………… 129
8.3 任务实施 ……………… 130
8.3.1 归集各班成绩 ………… 131
8.3.2 完善 1 班成绩表 …… 135

8.3.3 填充成组工作表 ……… 137
8.3.4 汇总全年级成绩表 …… 139
8.3.5 通过图表比对各班成绩 … 148

第9章 员工档案及工资管理 …… 155
9.1 任务目标 ……………… 155
9.2 相关知识 ……………… 156
9.2.1 身份证号的作用与校验 … 156
9.2.2 精确显示数值 ………… 158
9.2.3 个人所得税的计算原理 … 159
9.3 任务实施 ……………… 160
9.3.1 定义名称 …………… 160
9.3.2 完善档案表数据 ……… 161
9.3.3 对档案表信息进行统计分析 … 165
9.3.4 计算研发人员工资 …… 166
9.3.5 对档案及工资表进行保护 … 170
9.3.6 为每位员工生成工资条 … 172

第10章 商品销售情况统计 …… 176
10.1 任务目标 ……………… 176
10.2 相关知识 ……………… 177
10.2.1 在"表"中创建切片器以筛选
数据 ………… 177
10.2.2 数据透视图的限制 …… 178

10.2.3　通过向导插入数据透视
表/图 ……………… 178
10.2.4　实现多表查询和透视 ……… 180
10.3　任务实施方案 1 ……… 180
10.3.1　导入并整理品名、价格等
基础数据 …………… 180
10.3.2　完善商品销售统计表数据…… 186
10.3.3　简单分析汇总销售情况 …… 189
10.3.4　通过数据透视表统计数据…… 192
10.3.5　通过数据透视图比较数据…… 196
10.4　任务实施方案 2 ……… 199
10.4.1　创建查询获取并整理基础
数据 …………… 199
10.4.2　管理数据模型以完善销售
统计表 ………… 205
10.4.3　创建数据透视表汇总统计

数据 ……………… 208

第 11 章　简单的财务本量利分析……… 211
11.1　任务目标 ……… 211
11.2　相关知识 ……… 212
11.2.1　模拟运算表特点 ……… 212
11.2.2　模拟运算表的纯数学应用…… 212
11.2.3　规划求解简介 ……… 214
11.3　任务实施 ……… 216
11.3.1　任务 1——单变量求解逆向
分析 …………… 216
11.3.2　任务 2——单变量模拟运
算表 …………… 218
11.3.3　任务 3——双变量模拟运
算表 …………… 220
11.3.4　任务 4——方案管理器 ……… 222

第三篇　使用 PowerPoint 制作演示文稿

第 12 章　利用演示文稿汇报工作……… 231
12.1　任务目标 ……… 231
12.2　相关知识 ……… 232
12.2.1　设置 Office 主题色 ……… 232
12.2.2　为演示文稿应用主题及其
变体 …………… 233
12.2.3　"请告诉我"(Tell-Me)
助手功能 …………… 233
12.2.4　墨迹书写和墨迹公式 ……… 234
12.2.5　屏幕录制功能 ……… 235
12.3　任务实施 ……… 235
12.3.1　创建空白演示文稿文件 …… 235
12.3.2　添加与删除幻灯片 ……… 236
12.3.3　编辑幻灯片内容 ……… 238
12.3.4　移动与复制幻灯片 ……… 240
12.3.5　选择合适的版式 ……… 242
12.3.6　简单应用主题 ……… 243
12.3.7　保存和关闭演示文稿 ……… 244
12.3.8　利用 Word 文档快速生成

演示文稿 ……………… 245

**第 13 章　通过演示文稿宣传公司
形象** ……………… 246
13.1　任务目标 ……… 246
13.2　相关知识 ……… 247
13.2.1　插入屏幕截图或屏幕剪辑…… 247
13.2.2　创建 SmartArt 图形时要考虑的
内容 …………… 248
13.2.3　SmartArt 图形的转换 ……… 249
13.3　任务实施 ……… 250
13.3.1　修改演示文稿主题 ……… 250
13.3.2　插入图片和剪贴画 ……… 252
13.3.3　插入艺术字 ……… 253
13.3.4　插入 SmartArt 图形 ……… 256
13.3.5　插入表格和图表 ……… 258
13.3.6　绘制图形 ……… 262
13.3.7　插入媒体文件 ……… 263
13.3.8　打包演示文稿 ……… 265

第 14 章 创建新员工培训演示文稿 …… 268

14.1 任务目标 …… 268

14.2 相关知识 …… 269

14.2.1 将幻灯片组织成节的形式 …… 269

14.2.2 SmartArt 图形的动画 …… 270

14.2.3 SmartArt 动画选项含义 …… 271

14.2.4 复制 SmartArt 图形动画 …… 272

14.2.5 动画任务窗格 …… 272

14.2.6 将 SmartArt 图形中的个别形状

制成动画 …… 272

14.3 任务实施 …… 273

14.3.1 使用幻灯片母版 …… 273

14.3.2 设置幻灯片背景 …… 275

14.3.3 幻灯片切换效果设置 …… 276

14.3.4 幻灯片动画效果设置 …… 278

14.3.5 动画效果的叠加 …… 281

14.3.6 放映方式设置 …… 282

14.3.7 自定义放映 …… 284

第 15 章 快速制作电子相册 …… 286

15.1 任务目标 …… 286

15.2 相关知识 …… 287

15.2.1 演示文稿制作的基本规范 …… 287

15.2.2 演示文稿制作的技术规范 …… 287

15.2.3 修剪音频剪辑 …… 288

15.2.4 图片的艺术效果 …… 288

15.2.5 删除图片背景 …… 289

15.3 任务实施 …… 290

15.3.1 新建相册演示文稿 …… 290

15.3.2 对图片进行编辑 …… 293

15.3.3 利用图形框添加说明 …… 295

15.3.4 利用超链接制作目录页 …… 296

15.3.5 添加动作按钮 …… 298

15.3.6 设置背景音乐 …… 298

15.3.7 排练计时 …… 301

15.3.8 转换为视频文件 …… 301

附录 全国计算机等级考试二级 MS Office 高级应用与设计考试大纲 …… 304

第一篇

利用 Word 高效创建电子文档

作为 MS Office 办公套件中的重要组件之一，Word 是一款功能强大的文字处理软件，其直观的操作界面、完善的编排功能、多样的对象处理，给使用者提供了快捷、专业的工作方式。

Word 的功能远不止一个"写字板"，它不仅可以对文字进行输入、编辑和格式化，还可以添加表格、图表、形状、图片等对象，并通过格式化这些对象形成图、文、表混排的专业级排版效果；其提供的样式、自动目录、页面布局、各种自动引用工具等能够帮助人们更加轻松地创建、编排、浏览和协作使用书稿、论文等长文档；通过邮件合并这一强大功能的运用，可以快速批量创建出信函、电子邮件、传真、信封、标签等一组格式相同的文档。与其他程序如 Excel、PowerPoint 之间的协同工作、信息共享则更令 Word 在文字处理上更加如虎添翼。

本书以 Word 2016 为蓝本，通过实际工作中最常用到的一些场景编制案例，带领读者轻松完成各式文字处理任务，从大量低级、机械、枯燥的重复劳动中解脱出来，享受 Word 的便捷，打造优秀的文档。

第 1 章　制作图文混排展示页

在日常学习与工作中,Word 经常被用来制作图文结合的展示宣传页,例如介绍某种产品或服务,展示某项活动的信息,传播某类科学知识,等等。这一类 Word 文档通常涉及版面的配置、图文关系的处理和页面各种元素色彩的搭配等各类技术。

1.1　任务目标

本案例要求制作一份关于土星的科普知识宣传页,宣传页中包含文字、表格、图片和文本框等诸多元素。通过这个案例,学习者可以了解到如何把 Word 文档中的各种文字和图形要素在有限的版面中合理并且美观地进行排版,制作出专业的展示文档。

具体要求如下:

- 纸张大小为 A4,纸张方向为横向。
- 为文档中各级标题和正文设置适当的样式。
- 在适当的位置添加表格、图片和文本框,并进行格式化设置。
- 添加注释、页脚和水印等说明性文字。

完成后的参考效果如图 1.1 所示。

本案例主要涉及如下知识点:

- 设置纸张大小和方向
- 设置页边距
- 对内容进行分栏
- 设置段落边框
- 设置样式
- 设置项目符号列表
- 创建和格式化表格
- 插入和格式化图片
- 创建和格式化文本框
- 添加尾注和题注
- 添加超链接
- 添加页脚
- 添加水印

土星

行星

土星是太阳系中四颗气体巨星中的一颗。它是离太阳最近的第六颗行星，其赤道半径略大于 60,000 千米。在体积上，土星仅次于木星。土星的大气包含氢、氦、甲烷和包围着小固体核心的其他化合物。

- 氢：96.3%
- 氦：3.3%
- 甲烷：0.4%

土星每 29.5 年绕太阳公转一周。从环边缘一端到另一端，土星跨越了 273,588 千米，此长度超过了地球到月球距离的三分之二（.666）。

土星环

从地球上的望远镜中看去，土星环是固态的。但实际上，它们由围绕土星旋转的数万亿冰块、岩石块组成。"卡西尼环缝"是两个土星环之间非常明显的缝隙，其宽度差不多与北美大陆的宽度一样。

---

[1] 天文单位 (AU) 大约等于 149,597,870.7 千米。

初稿

卫星

至少有 62 颗卫星围绕土星旋转。土星最大的卫星是"泰坦"，它的跨度超过 3,000 英里，略大于水星。

卡西尼计划

2004 年 6 月 30 日，卡西尼-惠更斯航天器进入土星轨道，开始为期数年的科学探测。要了解有关此计划的更多信息和查看最新的照片和信息，请访问卡西尼夏季观测网站。

与地球相比

土星比地球大九倍，并且与太阳之间的距离为地球与太阳之间距离的九倍。

性质	土星	地球
与太阳之间的距离	9.539 AU[1]	1 AU
半径	60,268 千米	6,378 千米
质量	$5.6846×10^{26}$ 千克	$5.9736×10^{24}$ 千克
平均公转速度	9.69 千米/秒	29.78 千米/秒

表格 1 土星与地球的对比

关于土星的有趣事实

土星的密度小于水的密度。如果海洋中有地方可以容纳土星，那么它会浮起来。

土星上的风速可以达到 1,800 千米/小时。

乔凡尼·多美尼科·卡西尼于 1675 年发现了"卡西尼环缝"。

土星不是太阳系中唯一有光环的行星。木星、海王星和天王星也有光环。

以 1655 年发现"泰坦"卫星的克里斯蒂安·惠更斯命名的"惠更斯"号探测器于 2005 年 1 月 14 日在"泰坦"表面着陆。

图 1.1　制作完成的科普知识宣传页

1.2　相关知识

下面的知识与本案例密切相关，有助于更好地解决工作中的一些疑难问题。

1.2.1　按照指定方式对段落进行分栏

在对文档内容进行分栏时，有些情况下需要按照特定方式将不同段落置于不同的栏中。要达到此目标，可按如下步骤操作：

（1）打开案例素材"土星介绍-分栏符.docx"，将插入点定位到标题"土星环"前，单击"布局"选项卡→"页面设置"组→"分隔符"下拉按钮，在菜单中选择"分栏符"，如图 1.2 所示。

（2）使用同样方法，在标题"卫星""卡西尼计划"和"与地球相比"之前也插入分栏符，完成效果如图 1.3 所示，可以看到在第 1 到 4 栏末尾都会出现分栏符标记。

提示：如果没有显示分栏符标记，可以在"开始"选项卡的"段落"组单击"显示/隐藏编辑标记"按钮，显示各种编辑标记。

1.2.2　为页面添加可打印的背景颜色

为了美化文档，有时需要为页面添加背景颜色。在 Word 2016 中，打印的默认设置是不包含背景颜色的。要打印背景颜色，可以按照如下步骤进行操作：

（1）单击"设计"选项卡→"页面背景"组→"页面颜色"下拉按钮，在菜单中选择任意一种

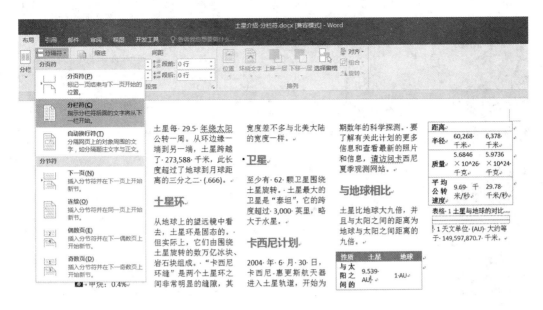

图 1.2 为分栏内容添加分栏符

行星

土星是太阳系中四颗气体巨星中的一颗。它是离太阳最近的第六颗行星，其赤道半径略大于 60,000 千米。在体积上，土星仅次于木星。土星的大气包含氢、氦、甲烷和包围着小固体核心的其他化合物。

- 氢：96.3%
- 氦：3.3%
- 甲烷：0.4%

土星每 29.5 年绕太阳公转一周。从环边缘一端到另一端，土星跨越了 273,588 千米，此长度超过了地球到月球距离的三分之二 (.666)。

·········· 分栏符

土星环

从地球上的望远镜中看去，土星环是固态的。但实际上，它们由围绕土星旋转的数万亿冰块、岩石块组成。"卡西尼环缝"是两个土星环之间非常明显的缝隙，其宽度差不多与北美大陆的宽度一样。

·········· 分栏符

卫星

至少有 62 颗卫星围绕土星旋转。土星最大的卫星是"泰坦"，它的跨度超过 3,000 英里，略大于水星。

·········· 分栏符

卡西尼计划

2004 年 6 月 30 日，卡西尼 - 惠更斯航天器进入土星轨道，开始为期数年的科学探测。要了解有关此计划的更多信息和查看最新的照片和信息，请访问卡西尼夏季观测网站。

·········· 分栏符

与地球相比

土星比地球大九倍，并且与太阳之间的距离为地球与太阳之间距离的九倍。

性质	土星	地球
与太阳之间的距离	9.539 AU	1 AU
半径	60,268 千米	6,378 千米
质量	5.6846 × 10^26 千克	5.9736 × 10^24 千克
平均公转速度	9.69 千米/秒	29.78 千米/秒

表格 1 土星与地球的对比

1 天文单位 (AU) 大约等于 149,597,870.7 千米。

图 1.3 插入分栏符后的效果

背景色。

（2）单击"文件"后台视图→"选项"按钮，打开"Word 选项"对话框，将左侧窗格切换到"显示"标签，然后勾选右侧的"打印背景色和图像"复选框，单击"确定"按钮。设置完成后，再进行打印就会包含背景颜色了，如图 1.4 所示。

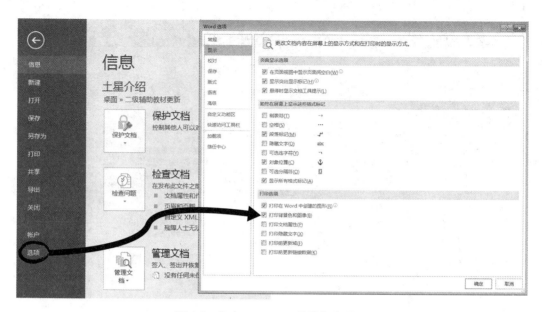

图 1.4   修改 Word 2016 默认打印设置

1.3   任务实施

本案例实施的基本流程如下所示：

设置页面布局　　　设置文字格式和段落样式　　　创建和格式化表格与图形类元素　　　添加引用和其他文档信息

1.3.1   设置页面布局

创建文档的首要工作，是规划文档的页面布局，如使用多大的纸张、页边距的宽窄、页面中的内容是如何排列的、是否进行分栏等。要完成以上工作，可以执行如下步骤：

（1）新建一个名为"土星介绍"的 Word 文档，单击"布局"选项卡→"页面设置"组右下角的对话框启动器按钮，打开"页面设置"对话框，将纸张方向更改为横向，将上、下页边距设置为1.25 厘米，将左侧页边距设置为 2.5 厘米，右侧页边距设置为 10 厘米，并单击"确定"按钮，如图1.5 所示。

（2）复制案例素材"土星.txt"中的内容，并粘贴到"土星介绍"文档中，选中所有要分栏的文本（从"行星"到表格结束为止的文本"千米/秒"），单击"布局"选项卡→"页面设置"组→"分栏"下拉按钮，在菜单中单击"两栏"，完成分栏设置，如图 1.6 所示。

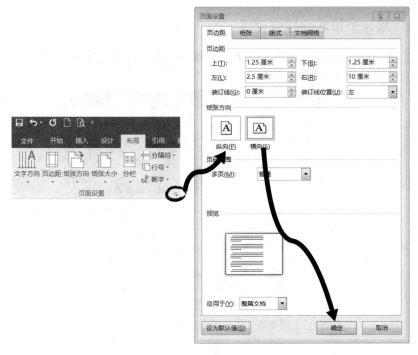

图 1.5　设置纸张方向及页边距

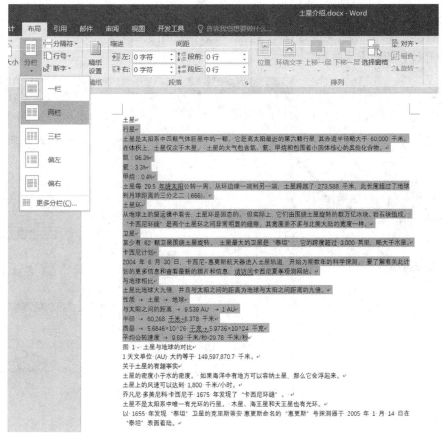

图 1.6　对文档内容进行分栏

1.3.2 设置文字格式和段落样式

（1）选中文档的标题文字"土星"，将字体设置为"微软雅黑"，字号设置为"一号"，字体颜色设置为"蓝色"，并设置为加粗，如图 1.7 所示。

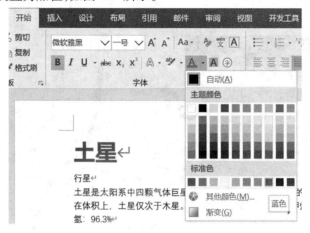

图 1.7 设置文档标题文字格式

（2）保持文档标题"土星"为选中状态，单击"设计"选项卡→"页面背景"组→"页面边框"按钮，打开"边框和底纹"对话框，切换到"边框"选项卡，选择边框类型为"自定义"，边框的样式选择实线，颜色选择"蓝色"，宽度选择 2.25 磅，将边框应用于"段落"，并且仅保留下边框，最后单击"确定"按钮，如图 1.8 所示。

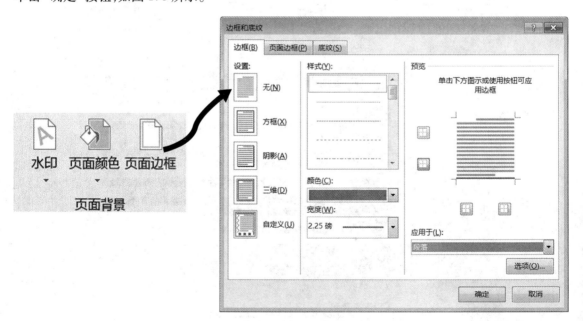

图 1.8 设置文档标题段落边框

（3）继续保持文档标题"土星"为选中状态,右键单击"开始"选项卡→"样式"组的"标题"样式,在弹出的菜单中选择"更新标题以匹配所选内容",将"土星"设置为"标题"样式,如图 1.9 所示。

图 1.9　为文档标题应用样式

（4）按住 Ctrl 键,同时选中文档正文中的标题文本"行星""土星环""卫星""卡西尼计划"和"与地球相比",将其字号设置为三号,字体设置为"微软雅黑",字体颜色设置为"蓝色",并应用加粗效果。完成格式设置后,右键单击"开始"选项卡→"样式"组的"标题 1"样式,在右键菜单中选择"更新标题 1 以匹配所选内容",如图 1.10 所示。

图 1.10　为小标题应用样式

（5）右键单击"开始"选项卡→"样式"组的"正文"样式,在弹出的菜单中选择"全选(无数据)",选中所有文本为正文的样式,如图 1.11 所示。

（6）在"开始"选项卡的"字体"组,将选中的文本字体和字号设置为"宋体"和"小四",然后切换到"布局"选项卡的"段落"组,将段前和段后间距都设置为"0.5 行",如图 1.12 所示。

（7）单击"开始"选项卡→"样式"组的样式库展开按钮,在样式库中选择"创建样式",在开启的"根据样式设置创建新样式"对话框中,将新样式名称修改为"正文文字",然后单击"确定"

图 1.11　全选文档正文文本

图 1.12　修改文档正文文本格式

按钮,如图 1.13 所示。

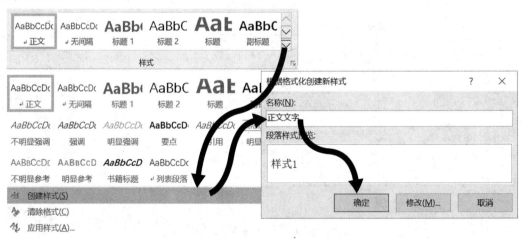

图 1.13　将文档正文另存为新样式

(8) 选中文档标题"行星"下方需要添加项目符号列表的文本,单击"开始"选项卡→"段落"组"项目符号"按钮右侧的下拉箭头,在菜单中单击"定义新项目符号",在弹出的"定义新项目符号"对话框中单击"图片"按钮,在接着打开的"插入图片"对话框中,选择图片来源为"从文件",定位到素材文件夹,插入"土星"图片,如图 1.14 所示。

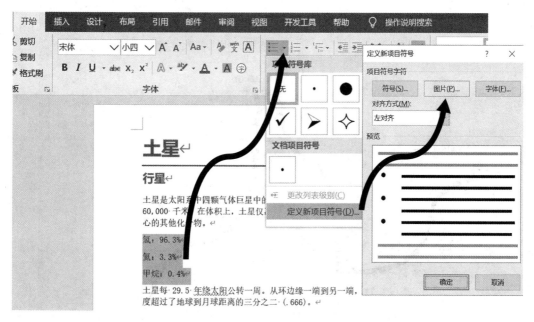

图 1.14　修改项目符号样式

（9）此时项目符号已经显示为自定义的图片。单击"开始"选项卡→"段落"组的"增加缩进量"按钮，将项目符号列表向右缩进，如图 1.15 所示。

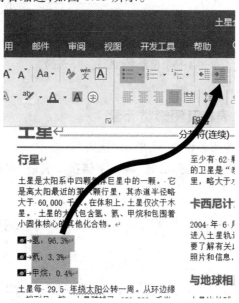

图 1.15　修改项目符号列表缩进

（10）将光标定位在标题"卫星"段落，单击"开始"选项卡→"段落"组的"段落"对话框启动器按钮。在打开的"段落"对话框中，切换到"换行和分页"选项卡，勾选"与下段同页"复选框，然后单击"确定"按钮，如图 1.16 所示。

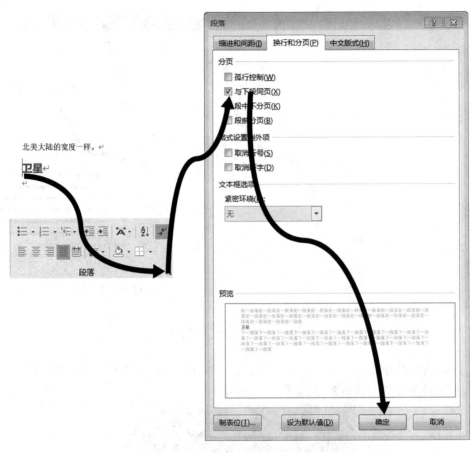

图 1.16 设置文档标题与下段同页

1.3.3 创建和格式化表格及图形类元素

（1）选定文档中应显示为表格的文本，单击"插入"选项卡→"表格"组→"表格"下拉按钮，在菜单中选择"文本转换成表格"，在弹出的"将文字转换成表格"对话框中，直接单击"确定"按钮，完成表格的转换，如图 1.17 所示。

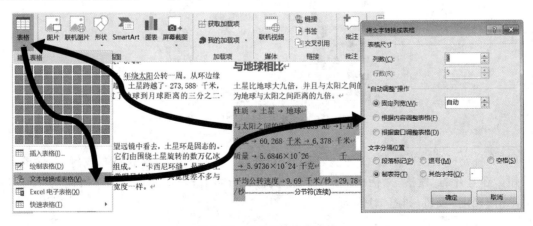

图 1.17 将文本转换为表格

提示:不要选中段落末尾"千米/秒"后的分节符。如果没有显示分节符,可以通过在"开始"选项卡的"段落"组单击"显示/隐藏编辑标记"命令,显示分节符。

（2）保持表格为选定状态,单击"开始"选项卡→"样式"组→"正文"样式,将表格内容改为正文样式。单击"表格工具|设计"选项卡→"表格样式"组→"网格表 4-着色 1"样式,完成表格样式的设定,如图 1.18 所示。

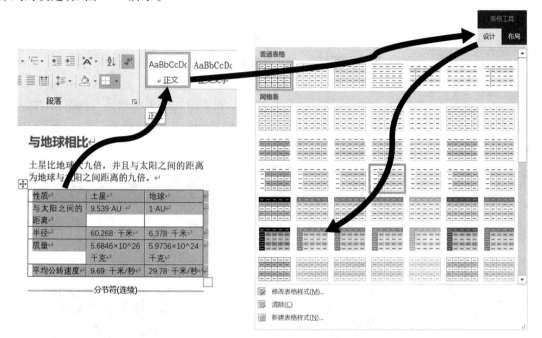

图 1.18　设置表格样式

（3）选定表格的标题行,单击"表格工具|布局"选项卡→"对齐方式"组→"水平居中"按钮,将标题行文本垂直和水平方向都居中对齐,如图 1.19 所示。

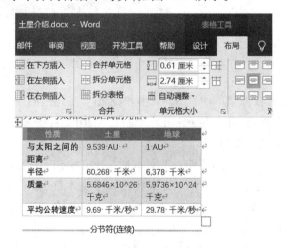

图 1.19　设置单元格内容对齐方式

（4）与上一步骤方法类似，选定表格中除标题行外的其余文本，单击"表格工具 | 布局"选项卡→"对齐方式"组→"中部左对齐"按钮，将文本垂直居中水平靠左对齐。

（5）选中表格第一列文本，取消"表格工具 | 设计"选项卡→"表格样式选项"组→"第一列"复选框的勾选，从而取消表格首列的特殊格式，如图 1.20 所示。

图 1.20　设置表格样式选项

（6）单击"插入"选项卡→"插图"组→"图片"按钮，在素材文件夹中选定"土星"图片，将其插入到文档中；保持图片为选中状态，单击"图片工具 | 格式"选项卡→"排列"组→"环绕文字"下拉按钮，在菜单中选择"四周型"，如图 1.21 所示。

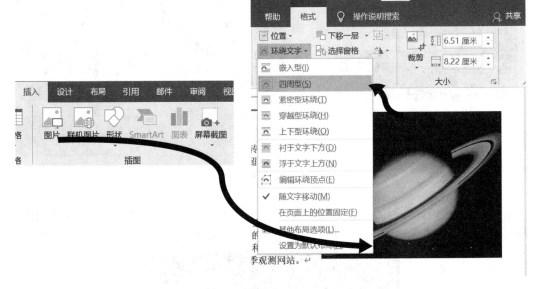

图 1.21　插入图片并设置其环绕方式

（7）右键单击图片，在右键菜单中选择"大小和位置"，在弹出的"布局"对话框中切换到"位置"选项卡，将水平位置设置为"相对位置：相对于右边距 10%"，垂直位置设置为"对齐方式：相对于页边距顶端对齐"，如图 1.22 所示。

（8）单击"插入"选项卡→"文本"组→"文本框"下拉按钮，在菜单中选择"绘制横排文本框"，此时光标会变为"+"形，在土星图片下方拖拽出一个文本框，如图 1.23 所示。

（9）从案例素材"土星.txt"文档中将文本从"关于土星的有趣事实"到文本"表面着陆。"复制到刚刚绘制的文本框中；将标题"关于土星的有趣事实"设置为小四号字，居中对齐，并添加下画线；将其余文本的段落间距设置为段前和段后各 0.5 行，设置方法可参考本章 1.3.2 节有关内容，如图 1.24 所示。

图 1.22　设置图片在页面中的位置

图 1.23　插入文本框

（10）在文本框为选中状态下，单击"绘图工具|格式"选项卡→"形状样式"组→"形状填充"下拉按钮，在菜单中选择"纹理"，在级联菜单中选择"纸莎草纸"填充纹理，如图 1.25 所示。

土星

分节符(连续)

行星

土星是太阳系中四颗气体巨星中的一颗。它是离太阳最近的第六颗行星，其赤道半径略大于 60,000 千米。在体积上，土星仅次于木星。土星的大气包含氢、氦、甲烷和包围着小固体核心的其他化合物。

- ■→氢：96.3%
- ■→氦：3.3%
- ■→甲烷：0.4%

土星每 29.5 年绕太阳公转一周。从环边缘一端到另一端，土星跨越了 273,588 千米，此长度超过了地球到月球距离的三分之二（.666）。

土星环

从地球上的望远镜中看去，土星环是固态的。但实际上，它们由围绕土星旋转的数万亿冰块、岩石块组成。"卡西尼环缝"是两个土星环之间非常明显的缝隙，其宽度差不多与北美大陆的宽度一样。

卫星

至少有 62 颗卫星围绕土星旋转。土星最大的卫星是"泰坦"，它的跨度超过 3,000 英里，略大于水星。

卡西尼计划

2004 年 6 月 30 日，卡西尼-惠更斯航天器进入土星轨道，开始为期数年的科学探测。要了解有关此计划的更多信息和查看最新的照片和信息，请访问卡西尼夏季观测网站。

与地球相比

土星比地球大九倍，并且与太阳之间的距离为地球与太阳之间距离的九倍。

性质	土星	地球
与太阳之间的距离	9.539 AU	1 AU
半径	60,268 千米	6,378 千米
质量	5.6846×10^26 千克	5.9736×10^24 千克
平均公转速度	9.69 千米/秒	29.78 千米/秒

分节符(连续)

关于土星的有趣事实

土星的密度小于水的密度。如果海洋中有地方可以容纳土星，那么它会浮起来。

土星上的风速可以达到 1,800 千米/小时。

乔凡尼·多美尼科·卡西尼于 1675 年发现了"卡西尼环缝"。

土星不是太阳系中唯一有光环的行星。木星、海王星和天王星也有光环。

以 1655 年发现"泰坦"卫星的克里斯蒂安·惠更斯命名的"惠更斯"号探测器于 2005 年 1 月 14 日在"泰坦"表面着陆。

图 1.24 设置文本框内容格式

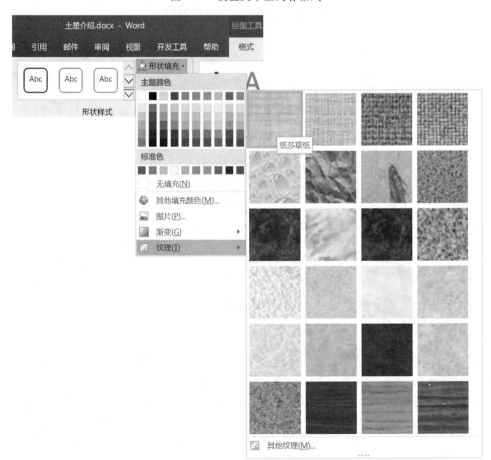

图 1.25 设置文本框填充效果

1.3.4　添加引用和其他文档信息

（1）选中文档中的表格，单击"引用"选项卡→"题注"组→"插入题注"按钮，打开"题注"对话框，确认题注标签为"表格"（如果没有"表格"题注标签，可单击下方"新建标签"按钮，创建"表格"标签），在题注框中输入文本"土星与地球的对比"，将标签的位置设为"所选项目下方"，然后单击"确定"按钮，完成题注的插入，如图 1.26 所示。

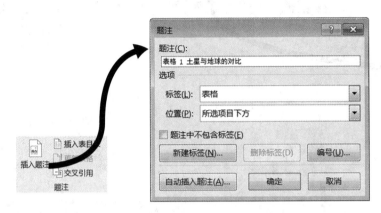

图 1.26　插入表格题注

（2）选中表格中文本"9.539 AU"，单击"引用"选项卡→"脚注"组→"插入脚注"按钮，此时光标会自动定位到文档下方，插入脚注文本"天文单位（AU）大约等于 149,597,870.7 千米。"，如图 1.27 所示。

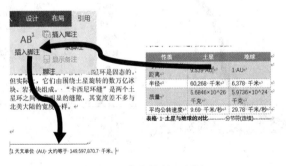

图 1.27　为文档插入尾注

（3）双击文档页脚区域，进入页眉/页脚编辑状态，在页脚左侧输入文本"初稿"，然后单击"页眉和页脚工具|设计"选项卡→"关闭"组→"关闭页眉和页脚"按钮，完成页脚的插入，如图 1.28 所示。

（4）单击"设计"选项卡→"页面背景"组→"水印"下拉按钮，在菜单中选择"自定义水印"命令，打开"水印"对话框，选中"文字水印"选项，将水印文本更改为"请勿复制"，字号调整为 80，单击"确定"按钮，如图 1.29 所示。

（5）如果在文档最后有一个空白页，可以将插入点定位到空白页的首行，然后打开"段落"

图 1.28 为文档插入页脚内容

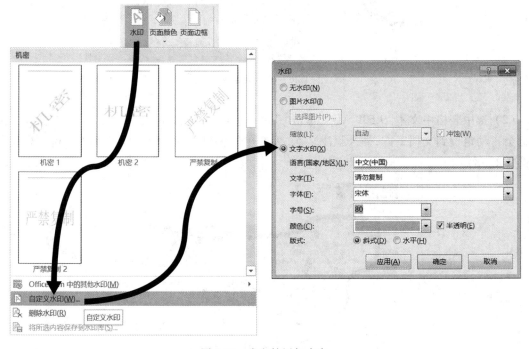

图 1.29 为文档添加水印

对话框,将该行的段前、段后间距调整为 0,取消"如果定义了网格,则对齐到网格"复选框的勾选,行距设置为固定值 1 磅,就可以取消空页,如图 1.30 所示。

图 1.30 取消文档末尾空白页

第 2 章 设计并批量生成参会代表胸卡标签

根据数据库中的数据大批量生成产品或者信封的标签,是一项包含大量重复操作的任务,使用 Word 2016 的邮件合并功能可以轻松完成。本案例以设计并生成参会人员的胸卡标签为例,对此进行讲解。

2.1 任务目标

本案例要求根据参会人员的名单,使用邮件合并功能,为每位与会者制作包含本人姓名和照片的参会胸卡标签。具体要求如下:

- 设置标签在页面中的布局,包含每张页面的标签数量、标签的尺寸以及页边距等内容。
- 创建标签内容,包含标题、会议时间地点以及联系人信息等内容。
- 将参会者姓名和照片合并到标签中,并根据性别显示"先生"或"女士"。

完成后的参考效果如图 2.1 所示。

图 2.1 参会代表胸卡标签完成效果

本案例将涉及如下知识点:
- 创建和设置标签布局
- 设置字体和段落格式
- 应用中文版式

- 应用制表位
- 邮件合并及使用逻辑判断规则

2.2　相关知识

下面的知识与本案例密切相关,有助于更好地解决工作中的一些疑难问题。

2.2.1　仅合并数据源中符合要求的特定记录

有些情况下,并不需要对数据源中的全部记录进行合并。例如本案例中,如果仅邀请数据源中出生日期在 1970 年 4 月 30 日后的人员作为代表参会,可按如下步骤操作:

（1）在导入数据源后,单击"邮件"选项卡→"开始邮件合并"组→"编辑收件人列表"按钮,打开"邮件合并收件人"对话框,单击"筛选"按钮,如图 2.2 所示。

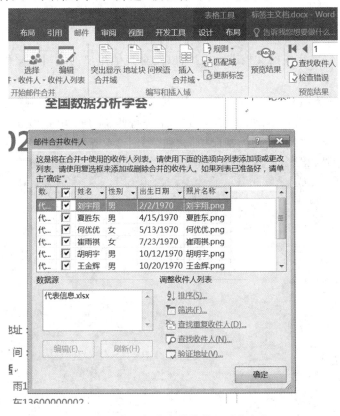

图 2.2　筛选邮件合并收件人列表内容

（2）在弹出的"筛选和排序"对话框中,选择要筛选的域为"出生日期",比较条件为"大于",比较对象为"1970/4/30",单击"确定"按钮,回到之前的对话框,确认后关闭,即可只对符合要求的记录进行合并,如图 2.3 所示。

图 2.3 设置收件人列表筛选条件

2.2.2 保护文档以便仅能添加批注状态

有些情况下,希望对完成的文档进行保护,以便对其他用户的编辑权限做出限制,可按如下步骤操作:

（1）单击"审阅"选项卡→"保护"组→"限制编辑"按钮,打开"限制编辑"任务窗格,勾选"限制对选定的样式设置格式"和"仅允许在文档中进行此类型的编辑"复选框,在下方的下拉列表框中选择"修订",单击"是,启动强制保护"按钮,如图 2.4 所示。

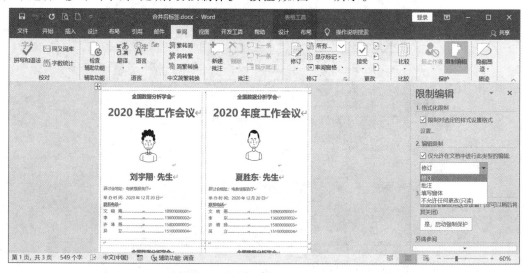

图 2.4 保护文档内容

（2）此时会弹出"启动强制保护"对话框,输入并确认密码,单击"确定"按钮,即可完成对文档的保护,未来其他使用者可以使用样式格式化文档内容,但不能单独对文字和段落随意设置格式,可以修改文档但仅能在修订模式下进行,如图 2.5 所示。

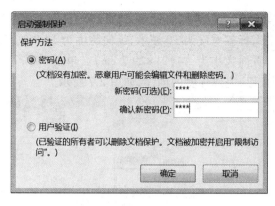

图 2.5　设置保护文档密码

2.3　任务实施

本案例实施的基本流程如下所示。

2.3.1　设置标签布局

（1）创建一个新的 Word 文档，将其另存为"标签主文档.docx"。单击"邮件"选项卡→"开始邮件合并"组→"开始邮件合并"下拉按钮，在菜单中单击"标签"命令，打开"标签选项"对话框，单击"新建标签"按钮，如图 2.6 所示。

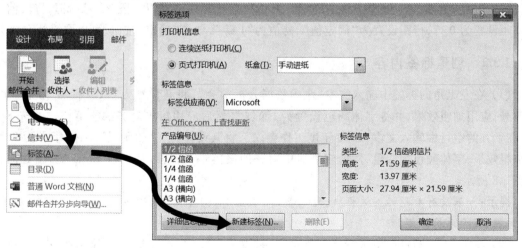

图 2.6　"标签选项"对话框

（2）在弹出的"标签详情"对话框中,将标签名称设置为"胸卡标签",上边距和侧边距为 0.3 厘米,标签高度为 14.3 厘米,标签宽度为 10 厘米,纵向跨度为 14.8 厘米,横向跨度为 10.4 厘米,标签的行数和列数都为 2,页面大小为 A4(21×29.7 cm)。单击"确定"按钮,回到"标签选项"对话框后,再次单击"确定"按钮,完成标签的创建,如图 2.7 所示。

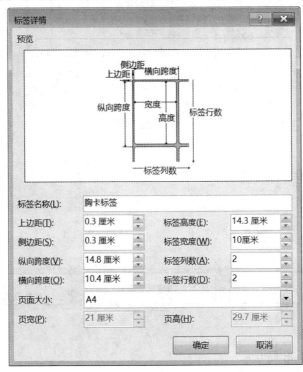

图 2.7 设置标签在页面中的布局

（3）标签布局完成后,可以看到在标签后面会产生一个空白页。将插入点定位到空白页首行,单击"开始"选项卡→"段落"组→"段落"对话框启动器按钮,打开"段落"对话框,将段前、段后间距设置为 0 行,行距设置为"固定值",磅值为"1 磅",单击"确定"按钮,可以取消此空白页。

2.3.2 创建标签内容

（1）在左上角的标签中输入文本"全国数据分析学会",将其设置为"微软雅黑"字体,字号为四号,应用加粗效果,并将字体颜色设置为"深红",然后应用居中对齐的段落格式。按 Enter 键,在下方的空行中输入文本"2020 年度工作会议",将其设置为"微软雅黑"字体,字号为 28,应用加粗效果,字体颜色为蓝色,然后应用居中对齐的段落格式,连续按两次 Enter 键,新建两行,如图 2.8 所示。

提示: 如果没有看到标签边框线,可以单击"表格工具|布局"选项卡→"表"组→"查看网格线"按钮,显示表格边框。

（2）在第一个空行中,单击"插入"选项卡→"文本"组→"文档部件"下拉按钮,在菜单中选择"域"命令,打开"域"对话框,如图 2.9 所示。

图 2.8　设置标签标题文本格式

图 2.9　打开"域"对话框

（3）在"域"对话框左侧的"域名"列表框中选择"IncludePicture"域，在"文件名或 URL"文本框中输入任意的占位文本，例如"placeholder"，单击"确定"按钮完成域的插入，如图 2.10 所示。

（4）由于没有告诉 Word 具体照片的位置，因此无法显示图片，暂时保持这个状态。适当调整域的大小，并将其居中对齐，如图 2.11 所示。

（5）"IncludePicture"域下方的空行留待未来插入个人姓名。再次按 Enter 键另起一行，输入文本"研讨会地址：电教楼报告厅"。按 Enter 键另起一行，输入文本"举办时间：2020 年 12 月 20 日"；选中两行文本，将其设置为左对齐，"微软雅黑"字体，字号为五号，将字体颜色设置为"蓝色"，然后按住 Ctrl 键，同时选中文本"研讨会地址"和"举办时间"，单击"开始"选项卡→"段落"组→"中文版式"下拉按钮，在菜单中单击"调整宽度"命令，打开"调整宽度"对话框，将"新文字宽度"设置为"5 字符"，单击"确定"按钮，如图 2.12 所示。

（6）另起空行，输入文本"联系电话""文晓雨 18900000001""李东 13600000002""许清扬

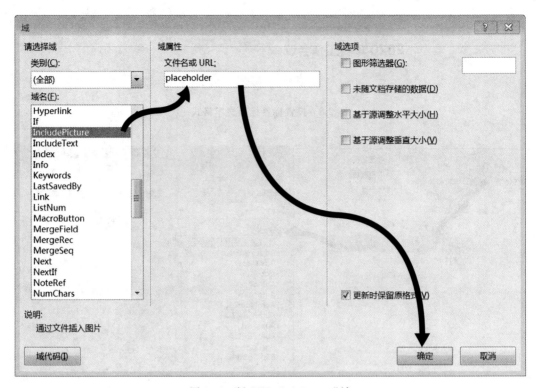

图 2.10 插入"IncludePicture"域

图 2.11 调整"IncludePicture"域

15800000003"和"吴立 15100000004";通过按 Enter 键,将以上内容调整到 5 个独立的行中;选中所有文本,将其设置为"微软雅黑"字体,字号为五号,将字体颜色设置为"蓝色",然后单独选中文本"联系电话",为其应用加粗和加下画线格式;按住 Ctrl 键,同时选中文本"文晓雨""李东""许清扬"和"吴立",单击"开始"选项卡→"段落"组→"中文版式"下拉按钮,在菜单中单击"调整宽度"命令,打开"调整宽度"对话框,将"新文字宽度"设置为"3 字符",单击"确定"按钮。

图 2.12 设置会议信息文本格式

（7）选择 4 行联系人信息，单击"开始"选项卡→"段落"组→"段落"对话框启动器按钮，打开"段落"对话框，单击左下角"制表位"按钮，如图 2.13 所示。

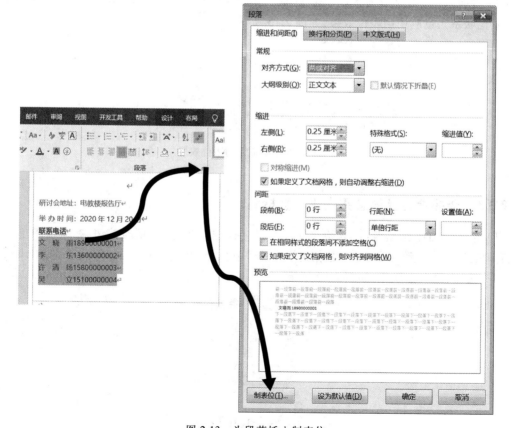

图 2.13 为段落插入制表位

（8）在弹出的"制表位"对话框中，将制表位位置设置为"17 字符"，对齐方式设置为"左对齐"，前导符设置为"5……"，单击"设置"按钮，然后单击"确定"按钮，关闭对话框，如图 2.14 所示。

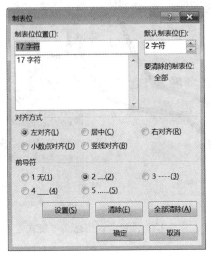

图 2.14　设置制表位位置、对齐方式及前导符样式

（9）将插入点定位到文本"文晓雨"后面，按组合键 Ctrl+Tab，应用制表位效果。使用相同方法，对其他联系人也应用制表位效果，如图 2.15 所示。

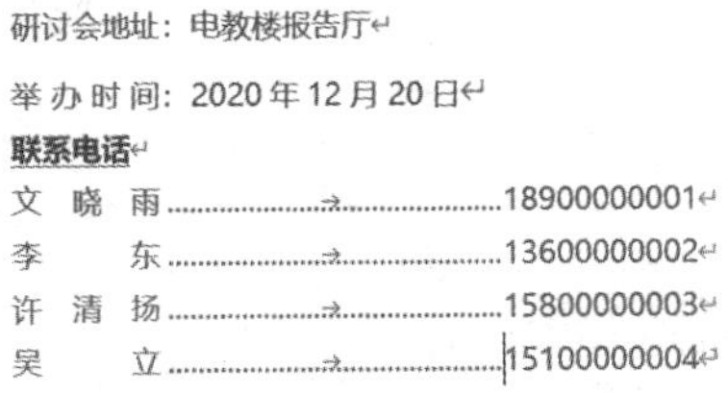

研讨会地址：电教楼报告厅

举办时间：2020 年 12 月 20 日

联系电话

文 晓 雨 18900000001
李　　东 13600000002
许 清 扬 15800000003
吴　　立 15100000004

图 2.15　为段落应用制表位效果

2.3.3　合并参会者信息并生成单独标签

（1）单击"邮件"选项卡→"开始邮件合并"组→"选择收件人"下拉按钮，在菜单中单击"使用现有列表"命令，在弹出的"选取数据源"对话框中，找到并选中素材文档"代表信息.xlsx"，单击"打开"按钮，导入数据源，如图 2.16 所示。

图 2.16　选择邮件合并数据源

（2）将插入点定位到"IncludePicture"域下方空行，单击"邮件"选项卡→"编写和插入域"组→"插入合并域"下拉按钮，在菜单中单击"姓名"，插入"姓名"字段，如图 2.17 所示。

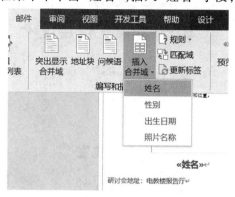

图 2.17　插入合并域

（3）将插入点定位到"姓名"域右侧，单击"邮件"选项卡→"编写和插入域"组→"规则"下拉按钮，在菜单中单击"如果…那么…否则"，在弹出的"插入 Word 域：IF"对话框中，将域名设置为"性别"，比较条件设置为"等于"，比较对象设置为"男"，下方的两个文本框中分别输入文本"先生"和"女士"，分别为逻辑判断成立或不成立时的显示结果，最后单击"确定"按钮，如图 2.18 所示。

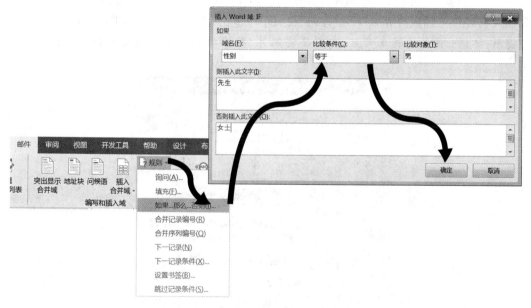

图 2.18　应用邮件合并规则

（4）选中"《姓名》先生"文本，将其设置为"微软雅黑"字体，字号为小二，应用加粗效果，颜色为"蓝色"，然后应用居中对齐的段落格式，再在文本"先生"前添加一个空格；单击"开始"选项卡→"段落"组→"段落"对话框启动器按钮，打开"段落"对话框，将段前和段后间距都设为 0.5

行,单击"确定"按钮,如图 2.19 所示。

图 2.19 设置邮件合并域文本格式

(5)按下组合键 Alt+F9,切换到显示域代码状态,将"IncludePicture"域中之前插入的占位符
"placeholder"替换为"照片名称"邮件合并域(删除"placeholder",然后单击"邮件"选项卡→"编
写和插入域"组→"插入合并域"下拉按钮,在菜单中单击"照片名称"),如图 2.20 所示。

提示:要想让图片能够正常显示,需要将照片、数据源文件以及主文档保存在同一个文件
夹中。

图 2.20 在"IncludePicture"域中插入邮件合并域

(6)再次按 Alt+F9 组合键,退出域代码显示状态。此时照片依然没有正常显示,暂时不必
理会,适当调整其大小,以便文字能在标签中完整显示。单击"邮件"选项卡→"编写和插入域"

组→"更新标签"按钮,将已经建立的标签内容更新到其他标签中。

（7）单击"邮件"选项卡→"完成"组→"完成并合并"下拉按钮,在菜单中选择"编辑单个文档"命令,在弹出的"合并到新文档"对话框中,选中"全部"选项,单击"确定"按钮,完成邮件合并,如图 2.21 所示。

图 2.21　完成邮件合并

（8）合并后的结果位于一个自动生成的新文档中。在合并结果的最后一个页面中会有一些多余的标签内容,将其删除即可。将文件另存为"合并后标签.docx",保存位置也需要和主文档、数据源以及图片位于同一个文件夹。保存后关闭文件,再重新打开,即可看到包含照片的完整合并效果,如图 2.22 所示。

提示:如果重新打开文件后,图片没有正常显示,按 Ctrl+A 组合键选中全部内容,按 F9 键更新域即可。

图 2.22　合并后效果

第3章　成绩汇总及批量生成成绩单

在对成绩或工资数据汇总后,通常需要给每一位学生或者员工发放单独的成绩单或者工资条,在本案例中将讨论设计成绩单表格并使用邮件合并功能,利用数据源的数据批量生成成绩单的方法。

3.1　任务目标

本案例要求首先完善原始成绩记录表格中的数据,然后设计成绩单表格,并使用邮件合并功能批量生成成绩单。具体要求如下:

- 为"成绩记录"表格添加求平均值列并美化表格。
- 创建并格式化个人成绩单表格。
- 为表格添加页眉和页脚以及页面边框。
- 使用邮件合并批量生成成绩单。

完成后的参考效果如图 3.1 和图 3.2 所示。

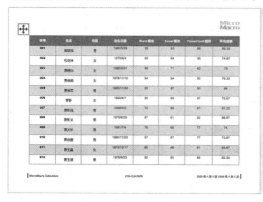

图 3.1　原始成绩记录表格完成效果

本案例主要涉及如下知识点:

- 创建表格
- 为表格添加行和列
- 应用表格样式
- 重复表格标题行
- 在表格中进行计算

图 3.2　批量生成的成绩单完成效果

- 添加和编辑页眉与页脚
- 创建并应用文档部件
- 特殊中文版式
- 邮件合并

3.2　相关知识

下面的知识与本案例密切相关,有助于更好地解决工作中的一些疑难问题。

3.2.1　对表格数据进行排序

对于一个包含较多数据的表格,可能会需要按照一定标准对这些数据进行排序,例如对下面的表格依据"平均成绩"和"Excel 模块"成绩进行排序。在 Word 2016 中对表格的排序,可按照如下步骤操作:

(1) 单击"表格工具|布局"选项卡→"数据"组→"排序"按钮,打开"排序"对话框,将主要关键字设置为"平均成绩",类型为"数字",并按照降序排列;次要关键字设置为"Excel 模块",类型同样为"数字",按照降序排列。单击"确定"按钮,如图 3.3 所示。

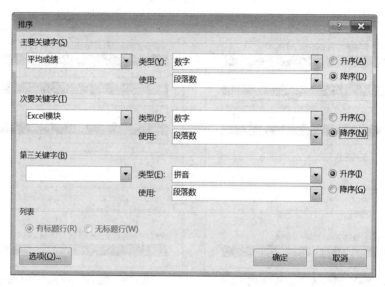

图 3.3 设置表格排序关键字及排序方式

（2）完成后的效果如图 3.4 所示。

学号	姓名	性别	出生日期	Word 模块	Excel 模块	PowerPoint 模块	平均成绩
059	胡天宇	男	1971/5/28	96	93	100	96.33
054	胡美娟	女	1972/4/20	98	86	96	93.33
047	何卫健	男	1989/4/25	94	89	96	93
068	黄玉嫣	女	1971/12/12	88	99	90	92.33
012	曹玉朋	男	1979/5/23	92	90	95	92.33
014	曹子豪	男	1982/8/17	95	96	81	90.67
086	童敬茹	女	1972/8/18	72	98	100	90
049	洪武涛	男	1983/2/5	100	99	69	89.33
039	龚俊熙	男	1973/2/3	86	93	88	89
076	刘占博	男	1985/3/28	93	92	81	88.67
087	童伊萍	女	1984/12/11	98	76	92	88.67
064	胡窈宸	男	1982/2/1	65	99	98	87.33

图 3.4 表格排序后效果

3.2.2　处理邮件合并中小数位数过多的问题

在邮件合并中,如果数据源为 Excel,由于计算精度上的差异,会导致合并结果中有过多的小数位数,此问题可以利用域开关加以解决,具体操作步骤如下:

(1)单击"邮件"选项卡→"开始邮件合并"组→"选择收件人"下拉按钮,在菜单中选择"使用现有列表",在弹出的"选取数据源"对话框中选择"成绩记录_Excel 格式.xlsx"作为数据源,并在每个字段后面插入相应的域可以看到考生分数后面出现了 15 位小数,这显然是不需要的,如图 3.5 所示。

考生姓名:		出生日期:	
昂朝辉		5/29/1980	

成绩:			
通过分数	60		
考生分数	59.329999999999998		

成绩分析:			
Word	59		
Excel	53		
PowerPoint	66		

图 3.5　邮件合并中小数位数过多的情形

(2)按组合键 Alt+F9 切换到域代码显示状态,在"考生分数"字段后的域代码"平均成绩"之后添加" \#0.00"(添加的内容和之前内容之间保留一个空格),再按组合键 Alt+F9 切换回正常显示状态,如图 3.6 所示。

成绩:	
通过分数	60
考生分数	{ MERGEFIELD 平均成绩 \#0.00 }

图 3.6　修改邮件合并域开关代码

(3)单击"邮件"选项卡→"预览结果"组→"预览结果"按钮,可以看到考生分数显示结果已变为保留两位小数。

3.3　任务实施

本案例实施的基本流程如下所示。

完善原始成绩记录表数据	设置原始成绩记录表格式	设置原始成绩记录表的页眉和页脚	创建个人成绩单表格	添加表格标题、页眉页脚和页面边框	为每位学员创建单独成绩单

3.3.1 完善原始成绩记录表数据

（1）打开"成绩记录.docx"文档，选中表格最右边一列数据，单击"表格工具|布局"选项卡→"行和列"组→"在右侧插入"按钮，插入一个空白列，如图 3.7 所示。

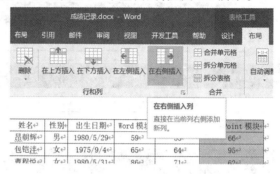

图 3.7 为表格插入新列

（2）适当调整列宽，在标题行输入文本"平均成绩"，然后将插入点定位到该列第二个单元格，单击"表格工具|布局"选项卡→"数据"组→"公式"按钮，打开"公式"对话框，在"公式"文本框中输入"=AVERAGE（LEFT）"，然后单击"确定"按钮，如图 3.8 所示。

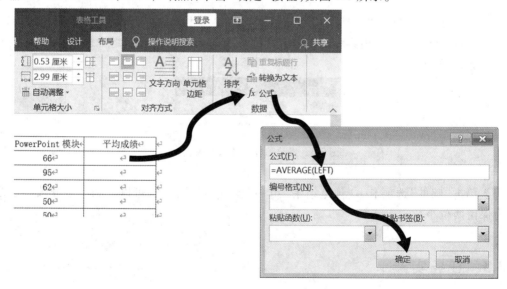

图 3.8 在单元格中插入公式

（3）按 Ctrl+C 组合键，复制刚刚计算完的单元格中的数据。选定下方的所有空单元格，按

Ctrl+V 组合键进行粘贴,此时下方单元格中会出现和第一行记录相同的内容,如图 3.9 所示。

Excel 模块	PowerPoint 模块	平均成绩
53	66	59.33
64	95	59.33
71	62	59.33
94	50	59.33
87	50	59.33
66	67	59.33
89	81	59.33
91	82	59.33
69	77	59.33
87	77	59.33
48	51	59.33
90	95	59.33
51	51	59.33

图 3.9　复制表格公式

（4）保持刚刚复制的单元格为选中状态,按 F9 键更新域,完成所有学员平均成绩的计算,如图 3.10 所示。

Excel 模块	PowerPoint 模块	平均成绩
53	66	59.33
64	95	74.67
71	62	73
94	50	79.33
87	50	64
66	67	72.67
89	81	81.33
91	82	86.67
69	77	74
87	77	73.67
48	51	54.67
90	95	92.33
51	51	63

图 3.10　更新表格公式

（5）选中表格中的所有内容,按组合键 Ctrl+Shift+F9,将表格中的域转换为静态文本。

3.3.2　设置原始成绩记录表格式

（1）选定表格,单击"表格工具|布局"选项卡→"单元格大小"组→"自动调整"下拉按钮,在菜单中单击"根据窗口自动调整表格",将表格设置为与版心同宽,如图 3.11 所示。

（2）在表格为选中状态下,单击"表格工具|布局"选项卡→"单元格大小"组→"分布列"按钮,将表格各列设置为相同宽度。

（3）单击"开始"选项卡→"字体"组→"字体"对话框启动器按钮,打开"字体"对话框,将中文字体设置为"微软雅黑",西文字体设置为"Arial",字号设置为五号,单击"确定"按钮。

（4）单击"表格工具|布局"选项卡→"对齐方式"组→"水平居中"按钮,将表格中所有文本都水平居中对齐。

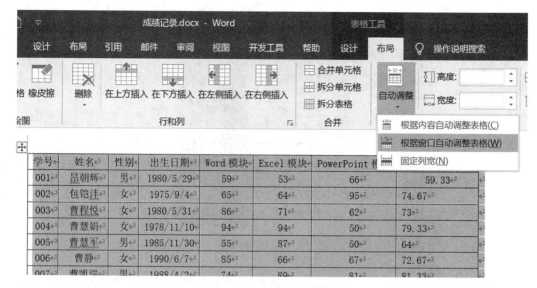

图 3.11 设置表格宽度

（5）在"表格工具|设计"选项卡→表格样式库中，为表格选择一种合适的样式，如"网格表 4-着色 1"，如图 3.12 为表格应用样式。

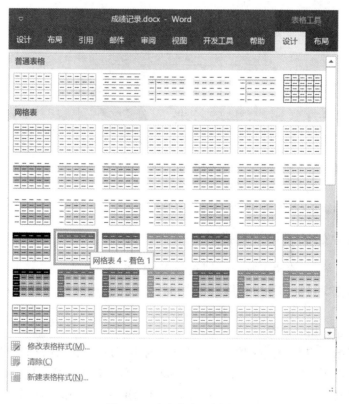

图 3.12 为表格应用样式

（6）将插入点定位在表格首行的任意单元格，单击"表格工具|布局"选项卡→"数据"组→"重复标题行"按钮，使得标题行可以出现在每页最上方，如图 3.13 所示。

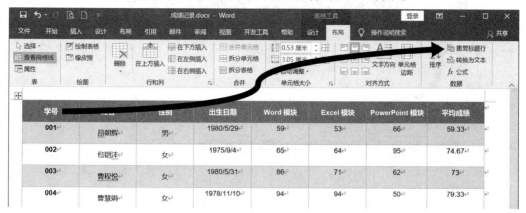

图 3.13　在每页顶端重复表格标题行

3.3.3　设置原始成绩记录表的页眉和页脚

（1）双击文档页眉区域，进入页眉/页脚编辑状态，然后单击"插入"选项卡→"插图"组→"图片"按钮，打开"插入图片"对话框，在素材文件夹中选中图片"企业标志.png"，并单击"插入"按钮。

（2）适当调整图片大小，将其样式设置为"正文"，对齐方式设置为"文本右对齐"，以使其居于页眉右侧，如图 3.14 所示。

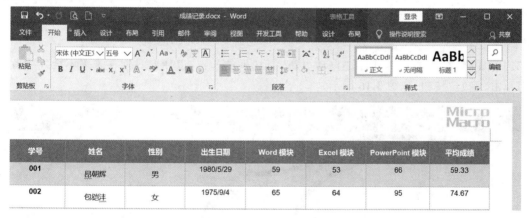

图 3.14　文档页眉完成效果

（3）将插入点切换到页脚位置，单击"页眉和页脚工具|设计"选项卡→"页眉和页脚"组→"页脚"下拉按钮，在菜单中选择"空白（三栏）"样式的页脚，如图 3.15 所示。

（4）在左侧内容控件中输入文本"MicroMacro Education"，中间的内容控件中输入文本"电话：010-12345678"，选中右侧内容控件，单击"页眉和页脚工具|设计"选项卡→"插入"组→"日期和时间"按钮，在打开的"日期和时间"对话框中选择"2020 年 4 月 6 日"（注意，此处为计算机

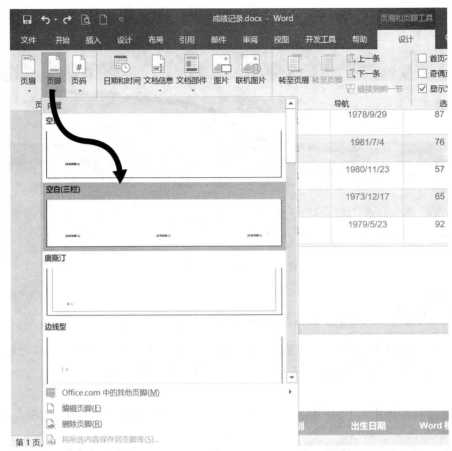

图 3.15 为文档插入页脚

上的当前日期）格式的日期，取消"自动更新"复选框的勾选，以便此日期在未来不会发生改变，然后单击"确定"按钮，如图 3.16 所示。

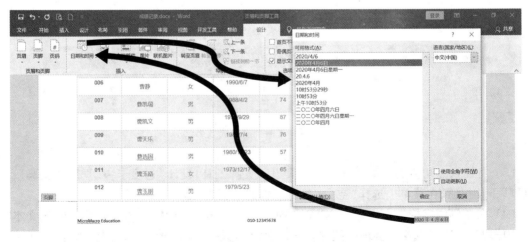

图 3.16 在页脚中插入日期

（5）选中页脚文本，单击"开始"选项卡→"字体"组→"字体"对话框启动器按钮，打开"字体"对话框，将中文字体设置为"微软雅黑"，西文字体设置为"Arial"，字形设置为加粗，字体颜色设置为"蓝色"，单击"确定"按钮。

（6）保持页脚文本为选中状态，单击"设计"选项卡→"页面背景"组→"页面边框"按钮，打开"边框和底纹"对话框，切换到"边框"选项卡，设置边框颜色为"蓝色"，宽度为 4.5 磅，样式为单线条，只保留左侧和右侧边框，并将其应用于"段落"，单击"确定"按钮，如图 3.17 所示。

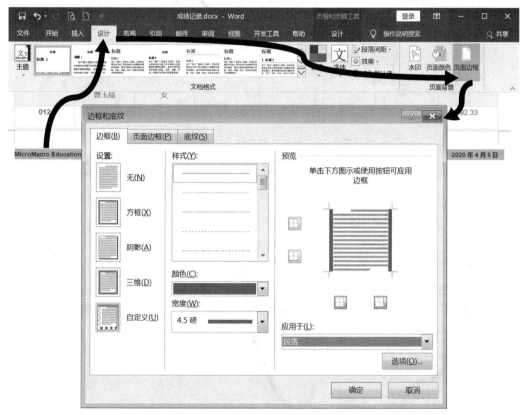

图 3.17　为页脚内容设置段落边框

（7）保持页脚中的全部内容为选中状态，单击"插入"选项卡→"文本"组→"文档部件"下拉按钮，在菜单中选择"将所选内容保存到文档部件库"，在打开的"新建构建基块"对话框中，输入文档部件名称为"公司页脚"，保存在"页脚"库中，然后单击"确定"按钮，如图 3.18 所示。

（8）与保存页脚内容为文档部件方法类似，选定页眉中的内容，将其以名称"公司页眉"保存在"页眉"库中。

3.3.4　创建个人成绩单表格

（1）新建一个空白 Word 文档，将其命名为"成绩单.docx"；单击"布局"选项卡→"页面设置"组→"纸张大小"下拉按钮，在菜单中单击"其他纸张大小"，在打开的"页面设置"对话框中单击"纸张"选项卡，从中将纸张大小的高度设置为 25.7 厘米，宽度设置为 18.2 厘米，如图 3.19 所示。

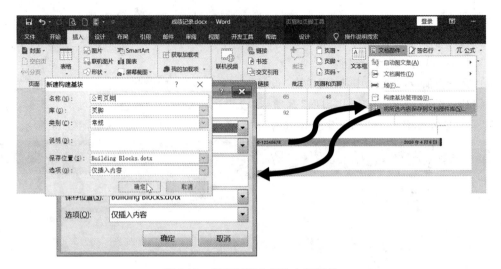

图 3.18　保存页脚内容为文档部件

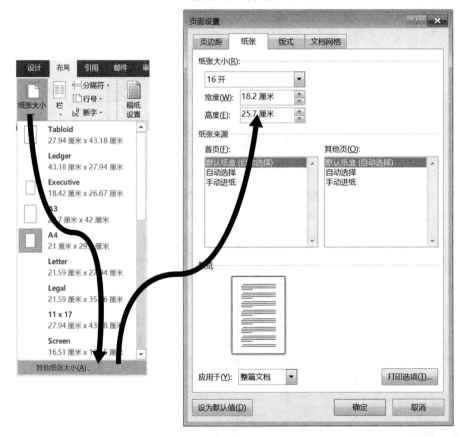

图 3.19　设置"成绩单"文档纸张大小

（2）不要关闭对话框，切换到"页边距"选项卡，将纸张方向设置为横向，上下页边距设置为 2.5 厘米，左右页边距设置为 2.54 厘米，单击"确定"按钮，如图 3.20 所示。

图 3.20　设置"成绩单"文档纸张方向和页边距

（3）单击"插入"选项卡→"表格"组→"表格"下拉按钮，在菜单中选择"插入表格"，在打开的"插入表格"对话框中，将表格尺寸设置为 11 行 2 列，并选中"根据窗口调整表格"选项，然后单击"确定"按钮，如图 3.21 所示。

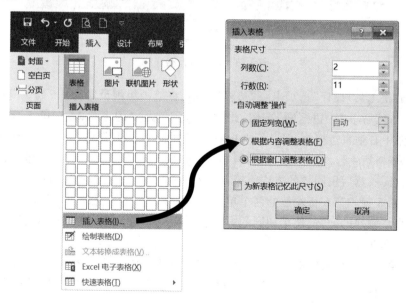

图 3.21　创建表格

（4）在如图 3.22 所示的单元格中输入相应的文字内容。

考生姓名：		出生日期：	
成绩：			
通过分数			
考生分数			
成绩分析：			
Word			
Excel			
PowerPoint			

图 3.22　输入表格文字内容

（5）按住 Ctrl 键，同时选中第 1、4 和 8 行，然后单击"表格工具|设计"选项卡→"表格样式"组→"底纹"下拉按钮，在菜单中将单元格的底纹设置为"深蓝"；此时，由于之前表格的字体颜色为"自动"，因此字体颜色会自动切换为白色，如图 3.23 所示。

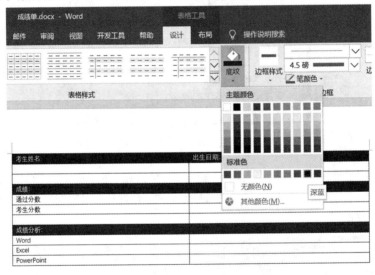

图 3.23　设置单元格底纹

（6）在"表格工具|设计"选项卡→"边框"组中，将笔画粗细设置为 0.5 磅，"笔颜色"设置为"白色，背景 1"，然后单击"边框刷"按钮，此时光标会变为 的形状，点选第 1 行中部的垂直边框线，第 3 行左中右垂直边框线，第 7 行左中右垂直边框线，将其设置为白色，如图 3.24 所示。

（7）选定表格第 4 行，单击"表格工具|布局"选项卡→"合并"组→"合并单元格"按钮，将左右两个单元格合并；然后用同样的方法将第 8 行左右两个单元格合并，如图 3.25 所示。

（8）选中第 5 行和第 6 行左侧的两个单元格，使用鼠标向左拖动第 5 行和第 6 行中间的垂直边框线，缩小左侧列的列宽；使用相同的方法，将第 9—11 行中部的垂直边框线也向左拖动到同一位置，如图 3.26 所示。

（9）选中第 9—11 行右侧的 3 个单元格，单击"表格工具|布局"选项卡→"合并"组→"拆分单元格"按钮，在打开的"拆分单元格"对话框中，将"列数"设置为 2，"行数"设置为 3，然后单击"确定"按钮，将其拆分为 2 列，如图 3.27 所示。

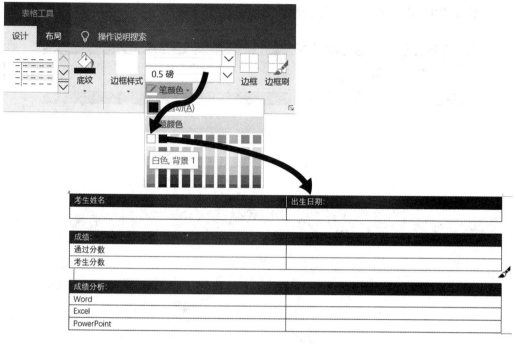

图 3.24　使用笔工具绘制表格

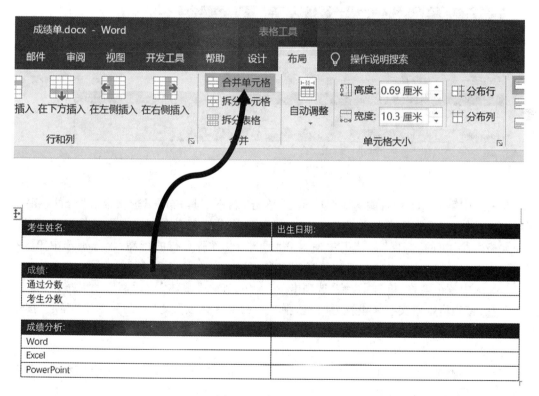

图 3.25　合并单元格

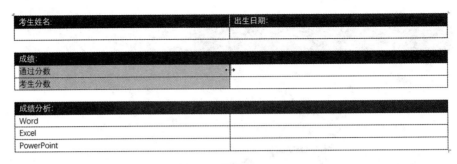

图 3.26　调整单元格列宽

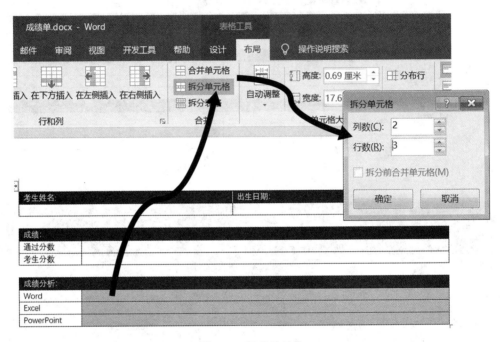

图 3.27　拆分单元格

（10）选中第 9—11 行右侧的 3 个单元格,单击"表格工具|布局"选项卡→"合并"组→"合并单元格"按钮,将垂直 3 个单元格合并为 1 个;然后选中整个表格,在"表格工具|布局"选项卡→"单元格大小"组的"高度"数值框中输入 0.8 厘米,设置所有行的行高;再分别选中第 3 行和第 7 行,使用相同的方法,将这两行的行高调整为 0.2 厘米,如图 3.28 所示。

（11）选中整个表格,单击"开始"选项卡→"字体"组→"字体"对话框启动器按钮,打开"字体"对话框,将表格中中文字体设置为"微软雅黑",西文字体设置为"Arial",单击"确定"按钮。

（12）按住 Ctrl 键,同时选中表格中有深蓝色底纹的 3 行,然后单击"开始"选项卡→"字体"组→"加粗"按钮,将单元格中的文字设置为加粗格式。

（13）选中整个表格,单击"表格工具|布局"选项卡→"对齐方式"组→"中部左对齐"按钮,将所有文字都水平方向左对齐,垂直方向居中对齐,效果如图 3.29 所示。

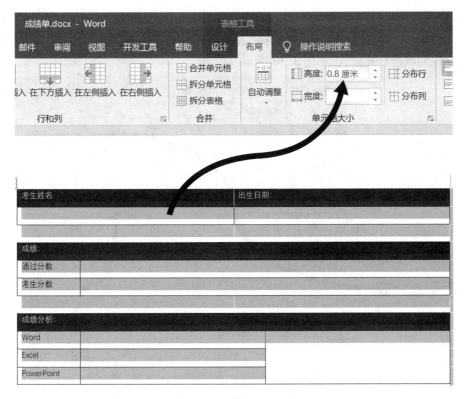

图 3.28　合并单元格及设置表格行高

图 3.29　表格的样式和布局完成效果

3.3.5　为个人成绩单表格添加表格标题、页眉页脚和页面边框

（1）在表格上方的空行中输入文本"微软商务应用认证｜成绩报告 Office 2016"（如果表格上方无空行，将光标定位在表格左上角的单元格中，按 Enter 键即可产生一个空行），其中的"｜"

符号,可以首先输入代码"2223",接着按组合键 Alt+x 来输入,也可以通过单击"插入"选项卡→"符号"组→"符号"下拉按钮,在菜单中选择"其他符号",打开"符号"对话框,在"数学运算符"子集中可以找到该符号并插入,如图 3.30 所示。

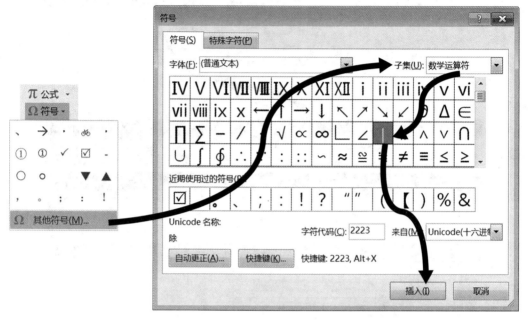

图 3.30 插入特殊符号

(2)选中所输入的文本,将其字体设置为"微软雅黑",应用加粗的文字效果,字体颜色设置为"深红";将文本"微软商务应用认证"设置为二号字,将"成绩报告 Office 2016│"设置为小一号字;然后选中文本"成绩报告 Office 2016",单击"开始"选项卡→"段落"组→"中文版式"下拉按钮,在菜单中选择"双行合一"命令,在弹出的"双行合一"对话框中,直接单击"确定"按钮,将文本设置为上下两行,如图 3.31 所示。

图 3.31 设置"双行合一"段落格式

(3)双击页眉区域,进入页眉/页脚编辑状态,然后在页眉区域输入文本"公司页眉"(3.3.3

（8）所建立的文档部件名称），按 F3 键，完成页眉的插入，如图 3.32 所示。

图 3.32　插入文档部件

（4）与上一步骤中方法类似，在页脚区域输入文本"公司页脚"，然后按 F3 键，完成页脚的插入，然后单击"页眉和页脚工具|设计"选项卡→"关闭"组→"关闭页眉和页脚"按钮，退出页眉/页脚编辑状态。

（5）单击"设计"选项卡→"页面背景"组→"页面边框"按钮，打开"边框和底纹"对话框，在"页面边框"选项卡中将边框类型设置为方框，样式设置为 ▬▬▬▬▬▬ ，宽度为 3 磅，颜色设置为"深蓝"，然后单击"确定"按钮，如图 3.33 所示。

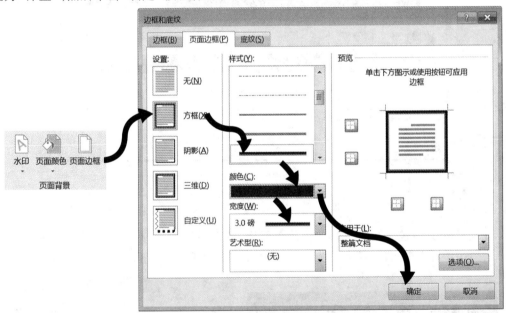

图 3.33　设置页面边框

3.3.6　为每位学员创建单独的成绩单

（1）单击"邮件"选项卡→"开始邮件合并"组→"选择收件人"下拉按钮，在菜单中选择"使用现有列表"命令，在弹出的"选择数据源"对话框中，找到之前创建的"成绩记录.docx"文件所储存的位置，将其选中，然后单击"打开"按钮。

（2）将光标定位到"考生姓名："下方单元格，单击"邮件"选项卡→"编写和插入域"组→"插入合并域"下拉按钮，在菜单中选择"姓名"字段；使用同样的方法，在"出生日期："下方单元格中插入"出生日期"字段，在"考生分数"右侧单元格中插入"平均成绩"字段，在"Word"右侧单元格中插入

"Word 模块"字段,在"Excel"右侧单元格中插入"Excel 模块"字段,在"PowerPoint"右侧单元格中插入"PowerPoint 模块"字段,在"通过分数"右侧单元格中输入数值 60,如图 3.34 所示。

图 3.34 插入合并域

（3）选中下方的包含域"平均成绩"的单元格,单击"插入"选项卡→"链接"组→"书签"按钮,打开"书签"对话框,将书签名设为"score",然后单击"添加"按钮,如图 3.35 所示。

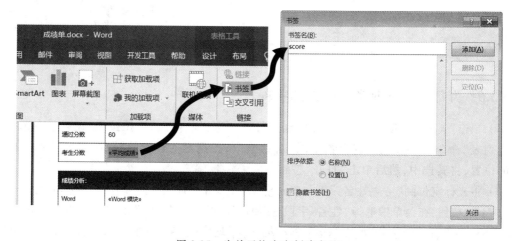

图 3.35 为单元格内容创建书签

（4）将光标定位到表格右下角单元格中，按组合键 Ctrl+F9，输入一个空域｛｝，然后在其中输入代码"IF score>=60"通过""未通过""（注意：域符号｛｝不可手工输入，在大括号左右两侧各有一个空格，逻辑运算符">="前后也需要输入相应空格），然后右键单击包含域的文本，在右键菜单中选择"切换域代码"，显示其结果，如图 3.36 所示。

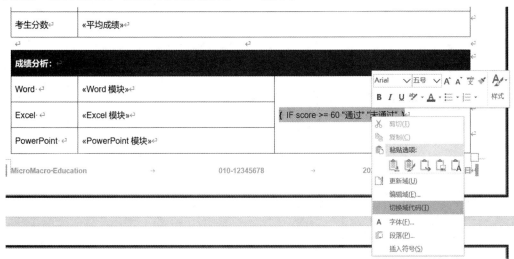

图 3.36　在单元格中插入 IF 域

（5）单击"邮件"选项卡→"预览结果"组→"预览结果"按钮，可以看到邮件合并的预览结果，如果表格的下一页存在空页，可以通过将空页首行的行距调整为固定值 1 磅大小，将空白页删除，如图 3.37 所示。

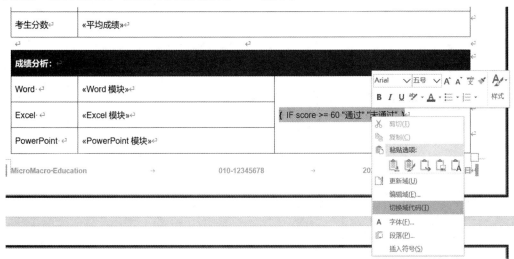

图 3.37　预览邮件合并效果

（6）单击"邮件"选项卡→"完成"组→"完成并合并"下拉按钮，在菜单中选择"编辑单个文档"命令，在弹出的"合并到新文档"对话框中，选中"全部"选项，单击"确定"按钮，完成邮件合并。合并后的结果位于一个自动生成的新文档中，将其另存为"打印文档"。

第 4 章　应用样式排版论文

在处理论文等长篇文档的时候,一方面需要能快速获得满意的排版效果,另一方面需要在后续对文档进行修改时,无论是样式还是编号,都能够批量完成。为此,Word 2016 提供了样式及自动编号等一系列强大功能,这将在本章中重点加以讨论。

4.1　任务目标

本案例要求对一篇论文进行排版,以便正文、各级标题和各章都能以统一的格式有序排列,并增加页眉、页脚等元素,以使文章更加专业和美观。具体要求如下:

- 为各级标题应用相应的标题样式和自动编号。
- 将论文的各个部分分为独立的节,并添加目录。
- 为论文添加可显示本章节内容的页眉和页码。
- 将论文中的数据表格修改为图表。
- 删除论文中空行等多余元素并更新目录。

完成后的参考效果如图 4.1 所示。

图 4.1　论文排版后的效果

本案例主要涉及如下知识点:

- 创建、应用和修改样式
- 应用自动编号并与样式进行链接
- 分节
- 设置大纲级别
- 创建和更新目录

- 添加页眉和页脚
- 应用域
- 编辑和修改页码格式
- 创建和格式化图表
- 高级查找和替换

4.2 相关知识

下面的知识与本案例密切相关,有助于更好地解决工作中的一些疑难问题。

4.2.1 为文档加载模板

在进行长篇文档排版的过程中,如果之前已经排版完成过格式类似的文档,则不需要再从头开始设置各级标题和正文样式,而是可以直接将已经排版好的文档中的所需样式导入到当前文档。具体步骤如下:

(1)单击"开始"选项卡→"样式"组右下角的"样式"窗格启动器按钮,在打开的"样式"任务窗格中,单击下方的"管理样式"按钮,在打开的"管理样式"对话框中,单击左下角的"导入/导出"按钮,如图 4.2 所示。

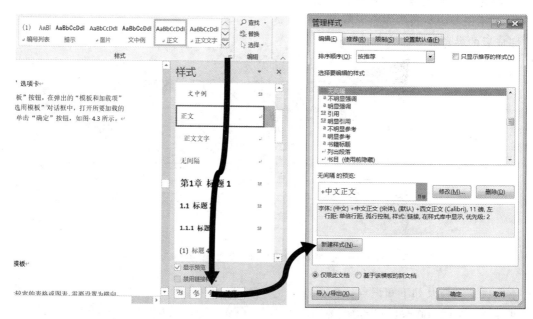

图 4.2 开启"管理样式"对话框

(2)在打开的"管理器"对话框的"样式"选项卡中,可以看到左侧为当前文档的样式,右侧为模板"Normal.dotm"中的样式。如果要导入其他文档中的样式,可以单击右侧下方的"关闭文件"按钮,此时该按钮会改变显示为"打开文件",上方模板也关闭。单击"打开文件"按钮,打开

所要导入样式的文档,则该文档中的样式会显示在上面的列表框中。选择所需样式,单击中间的
"复制"按钮,即可复制到当前的文档中(左侧文档),如图 4.3 所示。

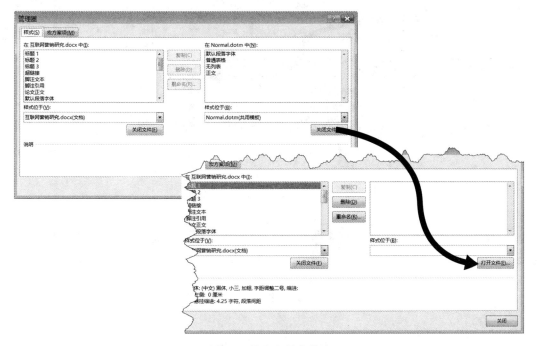

图 4.3　导入和导出样式

4.2.2　为文档的页面设置不同的方向

在长篇文档中,有些页面可能由于某种原因,例如包含较宽的表格或图表,需要设置为横向。
要达到这种效果,可按照如下步骤进行操作:

(1)将插入点定位到要放到横向页面的内容最左侧,例如此处的 3.2.1 节的编号之后,单击
"布局"选项卡→"页面设置"组→"页面设置"对话框启动器按钮,打开"页面设置"对话框,在
"页边距"选项卡中将纸张方向设置为横向,并应用于"插入点之后",单击"确定"按钮,如图 4.4
所示。

(2)使用同样的方法,将插入点定位到要放到横向页面的内容的末尾,单击"布局"选项卡
→"页面设置"组→"页面设置"对话框启动器按钮,打开"页面设置"对话框,在"页边距"选项卡
中将纸张方向设置为纵向,并应用于"插入点之后",单击"确定"按钮,即可将后面的页面再重新
设置为纵向。

(3)完成效果如图 4.5 所示,可以看到,在横向页面的首尾,自动添加了"下一页"的分
节符。

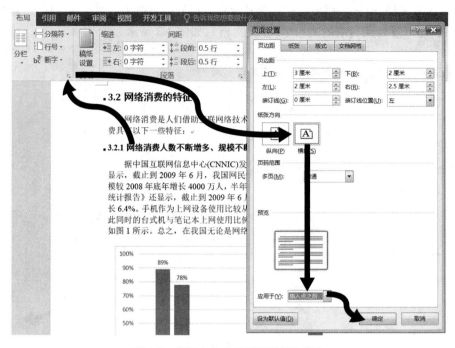

图 4.4　将插入点之后页面设置为横向

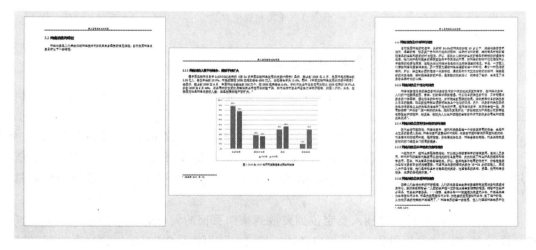

图 4.5　设置横向页面的完成效果

4.3　任务实施

本案例实施的基本流程如下所示。

为各级标题添加样式	为标题添加自动编号	为论文分节并添加目录	为论文添加页眉和页脚	将数据表格转换为图表	删除空行并更新目录

4.3.1　为各级标题添加样式

（1）文档中字体颜色为红色的文本为 1 级标题，可使用标题 1 样式。首先选中正文第一页中的文本"绪论"，单击"开始"选项卡→"编辑"组→"选择"下拉按钮，在对话框中单击"选择格式相似的文本"命令，选中所有要设为标题 1 样式的文本，如图 4.6 所示。

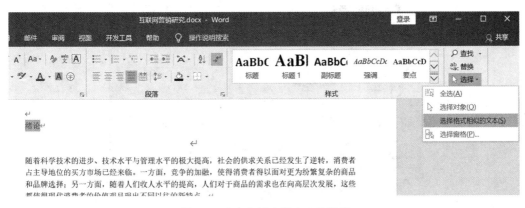

图 4.6　选中文档中所有 1 级标题

（2）单击"开始"选项卡→"样式"组→"标题 1"样式，将选中的红色文本一次性设置为标题1 样式；然后右键单击"标题 1"样式，在右键菜单中选择"修改"命令，如图 4.7 所示。

图 4.7　将文档中 1 级标题设置为标题 1 样式并对其进行修改

（3）在弹出的"修改样式"对话框中，将字体设置为黑体，字号设置为小三，并应用加粗效果，然后单击左下角的"格式"按钮，在向上弹出的菜单中选择"段落"命令，如图 4.8 所示。

（4）在弹出的"段落"对话框中，将段前和段后间距都设置为 0.5 行，行距设置为单倍行距，然后切换到"换行和分页"选项卡，确认"与下段同页"复选框为勾选状态，单击"确定"按钮，回到"修改样式"对话框，再次单击"确定"按钮，完成设置，如图 4.9 所示。

图 4.8　修改标题 1 样式字体格式

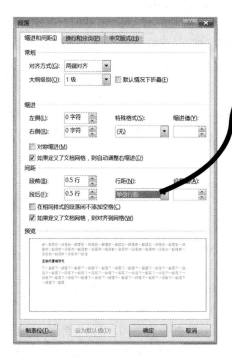
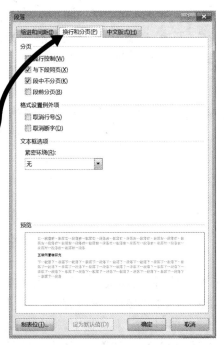

图 4.9　修改标题 1 样式段落格式

（5）使用与步骤（1）和步骤（2）相同的方法，将文档中字体颜色为蓝色的文本一次性选中，并对其应用标题 2 样式。如果在样式库中没有显示出标题 2 样式，可以单击"开始"选项卡→"样式"组→右下角的启动器按钮，打开"样式"窗格，单击下方的"选项"按钮，在弹出的"样式窗格选项"对话框中将需要显示的样式设置为"所有样式"，然后单击"确定"按钮，调出各级标题样式，如图 4.10 所示。

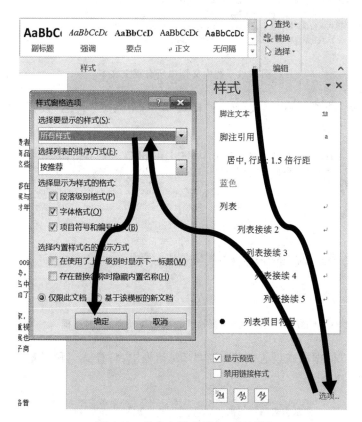

图 4.10　选中文档中所有 2 级标题

（6）使用与步骤（2）到步骤（4）相同的方法，修改标题 2 样式，将其字体调整为黑体，字号调整为四号，并应用加粗效果，段前和段后间距设置为 0.5 行，行距设置为单倍行距，并设置为与下段同页。

（7）和设置标题 1 与标题 2 样式方法相同，将文档中字体颜色为绿色的文本一次性选中，并对其应用标题 3 样式，然后修改标题 3 样式，将其字体调整为黑体，字号调整为小四，并应用加粗效果，然后修改标题 3 样式的段落格式，将段前和段后间距设置为 0.5 行，行距设置为单倍行距，并设置为与下段同页。至此就完成了对文档中 1 级到 3 级标题的样式设置。

（8）选中任意一段正文文本，例如标题"绪论"下方的首段，单击"开始"选项卡→"编辑"组→"选择"下拉按钮，在对话框中单击"选择格式相似的文本"命令，选中所有正文文本，如图 4.11所示。

· 绪论

随着科学技术的进步、技术水平与管理水平的极大提高，社会的供求关系已经发生了逆转，消费者占主导地位的买方市场已经来临。一方面，竞争的加融，使得消费者得以面对更为纷繁复杂的商品和品牌选择；另一方面，随着人们收入水平的提高，人们对于商品的需求也在向高层次发展，这些都使得现代消费者的价值观呈现出不同以往的新特点。

互联网的出现，给人们带来了现实生活之外的另一个虚拟空间，人们的工作、学习、生活方式都在发生着变化，但反过来，人们变化着的价值观也在影响着瓦联网的发展。实际上，互联网的发展与普及，正是因为它顺应了现代人价值观的转变。从互联网表现出来的对人们的吸引力，尤其是对年轻一代的魔法般的魅力，互联网将最终对整个人类的生存与发展产生越来越重要的影响。

图 4.11 选中文档中所有正文文本

（9）单击"开始"选项卡→"样式"组→"样式库"右下角的"其他"按钮，在展开的菜单中单击"创建样式"命令，如图 4.12 所示。

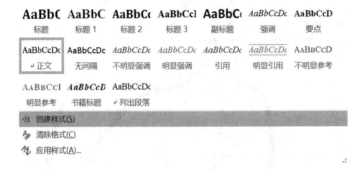

图 4.12 开启"根据格式设置创建新样式"对话框

（10）在弹出的"根据格式设置创建新样式"对话框中，将样式名称设置为"论文正文"，单击"修改"按钮，如图4.13所示。

图 4.13 设置新样式名称为"论文正文"

（11）将新创建的"论文正文"样式类型设置为"段落"，样式基准设置为"正文"，格式设置为宋体，字号设置为小四号字，然后单击"格式"按钮，在向上弹出的菜单中选择"段落"命令，如图4.14 所示。

（12）在弹出的"段落"对话框中，将段前和段后间距调整为 0.5 行，行距设置为单倍行距，将特殊格式设置为"首行缩进"，缩进的磅值为"2 字符"，然后单击"确定"按钮，回到之前的对话

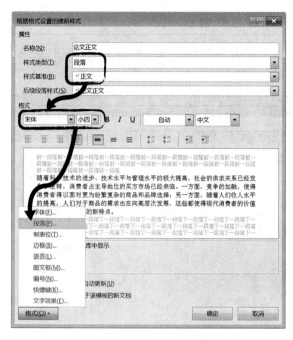

图 4.14　修改"论文正文"样式字体

框,再次单击"确定"按钮,完成设置,如图 4.15 所示。

图 4.15　设置"论文正文"样式段落格式

4.3.2　为各级标题添加自动编号

（1）单击"开始"选项卡→"段落"组→"多级列表"下拉按钮,在菜单中单击"定义新的多级列表"命令,如图 4.16 所示。

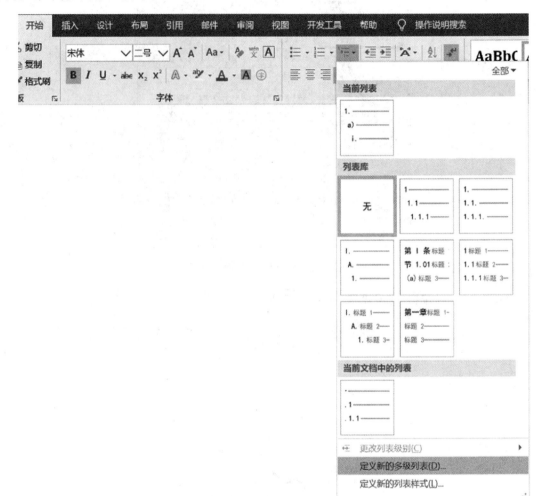

图 4.16　定义新的多级列表

（2）在弹出的"定义新多级列表"对话框中,单击左下角的"更多"按钮,以显示扩展功能。首先选中级别 1,此时可以看到在"输入编号的格式"文本框中,默认显示的数值为1(此数值带有底纹,为自动编号,不可以手工输入),在该数值的前后分别输入文本"第"和"章",将编号之后的分隔字符设置为空格,然后在"将级别链接到样式"列表框中选择"标题 1",如图 4.17所示。

（3）接下来,选中级别 2,可以看到此时编号格式变为了"1.1",保持此默认的编号格式不变,在"对齐位置"数值框中,将值调整为 0 厘米,将编号之后的分隔字符设置为空格,然后在"将级别链接到样式"列表框中选择"标题 2",如图 4.18 所示。

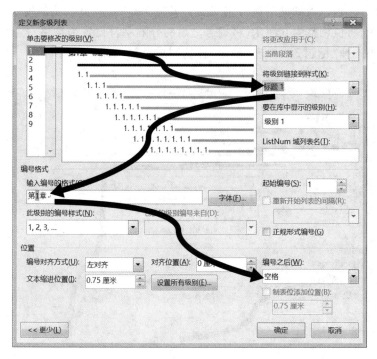

图 4.17　设置多级列表 1 级格式

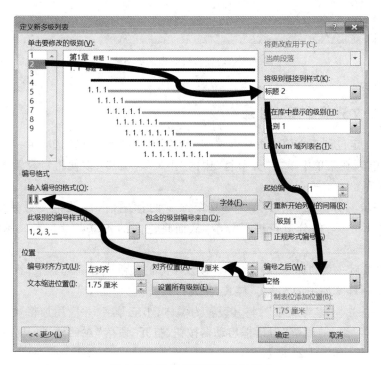

图 4.18　设置多级列表 2 级格式

（4）选中级别 3,可以看到此时编号格式变为了"1.1.1",保持此默认的编号格式不变,在"对齐位置"数值框中,将值调整为 0 厘米,将编号之后的分隔字符设置为空格,然后在"将级别链接到样式"列表框中选择"标题 3",单击"确定"按钮完成设置,如图 4.19 所示。

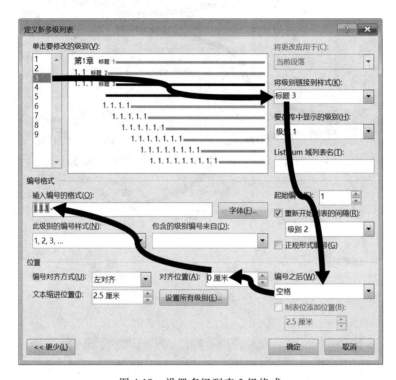

图 4.19　设置多级列表 3 级格式

4.3.3　为论文分节并添加目录

（1）将插入点定位到正文第 1 页标题文字"绪论"前,单击"布局"选项卡→"页面设置"组→"分隔符"下拉按钮,在菜单中单击"分节符"中的"下一页"命令,以便将目录置于一个单独的节中,如图 4.20 所示。

（2）与上一步骤方法相同,在第 2 章到第 5 章的标题前,以及论文最后的"参考文献"标题前都通过"下一页"的分节符进行分节,从而将论文的各章以及参考文献都置于单独的节中。

（3）将论文最后一页的标题"参考文献"以及下方的文献内容一起选中,然后单击"开始"选项卡→"样式"组→样式库中的"正文"样式,将其样式转换为"正文"。

（4）选中标题文本"参考文献",将其设置为黑体、小三号字,并应用加粗效果,然后单击"开始"选项卡→"段落"组→"段落"对话框启动器按钮,打开"段落"对话框,将其大纲级别设置为 1 级,单击"确定"按钮,如图 4.21 所示。

（5）选中目录页中的"目录"文本,对其应用"正文"样式,并将字体设置为黑体、小三号字,并应用加粗效果,然后按 Enter 键另起一行。

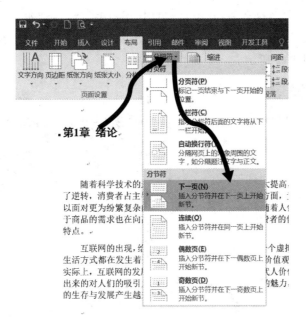

图 4.20　为文档进行分节

图 4.21　设置文本的大纲级别

（6）在标题"目录"下方的空行中，单击"引用"选项卡→"目录"组→"目录"下拉按钮，在菜单中单击"自定义目录"命令，在弹出的"目录"对话框中，保持默认设置，直接单击"确定"按钮，完成目录的创建，如图 4.22 所示。

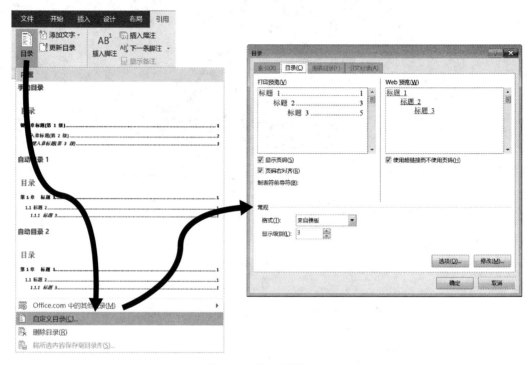

图 4.22 创建文档目录

4.3.4 为论文添加页眉和页脚

（1）在目录页双击文档页眉区域，进入页眉/页脚编辑状态，在页眉正中央输入文本"目录"，如图4.23所示。

图 4.23 为文档目录页添加页眉

（2）单击"页眉和页脚工具|设计"选项卡→"导航"组→"下一节"按钮，插入点会自动跳转到论文正文第一页，取消"链接到前一条页眉"的突出显示，删除当前的页眉文字"目录"，然后单击"插入"组→"文档部件"下拉按钮，在菜单中单击"域"命令，如图 4.24 所示。

（3）在弹出的"域"对话框中，选中"StyleRef"域，在中间"样式名"列表框中选中"标题 1"，在右侧勾选"插入段落编号"复选框，单击"确定"按钮，如图 4.25 所示。

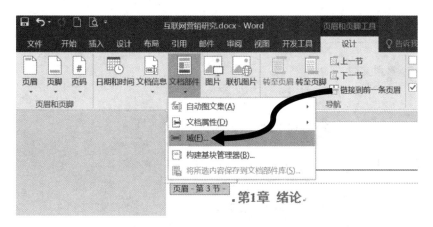

图 4.24 取消链接到前一条页眉

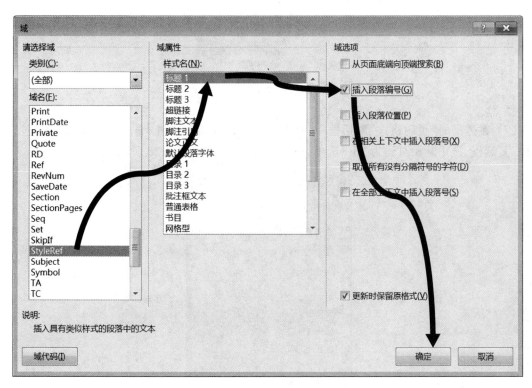

图 4.25 为文档页眉插入 StyleRef 域

（4）可以看到，刚刚插入的只是标题 1 的编号。再次插入"StyleRef"域，与之前的差别是这一次不勾选"插入段落编号"复选框，单击"确定"按钮，完成标题 1 内容的插入。

（5）将插入点转到论文最后一页的页眉，取消"链接到前一条页眉"的突出显示，删除之前的页眉文字"第 5 章结论"，重新输入文字"参考文献"，如图 4.26 所示。

（6）将插入点转到目录节第一页的页脚，取消"链接到前一条页眉"的突出显示，单击"页眉和页脚工具|设计"选项卡→"页眉和页脚"组→"页码"下拉按钮，在菜单中单击"设置页码格

图 4.26 为参考文献页插入页眉

式"命令,如图 4.27 所示。

图 4.27 开启"页码格式"对话框

（7）在弹出的"页码格式"对话框中,将编号格式设置为"Ⅰ,Ⅱ,Ⅲ,…",不要勾选"包含章节号"复选框,选中起始页码为"Ⅰ"选项,单击"确定"按钮,如图 4.28 所示。

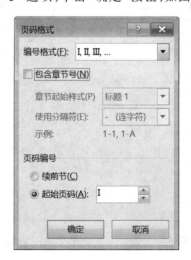

图 4.28 设置目录页页码格式和起始页码编号

（8）再次单击"页眉和页脚工具I设计"选项卡→"页眉和页脚"组→"页码"下拉按钮,在菜单中选择"页面底端",在级联菜单中单击"普通数字 2"样式,为目录页插入页码,如图 4.29 所示。

（9）将插入点转到论文正文（绪论节）首页的页脚,将页码格式设置为"1,2,3,…",不勾选

图 4.29 为目录页插入页码

"包含章节号"复选框,选中起始页码为"1"选项,单击"确定"按钮,如图 4.30 所示。

（10）将插入点转到下一节首页的页脚,将其页码格式设置为"1,2,3,…",不勾选"包含章节号"复选框,选中"续前节"选项,单击"确定"按钮。依此方法,对后面的各节进行相同的设置。最后双击文档的正文区域,退出页眉/页脚编辑状态,如图 4.31 所示。

图 4.30 设置正文首节页页码
格式和起始页码编号

图 4.31 设置正文其他节页码
格式和起始页码编号

4.3.5 修改论文中的表格为图表

（1）将插入点转到文档"3.2.1 网络消费人数不断增多、规模不断扩大"小节中表格上方的空行，单击"插入"选项卡→"插图"组→"图表"按钮，打开"插入图表"对话框，在其中选择"柱形图"，然后在右侧选择"簇状柱形图"，单击"确定"按钮，如图 4.32 所示。

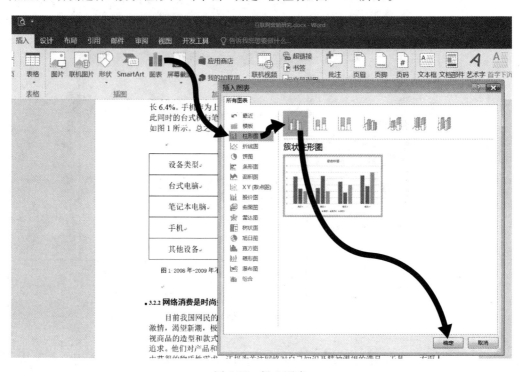

图 4.32　插入图表

（2）此时 Word 2016 会自动开启"Microsoft Word 中的图表 –Excel"窗口，复制下方表格中的数据，将其粘贴到 Excel 工作表的 A1:C5 单元格区域（删除工作表中多余的原始数据），然后关闭 Excel 窗口，如图 4.33 所示。

	A	B	C
1	设备类型	2008年	2009年
2	台式电脑	89%	78%
3	笔记本电脑	28%	26%
4	手机	40%	46%
5	其他设备	10%	40%

图 4.33　修改图表数据

（3）可以看到图表已经插入。删除原先的表格。选中图表，单击图表右上角的 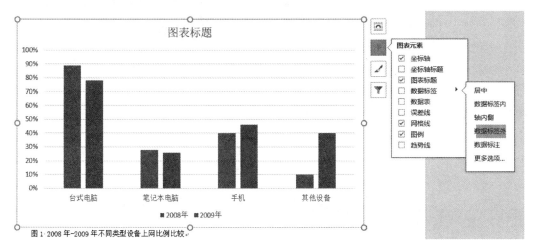，在图表元素菜单中单击"图表标签"右侧的三角箭头，在弹出的级联菜单中单击"数据标签外"命令，为图表添加数据标签，如图4.34所示。

图 4.34 设置图表标签

（4）选中图表的标题，按 Delete 键将其删除，单击图表的任意一条网格线，就可以使全部的网格线都处于选中状态，按 Delete 键将其删除，如图 4.35 所示。

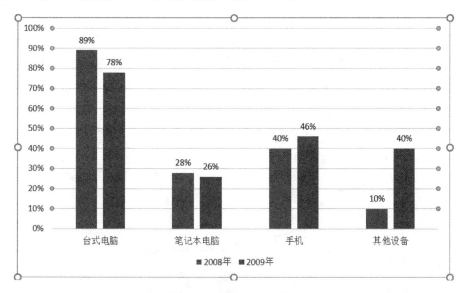

图 4.35 删除图表网格线

（5）选中图表，单击"图表工具|格式"→"排列"组→"环绕文字"下拉按钮，在菜单中选择"嵌入型"，然后在"开始"选项卡的"样式"组中将图表设置为"正文"样式，并居中对齐，如图4.36所示。

图 4.36 设置图表的环绕文字方式

（6）将光标定位到图表下方的"图 1 2008 年—2009 年不同类型设备上网比例比较"段落，单击"开始"选项卡→"样式"组右下角的"样式"窗格启动器按钮，在打开的"样式"任务窗格中将该段落文字的样式设置为"题注"，然后单击右侧向下的三角箭头，在菜单中选择"修改"，在打开的"修改样式"对话框中将其段落对齐方式设置为居中，并按"确定"按钮，如图 4.37 所示。

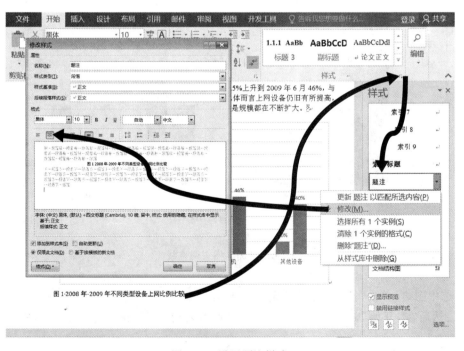

图 4.37 设置题注样式

4.3.6 删除空行并更新目录

（1）单击"开始"选项卡→"编辑"组→"替换"按钮，打开"查找和替换"对话框，单击左下角的"更多"按钮，开启扩展功能。将插入点定位到"查找内容"文本框，单击下方的"特殊格式"按钮，在弹出的菜单中单击"段落标记"，如图 4.38 所示。

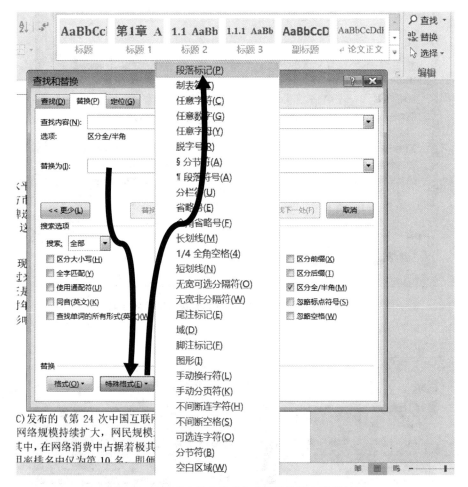

图 4.38 开启"查找和替换"对话框并输入段落标记

（2）可以看到已经输入了一个段落标记代码。然后重复之前操作，再次输入一个段落标记代码（两个连续的段落标记意味着一个空行），在"替换为"文本框中插入一个段落标记代码，然后反复单击"全部替换"按钮，直到文档中所有空行都被删除。最后关闭"查找和替换"对话框（如果文档中最后有少量空行无法替换，这些空行可能是位于文档的页眉或页脚中，可以手动将其删除），如图 4.39 所示。

（3）右键单击论文目录，在快捷菜单中单击"更新域"命令，在弹出的"更新目录"对话框中，由于各级标题的内容并没有发生变化，变化的只是文档的页码，因此保持默认选项"只更新页码"，单击"确定"按钮，完成目录的更新，如图 4.40 所示。

图 4.39 将连续出现的段落标记替换为单段落标记

图 4.40 更新目录页码

第 5 章　为调研报告添加引用内容

论文及报告等长篇文档中,通常会包含目录、图表目录及索引等内容,这些都涉及对文档其他部分的引用。如何快速地建立这些内容,并在文档中当被引用的内容发生变化时,让引用能自动更新,从而方便文档的后期修改和维护,是本章所要讨论的重点内容。

5.1　任务目标

本案例要求对一篇已经初步完成排版的调研报告进行加工,为其添加索引、参考文献、题注和交叉引用以及目录和图表目录等各种引用内容。具体要求如下:

- 利用索引自动标记文件中的信息。例如,标记文档中的专有词汇,并生成索引。
- 为文档导入文献源,并生成参考文献。
- 为文档中所有的表格和图表添加题注并修改对这些题注的引用为交叉引用。
- 根据文档的各级标题和题注为文档创建目录、表格目录和图表目录。

完成后的参考效果如图 5.1 所示。

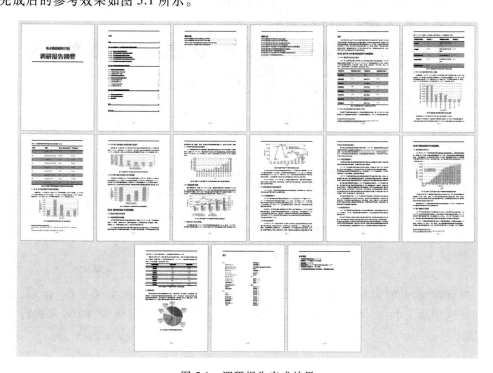

图 5.1　调研报告完成效果

本案例主要涉及如下知识点:

- 标记及导入索引项目
- 创建和更新索引
- 创建及导入文献源
- 添加书目并修改书目样式
- 为图表或表格添加题注
- 对题注添加交叉引用
- 创建及更新文档目录
- 创建及更新文档图表目录

5.2 相关知识

下面的知识与本案例密切相关,有助于更好地解决工作中的一些疑难问题。

5.2.1 一次性将某个词汇全部标记为索引项

对于论文及其他专业文档,经常需要将专业词汇作为索引列在文档末尾。某个词汇可能会在文档中出现多次,如果一个个进行标记,将非常烦琐,此时可以使用 Word 2016 中的全部标记功能,一次性完成此任务。具体操作步骤如下:

（1）选中要标记的索引项目,如"B2B",单击"引用"选项卡→"索引"组→"标记索引项"按钮,打开"标记索引项"对话框,如图 5.2 所示。

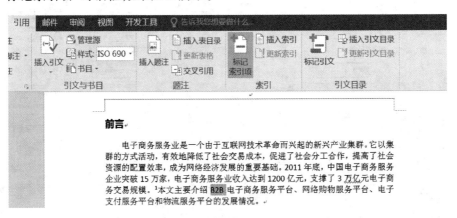

图 5.2 开启"标记索引项"对话框

（2）可以看到,此时文本"B2B"已经显示在了主索引项文本框中,如果单击"标记"按钮,则仅标记当前选中的文本;如果单击"标记全部"按钮,则会把文档中所有的"B2B"都进行标记,如图 5.3 所示。

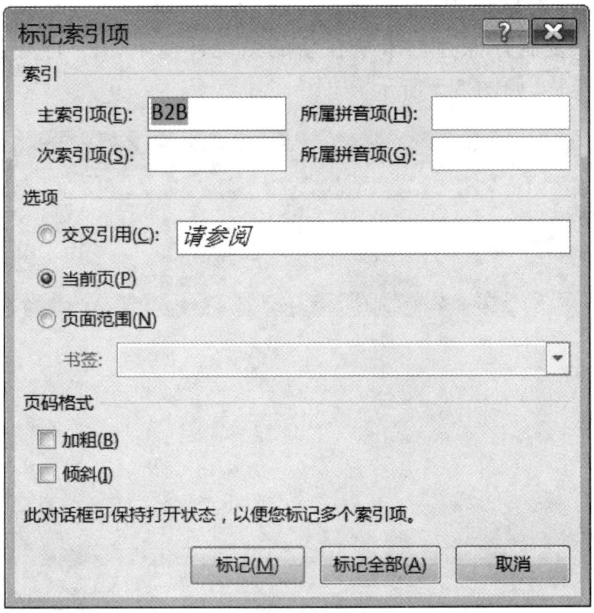

图 5.3　将文档中出现的某词条全部标记为索引项

5.2.2　备份电脑中的参考文献

使用 Word 2016 进行写作的过程中,通过在源管理器中创建文献条目,可以方便地生成文章所需要的参考文献,并可以在各种不同格式间进行快速转换。但如果重新安装系统或者更换电脑,就需要对已经建立的文献进行备份。可以按照如下步骤操作:

(1)单击"引用"选项卡→"引文与书目"组→"管理源"按钮,打开"源管理器"对话框,单击"浏览"按钮,如图 5.4 所示。

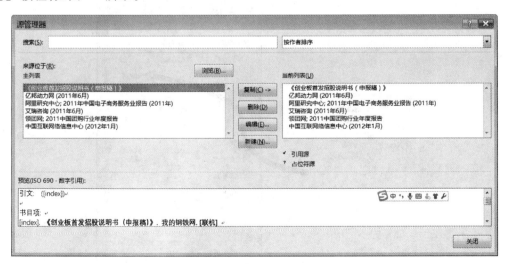

图 5.4　开启"源管理器"对话框

（2）在"打开源列表"对话框中，可以看到文件"Sources.xml"，Word 2016 主列表中的文献就存储在这个文件中，将其复制并保存。未来在新的系统环境下，在"打开源列表"对话框中将其打开，即可实现文献的迁移，如图 5.5 所示。

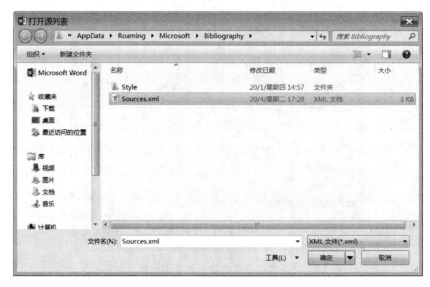

图 5.5 备份文档中的已有文献

5.2.3 转换脚注和尾注

脚注和尾注是论文或者报告等专业文档中不可或缺的元素，脚注位于每页的下方，尾注位于整个文档的末尾或者节的末尾。脚注和尾注可以相互转换，具体方法如下：

（1）单击"引用"选项卡→"脚注"组右下角的对话框启动器按钮，打开"脚注和尾注"对话框，在这个对话框中可以设置关于脚注和尾注的各种格式，在这里单击"转换"按钮，如图 5.6 所示。

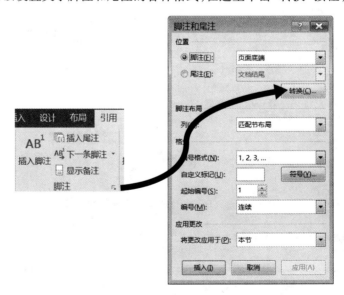

图 5.6 "脚注和尾注"对话框

（2）在"转换注释"对话框中,由于目前的文档中只有脚注,因此默认选中的为"脚注全部转换成尾注",单击"确定"按钮,如图5.7 所示。

（3）返回"脚注和尾注"对话框后,关闭对话框,即可完成转换。

图 5.7　转换注释

5.3　任务实施

本案例实施的基本流程如下所示。

创建索引　　添加参考文献　　添加题注和交叉引用　　添加目录和图表目录

5.3.1　创建索引

（1）将插入点定位到文档末尾,单击"布局"选项卡→"页面设置"组→"分隔符"下拉按钮,在菜单中选择分页符,创建一个空白页,如图 5.8 所示。

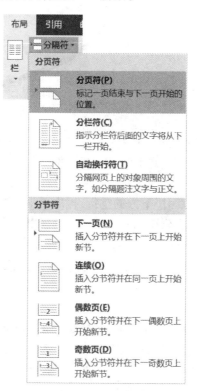

图 5.8　通过分页符进行分页

（2）在新建的页面中输入文本"索引"，并将其设置为"微软雅黑"字体、四号字，加粗效果，对齐方式为左对齐，然后按 Enter 键，另起一行。单击"引用"选项卡→"索引"组→"插入索引"按钮，打开"索引"对话框，在"索引"对话框中单击"自动标记"按钮，在弹出的"打开索引自动标记文件"对话框中找到素材文件夹中的"索引文档. docx"文件，其中包含所要标记的索引项目，然后单击"打开"按钮，可以看到文档中的电子商务企业名称都被作为索引项进行了标记，如图 5.9 所示。

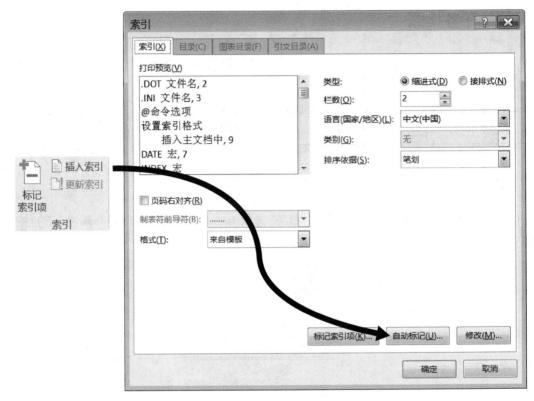

图 5.9　自动标记索引项

（3）将插入点定位到文本"索引"下方的空行，再次单击"引用"选项卡→"索引"组→"插入索引"按钮，打开"索引"对话框，将索引格式设置为"来自模板"，语言设置为"英语（美国）"，其他按照默认，单击"确定"按钮，如图 5.10 所示。

（4）插入的索引会自动位于一个独立的节中，完成效果如图 5.11 所示。

5.3.2　添加参考文献

（1）与 5.3.1 小节步骤（1）和（2）方法相同，在索引页面后面通过分页符插入一个空白页，并输入文本"参考文献"，将其设置为"微软雅黑"字体、四号字，加粗效果，对齐方式为左对齐，然后按 Enter 键，另起一行。单击"引用"选项卡→"引文与书目"组→"管理源"按钮，打开"源管理器"对话框，单击"浏览"按钮，在弹出的"打开源列表"对话框中找到并选中素材文件夹中的"参考文献. xml"文件，单击"确定"按钮，如图 5.12 所示。

图 5.10　插入索引

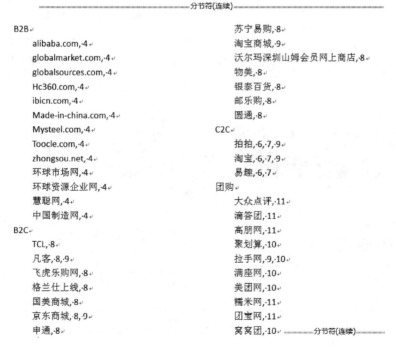

图 5.11　完成后的索引效果

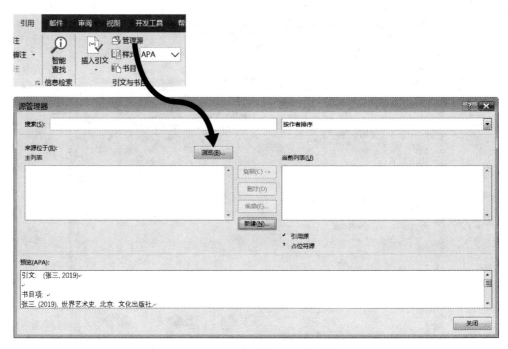

图 5.12　开启"源管理器"对话框

（2）可以看到，文献内容已经被导入到了"参考文献"列表框中，将其全部选中（按住 Ctrl 键，可以同时选中多条文献；选中首条文献，按住 Shift 键，再单击最后一条，可以将列表中的所有文献一次性选中），单击"复制"按钮，将文献复制到"当前列表"中，然后单击"关闭"按钮，如图 5.13 所示。

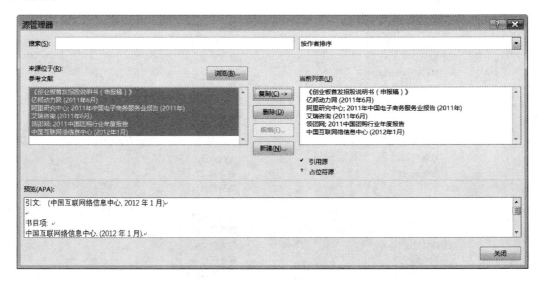

图 5.13　将参考文献复制到当前列表

（3）将书目样式设置为"ISO690-数字引用"，然后单击"书目"下拉按钮，在菜单中选择"插入书目"命令,如图 5.14 所示。

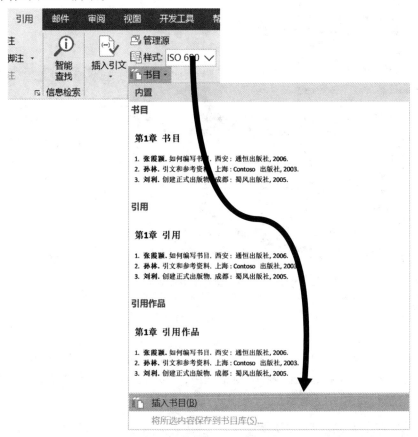

图 5.14　修改书目样式并插入书目

（4）完成效果如图 5.15 所示。

图 5.15　完成后的书目效果

5.3.3　添加题注和交叉引用

（1）将正文第 1 页表格下方原先手动输入的题注"表 1-1"删除,将插入点定位在说明文字之前,单击"引用"选项卡→"题注"组→"插入题注"按钮,打开"题注"对话框,将标签设置为"表格"（如果标签中没有该项，可单击"新建标签"按钮，创建所需标签），如图 5.16 所示。

图 5.16 "题注"对话框

（2）在"题注"对话框中，单击"编号"按钮，在弹出的"题注编号"对话框中勾选"包含章节号"复选框，单击"确定"按钮，回到"题注"对话框中，可以看到题注的标签已经包含了章节号，然后单击"确定"按钮，如图 5.17 所示。

图 5.17 设置题注编号

（3）此时，表格的题注内容变为了靠左对齐，原因是自动应用了"题注"样式。右键单击"开始"选项卡→"样式"组→样式库中的"题注"样式，在右键菜单中选择"修改"命令，在弹出的"修改样式"对话框中将对齐方式设置为"居中"，然后单击"确定"按钮，完成对题注样式的修改。

（4）使用相同的方法，将文档中的其他 3 张表格原先的标签修改为自动插入的题注标签"表格 1-2""表格 1-3"和"表格 3-1"。

（5）与上述插入表格题注的方法类似，将文档中图表原先的标签修改为自动插入的题注标签"图 1-1""图 1-2""图 1-3""图 1-4""图 2-1""图 2-2""图 2-3""图 3-1"和"图 3-2"，如

图 5.18 所示。

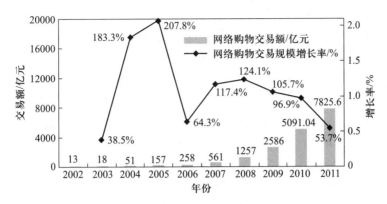

图 2-3　2002—2011 年中国网络零售增长情况
图 5.18　为图表添加题注后的效果

（6）删除"表格 1-1"上方用黄色突出显示的文本"表 1-1"，单击"引用"选项卡→"题注"组→"交叉引用"按钮，打开"交叉引用"对话框，将引用类型设置为"表格"，引用内容设置为"只有标签和编号"，在下方列表框中选中题注"表格 1-1 我国 B2B 服务产业规模行业分布情况"，单击"插入"按钮，如图 5.19 所示。

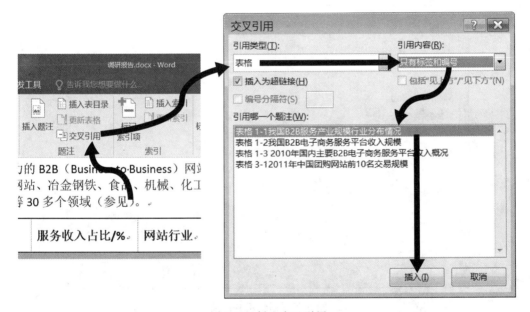

图 5.19　插入交叉引用

（7）使用相同的方法，将文档中对其他 3 张表格的引用文字（黄色突出显示的文本）使用交叉引用进行替换。

（8）与上述对表格题注应用交叉引用的方法类似，将文档中对图表题注原先手工输入的引用内容修改为交叉引用"图 1-1""图 1-2""图 1-3""图 1-4""图 2-1""图 2-2""图 2-3""图 3-1"和"图 3-2"。

5.3.4 添加目录和图表目录

（1）将光标定位在正文首页的文本"前言"之前，单击"布局"选项卡→"页面设置"组→"分隔符"下拉按钮，在菜单中选择"下一页"的分节符，在上方创建一个空白页。

（2）在新建的页面中输入文本"目录"，并将其设置为"微软雅黑"字体、四号字，加粗效果，对齐方式为左对齐，然后按 Enter 键，另起一行。

（3）将光标定位在正文首页文本"前言"行，单击"开始"选项卡→"段落"组→"段落"对话框启动器按钮，打开"段落"对话框，将该段文字的大纲级别设置为1级，单击"确定"按钮。使用同样的方法，将文档结尾处的标题文本"索引"和"参考文献"的大纲级别也设置为1级。

（4）将插入点定位到目录页"目录"标题下方，单击"引用"选项卡→"目录"组→"目录"下拉按钮，在菜单中选择"自定义目录"命令，打开"目录"对话框，在其中的"目录"选项卡中将目录样式设置为"流行"，其他选项保持默认，单击"确定"按钮，插入目录，如图 5.20 所示。

图 5.20 创建正文目录

（5）将插入点定位到目录的最后一行右侧，单击"布局"选项卡→"页面设置"组→"分隔符"下拉按钮，在菜单中选择分页符，创建一个空白页。

（6）在新建的页面中输入文本"表格目录"，并将其设置为"微软雅黑"字体、四号字，加粗效果，对齐方式为左对齐，然后按 Enter 键，另起一行。单击"引用"选项卡→"题注"组→"插入表目录"按钮，打开"图表目录"对话框，在"图表目录"选项卡中将目录格式设置为"正式"，题注标签选择"表格",其他选项依默认,单击"确定"按钮,插入表格目录,如图 5.21 所示。

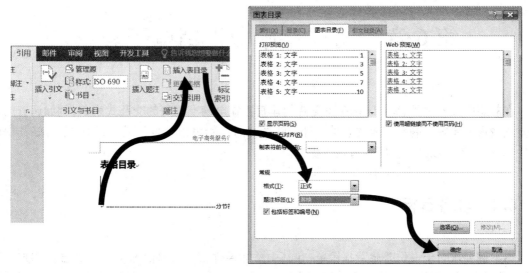

图 5.21　插入表格目录

（7）将插入点定位到表格目录最后一行右侧,单击"布局"选项卡→"页面设置"组→"分隔符"下拉按钮,在菜单中选择分页符,创建一个空白页;在新建的页面中输入文本"图表目录",并将其设置为"微软雅黑"字体、四号字,加粗效果,对齐方式为左对齐,然后按 Enter 键,另起一行。

（8）与上述插入表格目录方法类似,单击"引用"选项卡→"题注"组→"插入表目录"按钮,打开"图表目录"对话框,在"图表目录"选项卡中将目录格式设置为"正式",题注标签选择"图",其他选项依默认,单击"确定"按钮,插入图表目录。

（9）双击目录页页脚区域,进入页眉/页脚编辑状态,单击"页眉和页脚工具I设计"选项卡→"页眉和页脚"组→"页码"下拉按钮,在菜单中选择"设置页码格式"命令,打开"页码格式"对话框,将编号格式设置为"Ⅰ,Ⅱ,Ⅲ,…",并选中起始页码为"Ⅰ"选项,单击"确定"按钮,如图 5.22 所示。

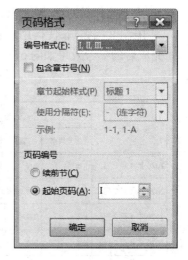

图 5.22　设置页码格式和起始页码编号

（10）右键单击文档目录,在右键菜单中选择"更新域"命令,在弹出的"更新目录"对话框中保持默认的"只更新页码"不变,单击"确定"按钮,完成目录的更新。使用同样的方法,对表格目录和图表目录的页码也进行更新。

第6章 制作差旅费报销电子表单

在静态的文档之外，Word 2016 还支持创建直接在电脑上填写的交互式表单，例如调查问卷和差旅费报销单等。制作完成的表单文件，在进行保护后，可以分发给用户，用户填写好其中的控件部分后，就可以选择打印或者在线提交。

6.1 任务目标

本案例要求对于一份差旅费报销单，在其中添加控件，并进行保护，从而达到方便用户填写内容，并限定用户只能按照规范进行填写，而无法修改整体文档结构的目的。具体要求如下：
- 设置出差日期、地点以及各项明细费用的控件。
- 添加控件对明细费用进行自动计算和加总。
- 限制文档编辑，使得用户只能填写控件内容。

完成后的参考效果如图 6.1 所示。

MicroMacro

2020 年差旅费报销单

日期	交通费			住宿费	餐费	小 计	备 注
	出差地点	交通工具	金 额				
2020 年 4 月 6 日	上海	高铁	500.00	300.00	50.00	850.00	填写出差信息
2020 年 4 月 7 日	上海	填写出差信息	0.00	300.00	50.00	350.00	填写出差信息
2020 年 4 月 8 日	上海	高铁	500	0.00	50.00	550.00	填写出差信息
2020 年 4 月 25 日	天津	高铁	50	200.00	50.00	300.00	填写出差信息
2020 年 4 月 26 日	天津	高铁	50	0.00	50.00	100.00	填写出差信息
总计						2,150.00	
财务部				申请人			
主管	审核	会计	出纳	申请部门		申请人	
填写出差信息	填写出差信息	填写出差信息	填写出差信息	物流部		张三	

图 6.1　差旅费报销单完成效果

本案例将涉及如下知识点：

- 使用 Word 内容控件
- 使用 Word 旧式窗体
- 设置控件属性
- 限制文档编辑
- 填写表单内容

6.2　相关知识

下面的知识与本案例密切相关，有助于更好地解决工作中的一些疑难问题。

6.2.1　认识"开发工具"选项卡

Word 的一些高级功能，如宏和控件等，被集成在一个叫做"开发工具"的专门的选项卡内，"开发工具"选项卡在默认的状态下是不显示的，在这里将介绍调出该选项卡的方法以及该选项卡包含的主要功能。

（1）单击"文件"选项卡，打开后台视图，单击左侧"选项"按钮，打开"Word 选项"对话框，在左侧导航栏单击"自定义功能区"，选中右侧的"开发工具"复选框，单击"确定"按钮，完成设置，如图 6.2 所示。

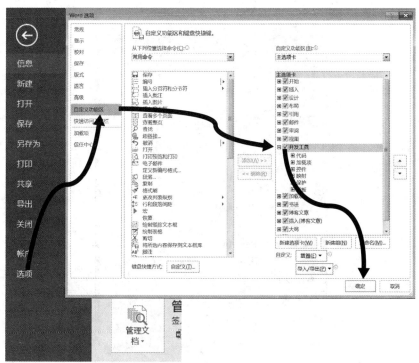

图 6.2　显示"开发工具"选项卡

（2）如图 6.3 所示，在功能区会显示"开发工具"选项卡。这个选项卡中包含"代码""加载项""控件""映射""保护"和"模板"6 组功能。使用"代码"组中有关宏的各种功能，可以自动对文档进行处理；在"加载项"组中，通过加载第三方的插件，可以让 Word 的功能更加丰富和强大；在"映射"组可以打开"XML 映射"窗格，并进一步导入 XML 格式文件；在"模板"组，可以管理 Word 的默认模板。在本章中，重点介绍的是如何使用"控件"和"保护"组中的功能创建交互式的电子表单。

图 6.3 "开发工具"选项卡的主要功能

6.2.2 设置可以打勾的复选框

在 Word 2016 中，用户可以使用内容控件快速创建电子表单，这其中的"复选框内容控件"通常用于创建多项选择问题。但在默认情况下，该控件选中后，是 ☒ 状态。如果希望在控件中打勾，可以按照下列步骤操作：

（1）单击"开发工具"选项卡→"控件"组→"复选框内容控件"按钮，插入控件。

（2）单击"开发工具"选项卡→"控件"组→"属性"按钮，打开"内容控件属性"对话框，如图 6.4 所示。

图 6.4 "内容控件属性"对话框

（3）在"复选框属性"选项区域中，单击"选中标记"右侧的"更改"按钮，打开"符号"对话框，如图 6.5 所示。

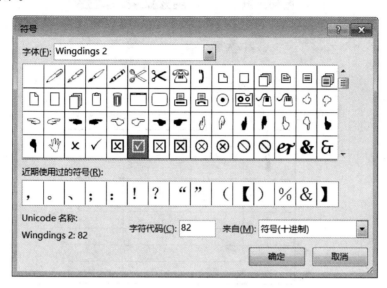

图 6.5　更改选中标记符号

（4）在"字体"下拉列表中选择"Wingdings 2"字体，在下方选择☑符号，单击"确定"按钮。

（5）此时在"内容控件属性"复选框中，选中标记已经变为打勾状态，单击"确定"按钮完成修改。

6.3　任务实施

本案例实施的基本流程如下所示。

6.3.1　插入内容控件

（1）将光标定位到表格左上角标题"日期"下方的单元格，单击"开发工具"选项卡→"控件"组→"日期选取器内容控件"按钮，如图 6.6 所示。

（2）单击"开发工具"选项卡→"控件"组→"设计模式"按钮，进入控件设计模式，然后将刚刚插入的日期选取器内容控件的提示文本修改为"填写日期"，如图 6.7 所示。

（3）再次单击"开发工具"选项卡→"控件"组→"设计模式"按钮，退出设计模式状态，单击"开发工具"选项卡→"控件"组→"属性"按钮，如图 6.8 所示。打开"内容控件属性"对话框，在这个对话框中可以设置内容控件的各种属性，如标题、颜色、是否锁定等，本例中在"日期显示方

图 6.6　插入日期选取器内容控件

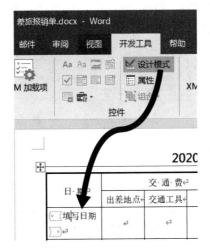

图 6.7　修改控件提示文本

式"下方的文本框中输入"yyyy '年'M '月'd '日'",并单击"确定"按钮。

（4）单击控件左侧边缘,选中控件,按组合键 Ctrl+C 进行复制,然后选中下方的 4 个单元格,按下组合键 Ctrl+V 完成控件的复制,效果如图 6.9 所示。

（5）在标题"出差地点"下方的单元格中,单击"开发工具"选项卡→"控件"组→"纯文本内容控件"按钮,插入纯文本内容控件,并在设计模式下修改其提示文本为"填写出差信息",将控件复制到标题"出差地点""交通工具""备注""主管""审核""会计""出纳"和"申请人"下方的单元格中,详细方法可以参考上一步骤中的操作,如图 6.10 所示。

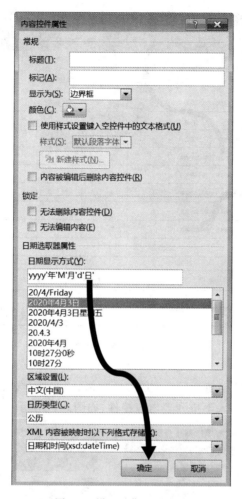

图 6.8　设置日期显示方式

图 6.9　复制控件

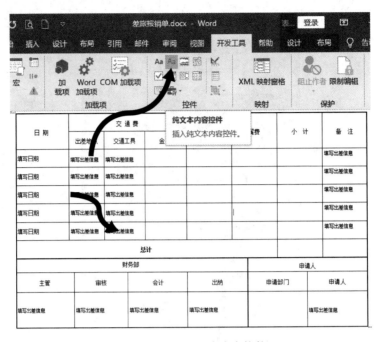

图 6.10 插入纯文本内容控件

（6）将光标定位到标题"申请部门"下方的单元格，单击"开发工具"选项卡→"控件"组→"下拉列表内容控件"按钮，插入下拉列表内容控件，如图 6.11 所示。

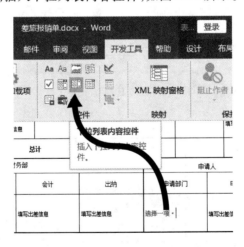

图 6.11 插入下拉列表内容控件

（7）选中上一步骤中插入的下拉列表内容控件，单击"开发工具"选项卡→"控件"组→"属性"按钮，打开"内容控件属性"对话框，单击"下拉列表属性"区域的"添加"按钮，打开"添加选项"对话框，在"显示名称"文本框中输入"行政部"，此时下方"值"文本框中也会显示相同的文本，单击"确定"按钮完成添加，如图 6.12 所示。

（8）使用相同方法，继续添加"销售部""物流部""采购部"和"财务部"选项，然后单击"确

图 6.12　为下拉列表内容控件添加下拉项

定"按钮,完成设置。在表格中单击下拉列表内容控件右侧的下三角箭头,可以在下拉列表中看到刚刚添加的选项内容,如图 6.13 所示。

图 6.13　下拉列表内容控件完成效果

6.3.2　插入旧式窗体

（1）将光标定位到标题"金额"下方的单元格,单击"开发工具"选项卡→"控件"组→"旧式工具"下拉按钮,在列表中单击"旧式窗体"区域的"文本域（窗体控件）"按钮,插入控件,如图6.14所示。

图 6.14　插入旧式窗体

（2）选中上一步骤中插入的文本域（窗体控件）,单击"开发工具"选项卡→"控件"组→"属性"按钮,打开"文字型窗体域选项"对话框,将文字型窗体域的类型设置为"数字",默认数字设置为"0.00",数字格式设置为"#,##0.00",并勾选下方的"退出时计算"复选框,单击"确定"按钮,完成设置,如图 6.15 所示。

图 6.15　设置文字型窗体域选项

（3）选定上方插入的文本域（窗体控件），按下组合键 Ctrl+C 进行复制，并使用组合键
Ctrl+V 将其粘贴到标题"金额""住宿费""餐费"下方的单元格中，如图 6.16 所示。

日期	交通费			住宿费	餐费	小　计
	出差地点	交通工具	金额			
填写日期	填写出差信息	填写出差信息	0.00	0.00	0.00	
填写日期	填写出差信息	填写出差信息	0.00	0.00	0.00	
填写日期	填写出差信息	填写出差信息	0.00	0.00	0.00	
填写日期	填写出差信息	填写出差信息	0.00	0.00	0.00	
填写日期	填写出差信息	填写出差信息	0.00	0.00	0.00	
总计						

图 6.16　复制文本域（窗体控件）

（4）将光标定位到标题"小计"下方的单元格，使用之前步骤所介绍的方法插入一个文本域
（窗体控件），并开启"文字型窗体域选项"对话框，将其类型设置为"计算"，在右侧"表达式"文
本框中输入公式"=SUM（LEFT）"（注意：括号一定要用英文半角模式输入），将数字格式设置为
"#,##0.00"，勾选下方的"退出时计算"复选框，单击"确定"按钮完成设置，如图 6.17 所示。

图 6.17　为文字型窗体域设置计算选项

（5）使用步骤（3）的方法，将上面插入的文本域（窗体控件）复制到标题"小计"下方的其他
单元格中。

（6）在单元格"总计"右侧的单元格中再次插入文本域（窗体控件），并打开"文字型窗体域

选项"对话框,将其类型设置为"计算",在右侧"表达式"文本框中输入公式" = SUM（ABOVE）"（注意:括号一定要用英文半角模式输入）,将数字格式设置为"#,##0.00",勾选下方的"退出时计算"复选框,单击"确定"按钮完成设置。

（7）在默认状态下,旧式窗体在插入后会有底纹,如果想要将其去除,可以单击"开发工具"选项卡→"控件"组→"旧式工具"下拉按钮,在列表中单击"旧式窗体"区域的"显示域底纹"按钮,如图 6.18 所示。

图 6.18　取消旧式窗体的底纹

6.3.3　限制编辑并填写表单

（1）单击"开发工具"选项卡→"保护"组→"限制编辑"按钮,打开"限制编辑"任务窗格,勾选"仅允许在文档中进行此类型的编辑"复选框,在下方的下拉列表中选择"填写窗体",单击下方"是,启动强制保护"按钮,在打开的"启动强制保护"对话框中选中"密码"单选按钮,在下方"新密码（可选）"和"确认新密码"文本框中输入保护密码,例如"1984",单击"确定"按钮完成保护,如图 6.19 所示。

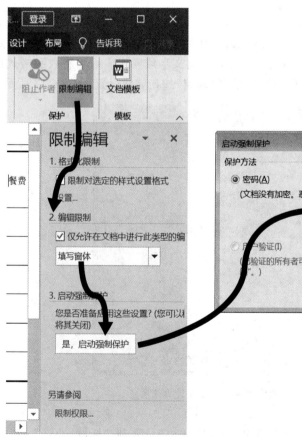

图 6.19　限制文档编辑

（2）保护文档后,除了在控件中填入内容之外,已经无法修改其他内容,如图 6.20 所示。

日　期	交 通 费			住宿费	餐费	小　计	备　注
	出差地点	交通工具	金　额				
2020 年 4 月 6 日	上海	高铁	500.00	300.00	50.00	850.00	填写出差信息
2020 年 4 月 7 日	上海	**填写出差信息**	0.00	300.00	50.00	350.00	填写出差信息
2020 年 4 月 8 日	上海	高铁	500	0.00	50.00	550.00	填写出差信息
2020 年 4 月 25 日	天津	高铁	50	200.00	50.00	300.00	填写出差信息
2020 年 4 月 26 日	天津	高铁	50	0.00	50.00	100.00	填写出差信息
总计						2,150.00	
财务部					申请人		
主管	审核		会计	出纳	申请部门		申请人
填写出差信息	填写出差信息		填写出差信息	填写出差信息	物流部		张三

图 6.20　在保护后的表单中填入内容

第二篇

通过 Excel 创建并处理电子表格

随着电子信息化的发展，无论是在工作中还是在生活上，人们需要对面临的各种各样的信息和数据进行收集、整理与查阅。因此，越来越多的人通过电子表格处理软件对自己的数据进行管理和分析。

作为 MS Office 办公套件的一个重要组成部分，Excel 是一款功能强大的电子表格处理软件，除了输入、保存各类数据等基础功能外，其丰富的函数可对数据进行复杂的运算，强大的排序、筛选、合并计算、分类汇总、数据透视、模拟运算、宏及控件等工具可对数据快速进行各类统计与分析，多样的图表功能则可以使得数据更加直观、形象地展现出来。

本书以 Excel 2016 为蓝本，采用实用案例解读的方式，通过完成日常生活和工作中常见的任务来学习如何利用 Excel 迅速、准确地制作和处理各类常用表格，在提高 Excel 操作水平的同时大力提高学习、工作的效率和效果。

第7章 家庭收支管理

生活是越来越复杂了,生活中的人们是越来越累了。人们每天要面对很多的家庭琐事,其中的钱物管理就是很麻烦的一件事,你可能不知道为什么还没到月末工资就用完、搞得入不敷出了,你可能也不清楚自己投入的各类理财产品到底有多少、是赔了还是赚了、利息是否达到了约定目标,你采购的许多衣物、首饰、玩具,忘记花了多少钱,也不记得放在哪里了,……来吧,学习通过 Excel 来管理你的家庭财产、日常生活,让生活有序起来,让钱花得明明白白。

本案例将利用 Excel 2016 来记录一份家庭收支流水账,其中涵盖了日常生活中必备的一些数据输入技巧、计算和统计的基本技术与方法。

7.1 任务目标

小娟是一位年轻的女性,她刚刚结婚,在家庭中要负责财政收支管理。为了能够了解每月的家庭收支情况,合理管理家庭财政,她决定在 Excel 中进行收支管理并希望达到以下目标:

按月记录每天的家庭收支情况及余额;对大额的支出进行提示;月末统计各类开销的总额。

本案例最终完成的家庭收支流水账如图 7.1 所示。

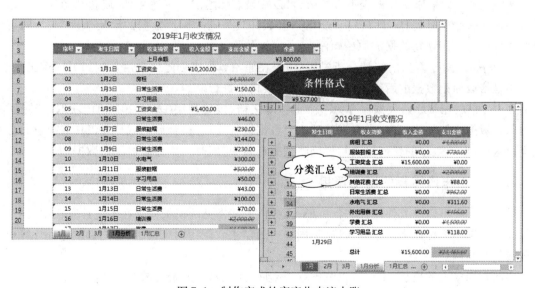

图 7.1 制作完成的家庭收支流水账

本案例涉及如下知识点：

- 数字、日期序列的填充
- 序列类型的数据验证控制
- 套用表格格式与"表"的应用
- 通过设置简单条件格式，标出最大值或突出显示满足某一条件的数据
- 求和、简单四则运算等基本公式的初步应用
- 创建并调用工作簿模板
- 插入、删除、移动、复制、重命名工作表
- 设置打印标题与打印区域
- 简单的排序、筛选和分类汇总

7.2 相关知识

下面的知识与本案例密切相关，有助于更好地制作和管理工作表。

7.2.1 原始数据的保留

Excel 最重要的作用之一是可以对输入到表格中的数据进行查询、计算、统计和分析。有的人习惯直接在原始数据上进行排序、筛选、分类汇总等操作，这样可能使得原始数据的顺序不能恢复，或由于误操作导致原始数据遭到破坏，也许还会影响数据表的美观。

为了避免不慎破坏原始数据，在进行这类统计分析操作之前，应养成有意识地保护原始数据的良好习惯。建议可采用以下方法。

- 方法一：如果原始数据表不很复杂，可以在最左侧增加一个序号列，或者在构建表格结构时直接输入一个序号列，以 1、2、3、…或 001、002、003、…唯一标示数据的原始顺序，必要时可通过对序号列的排序恢复数据的原始顺序。
- 方法二：对于复杂的统计分析过程，建议在原始数据表创建完成后复制到另一个工作表，只要不是修改原始数据的后续操作均可在副本表格中进行。
- 方法三：先将原始数据保存为一个工作簿文档，接着利用 Excel 2016 的"获取与转换"功能为原始数据文档创建查询，在查询基础上对数据进行筛选、整合后上载至新工作表再进行分析处理。这样，原始数据的任何更改均可反映到查询表中，同时又不会破坏原始数据。

7.2.2 工作簿模板的网上调用

模板是一类可以反复使用的文档。Excel 提供一些常见的模板安装在本地计算机中，同时还提供大量的网络模板以满足不同人群、不同场合的需求。调用网络模板，首先必须保证计算机可以连接到互联网。

存储在网络上的模板，不仅可以节省本地空间，还能够形成资源共享。

在 Excel 中调用网络模板的方法是：

（1）首先保证计算机已经可以连接到互联网。

（2）启动 Excel,从"开始"屏幕中选择"新建",或者从"文件"选项卡上选择"新建"命令,下方的"Office"区域中显示可选模板。在"搜索"框中输入关键字(如"学生")后按 Enter 键将会联机查询出相关的模板。

（3）在模板文件列表中单击选择某个模板,如"学生出勤记录",将显示预览结果,如图 7.2 所示。

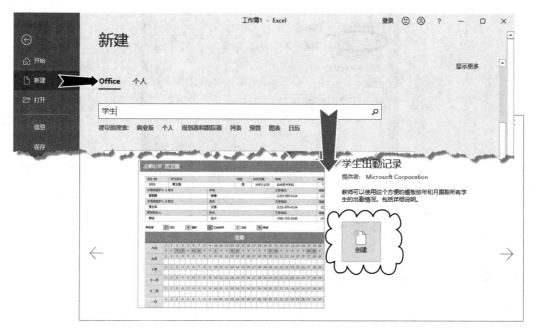

图 7.2　从互联网上选择并下载模板

（4）单击"创建"按钮,所选模板文件将会从互联网上下载到本机固定位置保存,同时将会基于该模板创建一个新的 Excel 文档。

提示:随着 Office 版本的不同,网络上的模板会不断地更新和升级,旧的被淘汰,新的随时会补充进来以供下载选用。

7.2.3　彩色打印与黑白打印

在对表格进行格式化操作时,可能为字体、边框、底纹设定了各式漂亮的颜色,这样在计算机屏幕上看起来更加醒目、方便阅读。不过,这些颜色是否适合打印在纸上呢? 这首先需要确定所拥有的打印机是否支持彩色打印,其次需要确定是否想要节省彩色墨水。如果只是黑白打印机,那么过多的颜色设置就会使得打印效果较差。

通过下述方法,可以在不改变工作表显示格式的情况下,打印出黑白效果,表中的数据只以黑色打印,且单元格填充色不会打印出来。这样非常适合黑白打印机,也便于纸上阅读。

（1）切换到需要进行打印设置的工作表中,在"页面布局"选项卡上的"页面设置"组中,单击"打印标题"按钮,打开"页面设置"对话框的"工作表"选项卡,如图 7.3 所示。

图 7.3 "页面设置"对话框中的"工作表"选项卡

（2）选择"打印"区域下的"单色打印"复选框，单击"确定"按钮。

7.3 任务实施

本案例实施的基本流程如下所示。

7.3.1 输入 1 月基础数据

本案例要制作的家庭收支流水账涉及许多基本的 Excel 功能。在开始实现这些功能之前，应首先在工作簿中构建出该流水账表的大体结构，包括更改工作表名称、设置标签颜色及输入一些基础数据。

1. 更改工作表名称和标签颜色

（1）启动 Excel 2016，创建一个空白工作簿，默认情况下仅包含 1 张工作表。

（2）更改工作表名称：在工作表标签 Sheet1 上双击鼠标进入编辑状态，输入新的工作表名称"1 月"，按 Enter 键确认。

（3）更改工作表标签颜色：在标签"1 月"上单击鼠标右键，从"工作表标签颜色"列表中选择标准色"红色"。结果如图 7.4 所示。

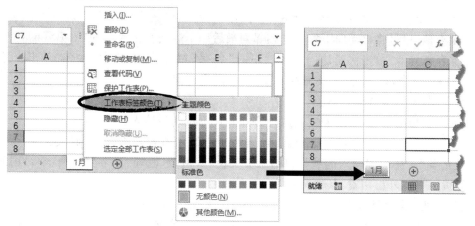

图 7.4　修改工作表标签名称及颜色

2. 输入基本的静态数据

（1）输入表格大标题：在 A1 单元中输入"2019 年 1 月收支情况"，按 Enter 键确认。

（2）输入列标题：自 A2 单元格开始从左向右依次输入"序号""发生日期""收支摘要""收入金额""支出金额"。

（3）输入文本型数字：在 A3 单元格中输入第一个序号"′01"。在数字前需要先行输入一个西文单撇号"′"，将其指定为文本格式，才能正确显示出数字前面的"0"。

（4）输入日期：在 B3 单元格中输入第一个日期"2019/1/1"，以斜杠"/"分隔年月日，按 Enter 键确认。

（5）在 D3 单元格中输入收入"10200"，"收支摘要"部分将会通过下拉列表方式输入。初步输入的结果如图 7.5（a）所示。

(a) 手动输入基础数据

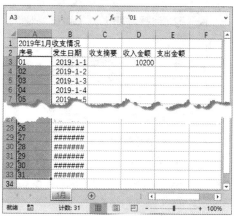

(b) 自动填充数据

图 7.5　在工作表中输入基本数据

（6）自动填充日期：将鼠标指针指向单元格 B3 右下角的填充柄，当指针变为黑色小十字▄▄▄▄时，按下鼠标左键不放并向下拖动，直到 1 月 31 日。

（7）自动填充序号：单击"序号"所在 A 列的 A3 单元格，其中已输入了第一个序号，用鼠标直接双击填充柄，序号将自动向下填充到相邻列最后一个数据所在的行，如图 7.5(b) 所示。

（8）保存工作簿：单击快速访问工具栏中的"保存"按钮，或者从"文件"选项卡上选择"保存"→"另存为"命令，以"家庭收支流水账"为文件名进行保存。

3. 采用下拉列表方式输入数据

通过数据验证的设置，可以限定输入内容并实现下拉列表输入。

下面对"收支摘要"列设置数据验证，以达到通过下拉列表方式选择"收支摘要"内容的目的。"收支摘要"栏中可以输入的项目包括工资奖金、房租、水电气、日常生活费、学习用品、服装鞋帽、培训费、学费、外出用餐、其他花费等。

（1）首先拖动鼠标选择"收支摘要"栏所在的单元格区域 C3：C33。

（2）在"数据"选项卡上的"数据工具"组中，单击"数据验证"按钮，打开"数据验证"对话框。

（3）在"设置"选项卡下，从"允许"下拉列表中选择"序列"命令。

（4）在"来源"文本框中依次输入序列值"工资奖金,房租,水电气,日常生活费,学习用品,服装鞋帽,培训费,学费,外出用餐,其他花费"，项目之间应使用西文逗号","分隔。

（5）要确保"提供下拉箭头"复选框被选中，否则将无法看到单元格旁边的下拉箭头。设置结果如图 7.6(a) 所示。

（6）按下列方法设置输入错误提示语：

- 单击"出错警告"选项卡，确保"输入无效数据时显示出错警告"复选框被选中；
- 从"样式"下拉列表中选择"警告"选项；
- 在右侧的"错误信息"框中输入提示信息"输入的摘要超出范围了！"，结果如图 7.6(b) 所示。此时，如果在"收支摘要"列中输入超出指定序列范围的内容，将出现相应的警告信息。

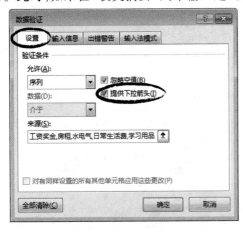
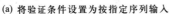

(a) 将验证条件设置为按指定序列输入　　　　(b) 为数据验证设置出错警告信息

图 7.6 在"数据验证"对话框中设定验证条件

（7）设置完毕后，单击"确定"按钮，退出对话框。

（8）单击 C3 单元格,右侧出现一个下拉箭头,单击该下拉箭头,从下拉列表中选择"工资奖金"选项。用同样的方法输入其他行的收支摘要内容。

（9）依次分别输入"收入金额"及"支出金额"列的其他金额,适当调整 B 列和 C 列的宽度以使数据显示完整,输入结果如图 7.7 所示。

	A	B	C	D	E	F	G	H	I	J	K
1	2019年1月收支情况										
2	序号	发生日期	收支摘要	收入金额	支出金额						
3	01	2019-1-1	工资奖金	10200							
4	02	2019-1-2	房租		4300						
5	03	2019-1-3	日常生活费		150						
6	04	2019-1-4	学习用品		23						
7	05	2019-1-5	工资奖金	5400							
8	06	2019-1-6	日常生活费		46						
9	07	2019-1-7	服装鞋帽		230						
10	08	2019-1-8	日常生活费		144						
11	09	2019-1-9	日常生活费		230						
12	10	2019-1-10	水电气		300						
13	11	2019-1-11	服装鞋帽		500						
14	12	2019-1-12	学习用品		50						
15	13	2019-1-13	日常生活费		43						
16	14	2019-1-14	日常生活费		100						
17	15	2019-1-15	日常生活费		70						
18	16	2019-1-16	培训费		2000						
19	17	2019-1-17	学费		4500						
20	18	2019-1-18	日常生活费		6						
21	19	2019-1-19	日常生活费		14						
22	20	2019-1-20	日常生活费		20						
23	21	2019-1-21	外出用餐		156						
24	22	2019-1-22	日常生活费		9						
25	23	2019-1-23	其他花费		12						
26	24	2019-1-24	日常生活费		80						
27	25	2019-1-25	日常生活费		50						
28	26	2019-1-26	其他花费		33						
29	27	2019-1-27	学习用品		45						
30	28	2019-1-28	外出用餐		300						
31	29	2019-1-29									
32	30	2019-1-30	水电气		11.6						
33	31	2019-1-31	其他花费		43						
34											

图 7.7 基本数据输入完成的结果

7.3.2 充实美化 1 月数据

在 Excel 中,输入数据是最重要的基础工作,不过格式化表格也应该得到应有的重视。通过适当的字体、字号、对齐方式、行列操作,特别是数字格式的设置可以使得工作表更加美观,更加便于阅读和查找数据。

1. 大标题跨列居中并套用样式

一般情况下,位于数据上方的表格标题都是跨列居中显示的。标题居中有两种方式:一种是合并单元格后再居中显示,标题位于合并后的单元格中。另一种是仅在选定的区域中居中显示,并不合并单元格,标题仍位于第一个单元格内。下面介绍的是后一种方法的实现过程。

（1）首先选择 A1:F1 区域。因后面 F 列还会有数据输入,因此标题需要横跨该列显示。

（2）在"开始"选项卡上的"对齐方式"组中,单击右下角的"对话框启动器"按钮,打开"设置单元格格式"对话框。

（3）在如图 7.8 所示的"对齐"选项卡下,打开"水平对齐"下拉列表,从中选择"跨列居中"

选项,单击"确定"按钮。

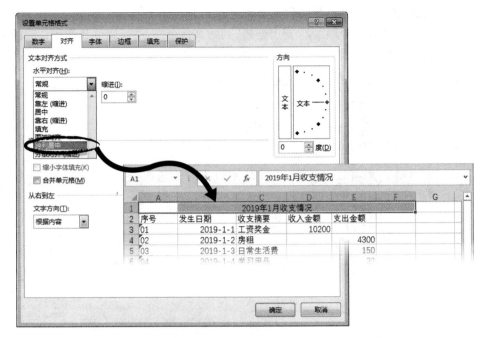

图 7.8 设置标题内容跨列居中

(4)套用单元格样式:保持 A1:F1 区域被选中,在"开始"选项卡上的"样式"组中单击"单元格样式"按钮,从打开的列表中选择"标题 1"样式。

(5)修改字体字号:通过"开始"选项卡上的"字体"组,将 A1 单元格中的标题内容"2019 年 1 月收支情况"改为取消加粗、微软雅黑、14 磅。

(6)设置对齐方式:选择列标题行所在区域 A2:F2、"序号"列和"发生日期"列区域 A3:B33,从"开始"选项卡上的"对齐方式"组中单击"居中"按钮,将所选数据在单元格内水平居中对齐。

2. 设置日期及币种的数字格式

(1)设置日期格式:选择日期区域 B3:B33,单击"开始"选项卡上的"数字"组右下角的"对话框启动器"按钮,打开"设置单元格格式"对话框,从"日期"分类下选择一个短日期类型"3 月 14 日",如图 7.9(a)所示。单击"确定"按钮。

(2)设置带币种的数字格式:选择收支金额区域 D3:F33(F 列将会生成收支余额),在"开始"选项卡上的"数字"组中单击打开"数字格式"下拉列表,从中选择"货币"格式,如图 7.9(b)所示。

3. 标出特殊消费金额

利用条件格式功能,可将家庭收支账中一些特殊的消费突出显示,如将花费超过 400 元的支出用蓝色、斜体、加删除线的格式标出,再将本月最高消费金额用"浅红色填充"等。

(a) 在"设置单元格格式"对话框中指定日期格式　(b) 在下拉列表中选择"货币"格式

图 7.9　设置数字格式

（1）选择支出金额所在的单元格区域 E3：E33。

（2）在"开始"选项卡上的"样式"组中，单击"条件格式"按钮，打开规则下拉列表。

（3）选择"突出显示单元格规则"下的"大于"命令，打开"大于"对话框。

（4）在"为大于以下值的单元格设置格式"框中输入"400"，如图 7.10(a) 所示。

（5）单击"设置为"右侧的下拉按钮，从下拉列表中选择"自定义格式"选项，打开"设置单元格格式"对话框。

（6）在"字体"选项卡上依次设定字形为"倾斜"、特殊效果为"删除线"、颜色为标准"蓝色"。

（7）依次单击"确定"按钮退出对话框，符合条件的数据将按设定格式突出显示。

（8）仍然选中 E3：E33 区域，在"开始"选项卡上的"样式"组中，单击"条件格式"按钮，从"最前/最后规则"下选择"前 10 项"命令，在对话框中将值设为"1"，格式设为"浅红色填充"，如图 7.10(b) 所示。

(a) 为大于 400 的金额设置格式　(b) 为最大值设置格式

图 7.10　通过"条件格式"突出显示数据

4. 套用表格格式

利用 Excel 提供的预置表格格式,可以快速美化表格。

(1)选择数据区域 A2:E33。所选区域应该包含列标题行,且不能包含有合并单元格。

(2)在"开始"选项卡的"样式"组中,单击"套用表格格式"按钮,打开预置格式列表。

(3)从中单击选择一个预定样式"蓝色,表样式中等深浅 6",将会打开"套用表格式"对话框,保证"表包含标题"复选框被选中,如图 7.11 所示。

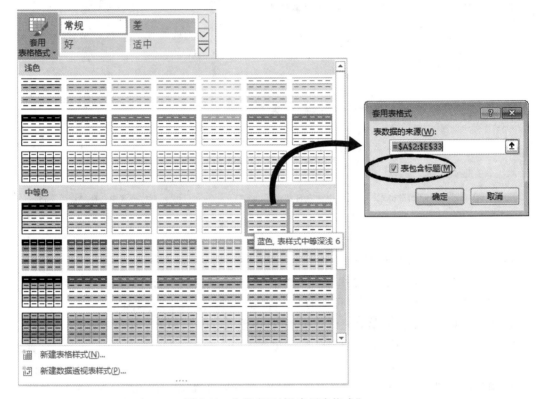

图 7.11 为指定区域"套用表格式"

(4)单击"确定"按钮,相应的格式即可应用到当前选定的单元格区域中。

(5)选择区域 A1:F33,将其字体设为"微软雅黑"、10 磅。如果先设字体字号,套用格式时将会消除先设格式。

5. 不显示网格线

默认情况下,Excel 工作表显示浅灰色的网格线,如非特别设置,这些网格线仅用于显示而不会被打印出来。可以设置不显示网格线,以使工作表中数据显示更加清晰明了。

具体操作方法是:在"视图"选项卡上的"显示"组中,单击取消对"网格线"复选框的选择,工作表中不再显示默认网格线。

6. 命名"表"并插入行列,扩展"表"内容

套用自动表格样式后,所选区域自动被定义为一个"表",标题行自动显示筛选箭头。默认情况下,在"表"区域的右侧和下方增加数据,"表"区域将会自动向右向下扩展。

（1）光标定位于"表"中任意单元格，在"表格工具｜设计"选项卡的"属性"组中，将"表名称"更改为"收支情况"，如图 7.12 所示。

（2）右边增加一列余额：在单元格 F2 中输入列标题"余额"，按 Enter 键，"表"格式将会自动向右扩展一列。

（3）列标题行下增加一行：在序号"01"所在的第 3 行行标上单击鼠标右键，从弹出的快捷菜单中选择"插入"命令，将会在原 2、3 行之间插入一个空行。

（4）输入新行内容：在 C3 单元格中输入"上月余额"，按 Enter 键，弹出如图 7.13（a）所示的警告对话框（这是因为在之前对该列进行了数据验证控制）。单击"是"按钮，接受输入结果。

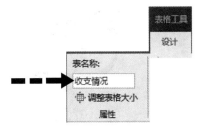

图 7.12　更改"表"的名称

（5）继续在 F3 单元格中输入上月余额"3800"，并指定数字格式为"货币"，如图 7.13（b）所示。

(a) 数据验证超范围提示

(b) 输入上月余额行

图 7.13　自动扩展"表"范围

（6）在"表"下边插入合计行：在"表"中任意位置单击鼠标（如单击单元格 B5），从"表格工具｜设计"选项卡上的"表格样式选项"组中单击"汇总行"，"表"区域下方自动扩展出一个汇总行。

（7）设置汇总方式：在"收入金额"列的单元格 D35 中单击鼠标，单击右侧出现的下拉箭头，从下拉列表中选择"求和"方式，如图 7.14 所示。用同样的方法指定对"支出金额"列求和、"余额"列汇总方式为"无"。

7. 调整行高列宽

经过格式设置后的表格，可能出现不能完整显示数据的情况，这时就需要对表格的行高、列宽进行适当的调整。

（1）加大标题行行高：向下拖动第 1 行行标下方的边线，适当加大第 1 行行高。

（2）统一调整其他行高：在左侧的行号上拖动鼠标选择第 2~35 行，从"开始"选项卡上的"单元格"组中单击"格式"按钮，从下拉列表中选择"行高"命令，弹出如图 7.15 所示的"行高"对话框，在其中的"行高"文本框中输入"18"，单击"确定"按钮。

（3）自动调整列宽：分别在 D 列和 E 列列标的右边线上双击鼠标调整"收入金额"和"支出金额"列到合适宽度，以完整显示汇总行数据。

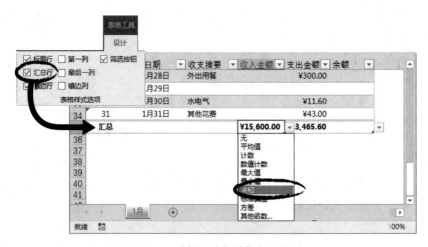

图 7.14 增加汇总行并指定汇总项

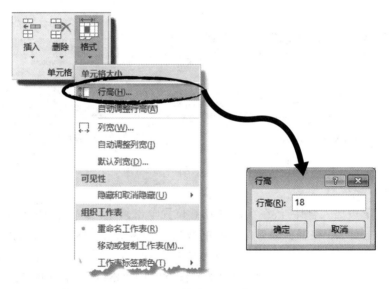

图 7.15 精确调整行高

（4）加大"余额"列宽度：向右拖动 F 列列标的右边线，适当加大该列的列宽。用同样的方式可适当加大 B 列和 C 列的宽度。

（5）插入及隐藏行列：在 A 列的列标上单击右键，从快捷菜单中选择"插入"命令在左侧插入一个空白列。用同样的方法在"序号"行前插入一行。在新插入的第 2 行行号上单击鼠标右键，从快捷菜单中选择"隐藏"命令将其隐藏起来。

7.3.3 对 1 月数据进行计算统计

Excel 表格的重要应用是对数据进行计算、统计和分析。本例作为一个简单的生活案例，只涉及基本的公式和函数的运算、简单的排序与筛选，相信这足以满足普通家庭的记录需求。

1. 相对引用构建公式

每日的收支余额,是通过上日的余额,加上本日的收入,减去本日的支出计算得出的。用公式来表示就是:本期余额＝上期余额＋本期收入－本期支出。在 Excel 中,公式中的相对引用可以准确地完成该公式的构建和复制。

(1) 在单元格 G5 中单击鼠标,输入西文等号"＝",表示正在输入公式。

(2) 单击上月余额所在的单元格 G4,该单元格地址被引用到等号"＝"之后。

(3) 继续输入西文加号"＋"。

(4) 依次选择收入单元格 E5→输入"－"→选择支出单元格 F5(也可以直接在单元格 G5 输入公式"＝G4＋E5－F5"),按 Enter 键确认,单元格中自动显示计算结果(公式将会在编辑栏中显示)。

提示: 由于套用了"表"样式,收入金额、支出金额列被自动以标题名称表示,公式中将会引用结构化名称而不是单元格地址,如图 7.16 所示。

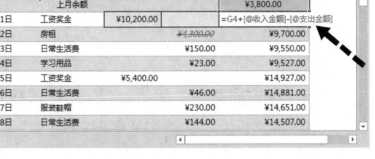

图 7.16　构建相对引用公式计算收支余额

(5) 拖动单元格 G5 右下角的填充柄向下填充公式至单元格 G35,结果如图 7.16 所示。

2. 复制一个表格以保留原始数据

至此,1 月份的收支流水账制作完成了。在此基础上,还需要进行一些查询、分析操作,如排序、筛选、分类汇总等。为了避免不慎破坏原始数据,在进行这类统计分析操作之前,先行复制一个工作表,只要不是修改原始数据的后续操作均可在副本表格中进行。

(1) 本案例中,按下 Ctrl 键不放,用鼠标直接拖动工作表标签"1 月"到原表右侧。

(2) 将工作表副本"1 月(2)"的标签名称改为"1 月分析",标签颜色改为绿色。

(3) 如非特别说明,本节后续的筛选、排序、分类汇总操作均在工作表副本"1 月分析"中完成。

3. 筛选出 150 元及以上的日常生活费支出

由于前面套用了表格格式,所生成的"表"自动进入筛选状态,每列列标题右侧均出现了筛选箭头。如果未处在筛选状态,则可通过选择"开始"选项卡→"编辑"组→"排序和筛选"按钮→"筛选"命令,进入自动筛选状态。

（1）筛选日常生活费：单击"收支摘要"右侧的筛选箭头，打开筛选列表，首先单击取消对"全选"复选框的选择，然后选中"日常生活费"复选框，如图 7.17（a）所示。最后单击"确定"按钮。

（2）进一步筛选支出不小于 150 元的数据：单击"支出金额"右侧的筛选箭头，从如图 7.17（b）所示的筛选列表中选择"数字筛选"下的"大于或等于"命令，弹出如图 7.18（a）所示的"自定义自动筛选方式"对话框，在"大于或等于"右侧的文本框中输入"150"，单击"确定"按钮。筛选结果如图 7.18（b）所示。

(a) 选择唯一的项目　　　　　　　　　　(b) 指定数字区域

图 7.17　指定筛选条件

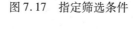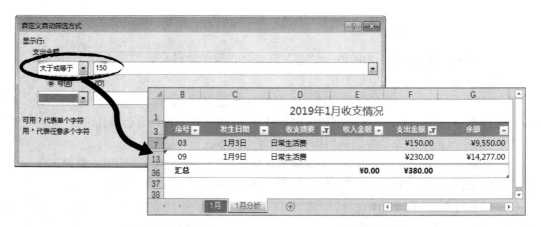

(a) 指定数字区域　　　　　　(b) 筛选结果

图 7.18　双重筛选结果

（3）消除筛选结果：在数据区域中的任一位置单击鼠标以定位光标，依次选择"开始"选项卡→"编辑"组→"排序和筛选"按钮→"清除"命令，将消除当前数据范围的筛选结果。

4. 按支出大小进行排序

有些数据行可能不需要参与排序，比如案例中的"上月余额"行、收入行等。因此在进行排序之前，需要对数据进行一些简单处理。

（1）隐藏不参与排序的行：在自动筛选状态下，单击"支出金额"右侧的筛选箭头，打开筛选列表，首先在"搜索"下方的列表中单击取消对"空白"复选框的选择，其他支出项保持选中，然后单击"确定"按钮。这样，没有支出金额的行包括上月余额、收入行等均被隐藏起来。隐藏的行或列将不参与排序。

（2）按支出金额从大到小排列：单击单元格 F3 或者数据区域中 F 列的任意其他单元格，依次选择"开始"选项卡→"编辑"组→"排序和筛选"按钮→"降序"命令，将按从大到小对 F 列的支出金额进行排序。

（3）恢复原始数据顺序：单击"序号"右侧的筛选箭头，从列表中选择"升序"命令，将数据表按"序号"重新进行升序排列。继续单击"支出金额"右侧的筛选箭头，从列表中选择"从'支出金额'中清除筛选"命令，将重新显示隐藏的行。

5. 按费用类型进行汇总并将汇总结果复制到新工作表中

分类汇总是经常用到的分析统计方法，但是定义为"表"的数据区域是不可以实现分类汇总的。并且分类汇总时，余额列、上月余额行均是没有意义的数据。因此，分类汇总前需要先对原始数据表进行整理。

（1）将"表"转换为普通区域：在数据区域中任意位置单击鼠标（如单击单元格 D5），在"表格工具|设计"选项卡上的"工具"组中单击"转换为区域"按钮，从弹出的提示对话框中选择"是"按钮，如图 7.19 所示。

图 7.19　将"表"转换为普通列表区域

（2）删除无须汇总的行列：分别删除第 G 列"余额"列、第 4 行"上月余额"行以及第 36 行"汇总"行。由于目前操作是在副本工作表中进行的，所以不会影响 1 月份原始数据。

（3）按费用类型排序：分类汇总前必须先对汇总的依据进行排序，升序降序均可。"收支摘要"是本案例的汇总依据，因此单击单元格 D3，依次选择"开始"选项卡→"编辑"组→"排序和筛选"按钮→"升序"（或者"降序"）命令，完成排序操作。

（4）进行分类汇总：保证当前单元格在数据列表中，在"数据"选项卡上的"分级显示"组中，单击"分类汇总"按钮，打开"分类汇总"对话框。在"分类字段"的下拉列表中选择"收支摘要"选项作为分组依据，在"汇总方式"的下拉列表中选择"求和"函数，在"选定汇总项"列表框中依次选中"收入金额"和"支出金额"两个求和项,单击"确定"按钮,结果如图 7.20 所示。

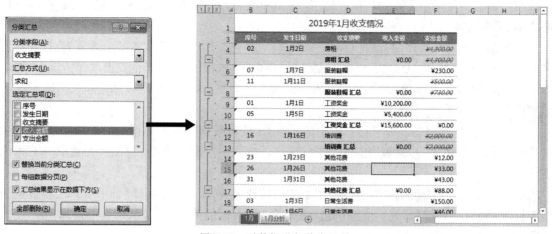

图 7.20　对数据进行分类汇总

（5）只显示汇总项:在左侧的分级符号区域中单击上方的数字按钮 2 ,列表中只显示汇总数据,其他明细被隐藏起来,如图 7.21 所示。

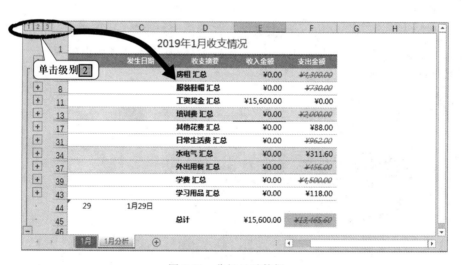

图 7.21　分级显示数据

（6）按照下列方法可以只复制显示内容:

- 选择只显示了二级汇总数据的区域 D3:F43;
- 在"开始"选项卡上的"编辑"组中单击"查找和替换"按钮;
- 从下拉列表中选择"定位条件"命令;
- 在如图 7.22（a）所示的"定位条件"对话框中选中"可见单元格"单选按钮,单击"确定"按钮;
- 按下 Ctrl+C 组合键复制已经选定的可见单元格内容;

- 单击"1 月分析"右侧的"新工作表"按钮插入一个新的空白工作表;
- 单击新工作表的单元格 B3,同时按下 Ctrl+V 组合键进行粘贴,被隐藏的明细数据将不会被复制。

(7) 整理汇总数据:将新工作表重新命名为"1 月汇总",将新复制的数据进行适当的格式化,结果如图 7.22(b) 所示。

(a) "定位条件"对话框	(b) 只复制显示数据并进行格式化

图 7.22　通过设置定位条件实现复制数据的限定

提示:取消"表"后,数据区域的边框、底纹填充等格式会随着排序、筛选等操作而变得混乱,必要时可重新进行格式化。

6. 隐藏工作表

为了方便后续操作,需要将 1 月分析与汇总两张工作表隐藏起来。

(1) 单击表标签"1 月分析",按下 Ctrl 键不放的同时单击表标签"1 月汇总",同时选择两张工作表。

(2) 在表标签"1 月汇总"上单击鼠标右键,从快捷菜单中选择"隐藏"命令,选中的两张表即被隐藏起来。

7.3.4　打印 1 月数据

记录完整、排版规则的表格可以打印到纸张上保留,也可以输出为常用的 PDF 格式保存或共享给家庭其他人使用。打印输出前,需要先对打印环境进行设置,以保证输出效果、节省纸张。

本案例需要按下列要求打印 1 月数据:横向并水平居中,打印在 A5 纸上,设置表格第 3 行为重复打印标题,将工作表数据区域 B1:G36 设为打印区域,在页脚中间显示页码,最终将其以彩色方式输出为同名的 PDF 文件。

1. 只打印指定区域

数据区域以外可能存在一些说明性数据,但不希望被打印,便可以设定只打印工作表中部分区域。

(1) 首先选择工作表 1 月的数据区域 B1:G36。

（2）在"页面布局"选项卡上的"页面设置"组中单击"打印区域"按钮。

（3）从打开的下拉列表中选择"设置打印区域"命令。

2．设置纸张及页码

（1）纸张方向：在"页面布局"选项卡上的"页面设置"组中单击"纸张方向"按钮，从下拉列表中选择"横向"选项。

（2）纸张大小：在"页面布局"选项卡上的"页面设置"组中单击"纸张大小"按钮，从下拉列表中选择 A5（14.8 厘米×21 厘米）选项。

（3）水平居中：在"页面布局"选项卡上的"页面设置"组中单击"页边距"按钮，从下拉列表中选择"自定义边距"命令，打开"页面设置"对话框的"页边距"选项卡，选中对话框左下角的"水平"复选框。

（4）在页脚中间添加页码：在"页面设置"对话框中切换到"页眉/页脚"选项卡，单击其中的"自定义页脚"按钮，在中间的文本框中单击鼠标定位光标，然后单击"插入页码"按钮，如图 7.23 所示。

（5）依次单击"确定"按钮，退出对话框。

图 7.23　在页脚的中间位置插入页码

3．重复打印标题

重新设置了纸张大小和方向之后，1 月工作表纵向超过了 1 页长，为了在第 2 页上能够看到标题行，需要指定在每一页上都重复打印标题。

（1）在"页面布局"选项卡上的"页面设置"组中单击"打印标题"按钮，打开"页面设置"对话框的"工作表"选择卡。

（2）在"顶端标题行"框中单击,然后直接从工作表中选择要重复打印的第 3 行,结果如图 7.24 所示。

图 7.24　选择需重复打印的标题行

（3）单击"确定"按钮,退出对话框。

4. 预览并输出为彩色的 PDF 文件

（1）首先,确定"页面设置"对话框的"工作表"选项卡下"单色打印"复选框未被选中,这样才可以进行彩色打印。

（2）从"文件"选项卡上单击"打印"命令,进入到如图 7.25 所示的打印预览窗口,可查看并进一步调整输出结果。

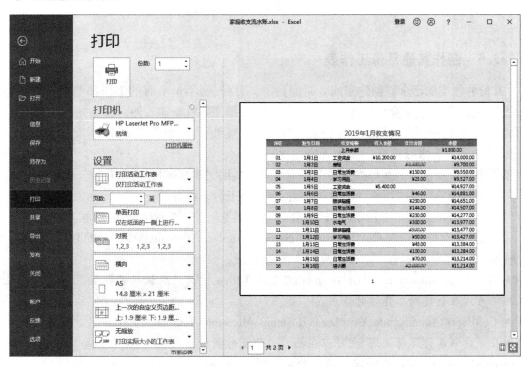

图 7.25　进入打印预览窗口查看打印效果

（3）单击左侧的"导出"命令,在中间的导出类型中选择"创建 PDF/XPS 文档"选项,单击右侧的"创建 PDF/XPS"按钮。

（4）在随后弹出的"发布为 PDF 或 XPS"对话框中,选择保存类型为"PDF（ ＊.pdf）",文件名为"家庭收支流水账.pdf",如图 7.26 所示。

（5）单击"发布"按钮,之后在 PDF 阅读器中即可打开该文档进行浏览。

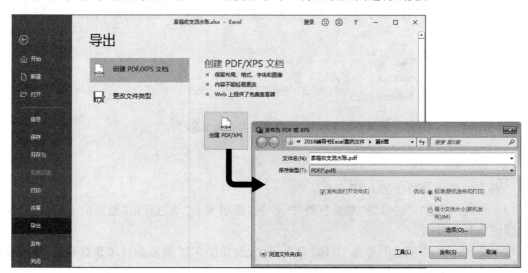

图 7.26　发布为 PDF 格式文档

7.3.5　制作其他月份工作表

1 月份的收支账已全部创建完成。时间到了 2 月份,是不是所有的工作都要重新再来一遍呢? 当然不是,除了收支金额这样每日不同的基础数据需要重新输入外,其他的工作如各项格式化、余额公式等完全可以套用 1 月工作表的现成工作成果了。

1. 创建一个流水账模板

模板中只需要包含一些每类文件中都应出现的共用文本,同时保留格式和公式。

（1）单击标签"1 月"切换到 1 月工作表,令其处于活动状态。

（2）在"文件"选项卡上依次单击"另存为"→"浏览",打开"另存为"对话框。

（3）文件保存位置选为 C:\Users\Administrator\AppData\Roaming\Microsoft\Templates。

提示:模板文件可以选择保存到两个位置,分别是:

● C:\Users\Administrator\Documents\自定义 Office 模板。默认保存位置。保存在该处的模板文件可以在创建新工作簿时调用。

● C:\Users\Administrator\AppData\Roaming\Microsoft\Templates。保存在该处的模板文件既可以在创建新工作簿时调用,也可以在插入工作表时调用。

（4）在"文件名"文本框中输入模板的名称"收支记录"。

（5）单击"保存类型"右侧的下拉箭头,打开如图 7.27 所示的"保存类型"下拉列表,从中选择"Excel 模板"选项。

（6）单击右下角的"保存"按钮,新建模板将会自动存放在 Excel 的模板文件夹中以供调用。

（7）调整工作表数据:将工作表名修改为"#月",取消表标签颜色;将 B1 单元格中大标题的月份改为"#月",删除区域 C5:F35 中数据。这部分内容每个月可能是不同的。

（8）在表标签"#月"处单击鼠标右键,从弹出的快捷菜单中选择"取消隐藏"命令,将已隐藏

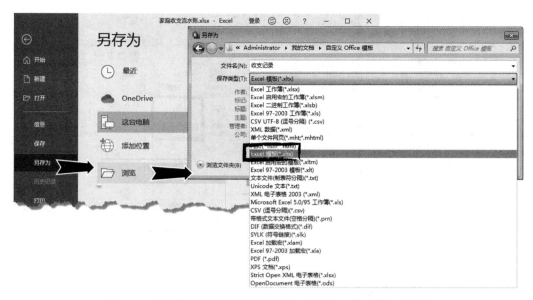

图 7.27   在"另存为"对话框中选择"保存类型"、输入模板文件名

的工作表"1 月分析"和"1 月汇总"显示出来并删除它们。存在隐藏工作表可能会影响模板的调用。

（9）单击快速访问工具栏中的"保存"按钮,对修改后的模板文件进行原名原位置保存。

（10）最后关闭该模板文档。

2. 依据模板创建 2 月工作表

（1）打开案例文档"家庭收支流水账.xlsx"。

（2）在表标签"1 月"上单击鼠标右键,从打开的快捷菜单中选择"插入"命令,打开如图7.28所示的"插入"对话框。

（3）从"常用"列表中选择新建模板"收支记录.xltx"。

（4）单击"确定"按钮。在模板基础上创建的工作表插入到了"1 月"工作表之前。

（5）分别将新插入的工作表的标签名和标题中的月份"#月"更改为"2 月",然后用鼠标拖动工作表"2 月"到"1 月"的右侧。

（6）余额引用:单击工作表"2 月"中的单元格 G4,输入等号"＝"后接着单击工作表"1 月"中的单元格 G35,按 Enter 键确认,将 1 月余额引用到 2 月中。

（7）输入 2 月的新数据后,保存文档。

3. 复制生成 3 月工作表

（1）首先单击表标签"2 月",使其成为当前工作表。

（2）按下 Ctrl 键不放,用鼠标向右拖动标签"2 月",当黑色的小三角指向"2 月"的右侧时放开鼠标,产生新工作表"2 月(2)"。

（3）将新工作表标签"2 月(2)"更名为"3 月"。

（4）在工作表"3 月"中,修改标题中的月份,将单元格 G4 中的余额修改为引用"2 月"的单元格 G35。

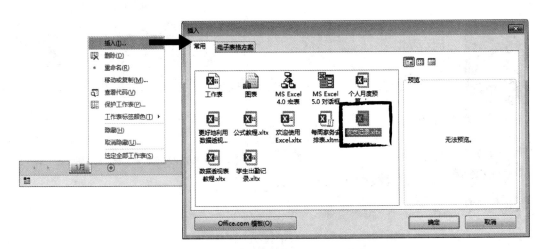

图 7.28 依据模板插入一个新工作表

（5）输入 3 月数据，保存文档。

第8章　学生成绩管理

学生的课业任务越来越重了,不是吗? 连带着老师的工作也越来越繁杂了。重点学校的学生越来越多,随着年级越高,考试频度也越来越高,学生成绩的管理和分析工作就会越来越复杂和重要。每个人的总分、平均分,每个班级的平均分、年级的平均分,每个人在班级、年级中的排名位置,都需要在考试后快速统计出来并分发给学生和家长。几十人、几百人、上千人的成绩统计汇总,需要多少时间和精力? 让 Excel 来帮助老师们完成这些巨量、繁杂的工作吧!

本案例将利用 Excel 2016 来完成一份学生成绩表的制作和分析,其中涵盖了一些对日常工作很有帮助的汇总、统计、分析数据的技巧和方法。

8.1　任务目标

蒋老师在某县中学的教务处做后勤管理工作,主要负责高一年级学生的成绩管理。平常,蒋老师通过 Excel 来统计和管理学生成绩,她希望达到以下目标:

获取按班级记录的每位学生各科成绩,并按年级进行成绩汇总;计算、汇总出各科平均分、每位学生的总分及排名;通过图表直接比较各班成绩;必要时为每位学生制作成绩通知单。

本案例最终完成的学生成绩表及图表如图 8.1 所示。

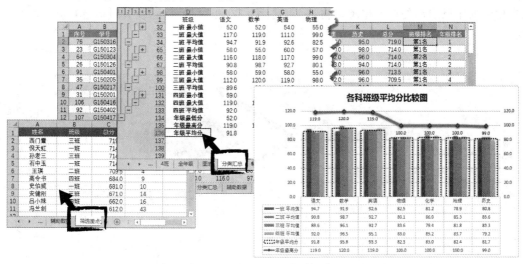

图 8.1　制作完成的学生成绩统计表

本案例将涉及如下知识点:

- 跨工作簿的工作表移动和复制
- 通过获取和转换功能加载数据并合并多个工作表
- 求和、求平均值、计算排名等公式和函数的运用
- 定义名称及在公式中引用名称
- 自定义数字格式
- 通过公式构建复杂的条件格式
- 将格式、公式或内容批量填充到同组工作表中
- 多关键字排序、按自定义顺序排序及排序技巧的应用
- 包含计算条件的多条件高级筛选
- 多重分类汇总的叠加
- 利用组合图表比较各班平均分，并在图表中加入年级平均分及各科目最高分信息

8.2   相关知识

下面的知识与本案例密切相关，有助于更好地制作和管理工作表。

8.2.1   绝对引用和定义名称

在 Excel 中输入公式或函数时，经常需要引用单元格地址。直接输入单元格地址是相对引用，如 A1。在单元格的行号和列标前均加上符号" $ "，则为绝对引用，如 $A$1。如果只在行号或列标的某个位置前加上符号" $ "，则称为混合引用，如 $A1、A$1。

在输入公式的过程中，如果直接通过鼠标单击选择某个单元格地址，实现的是相对引用。此时，选中公式中已引用的单元格地址再按 F4 键，可以在相对引用、混合引用和绝对引用之间快速切换，如图 8.2 所示。

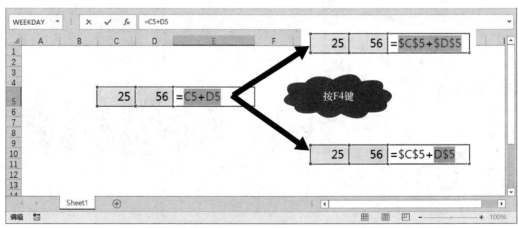

图 8.2   通过 F4 键在各种引用方式间快速切换

如果先为单元格或单元格区域定义名称，再在公式中引用该名称，这时形成的引用是绝对引

用。名称引用起来比较方便、容易阅读和理解。特别是需要反复选择、引用某个大的数据区域时，定义名称的优势就会更加明显。

当数据列表被定义为"表"后，可以实现结构化引用，但对"表"的结构化引用是相对引用，不能代替定义名称的绝对引用效果。

建议大家在进行复杂的数据处理时，尽量能够通过定义名称来管理数据。

8.2.2　高级筛选中的条件构建

高级筛选与自动筛选的主要不同之处在于可以实现"关系或"条件的筛选。一般情况下，自动筛选可以实现同时满足多个条件，亦即"关系与"的筛选。例如，在一张学生成绩表中，筛选班级为 1 班、数学高于 100 分并且总分也高于 650 分的记录，高级筛选和自动筛选均能实现；但如果要筛选出班级为 1 班、数学高于 100 分或者总分高于 650 分的记录，则需要通过高级筛选单独构建筛选条件实现。

高级筛选最重要的准备工作是构建条件区域，筛选条件可以包含计算条件，比如筛选出平均分高于全年级平均分的学生记录就属于计算条件。一般筛选条件的列标题需要与数据列表中的列标题完全相同，但是计算条件可以没有列标题，也可以创建新标题，却不能使用数据列表中的原有标题，如图 8.3 所示。

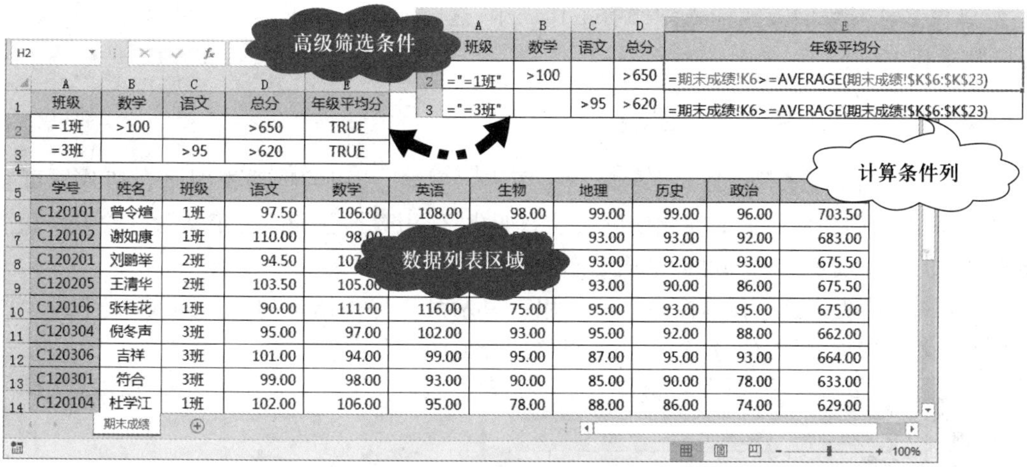

图 8.3　构建包含计算条件的高级筛选条件

筛选条件、数据列表、筛选结果均可以位于同一工作表中。通常情况下，条件区域位于数据列表的上方，而筛选结果可位于原列表区域，也可以放置在数据列表的下方位置。不过高级筛选的筛选条件、数据列表、筛选结果 3 个部分也可以分别位于不同的工作表中，如果将这 3 个部分分别定义名称，则更容易实现分表列示的效果。

8.2.3　图表的移动

根据数据列表创建好的图表可以移动到新的工作表存放。被移动的图表可以以两种方式移动到新的工作表中（如图 8.4 所示）。

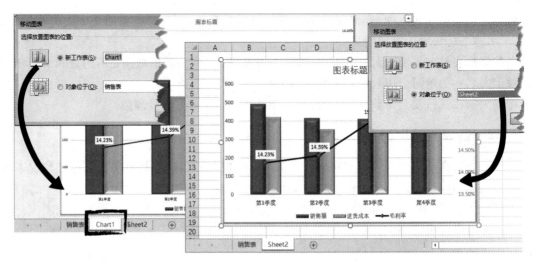

图 8.4　移动图表的两种方式

● 直接移动到新的图表工作表中：这时的图表将会自动充满整个新建图表工作表，位置固定不能移动，不能改变大小。如果不重新命名的话，图表工作表将会被自动命名为"Chart＊"。

● 以可移动对象的方式插入到已有工作表中：这时的图表在工作表中可以任意移动位置，且可以改变其大小。

8.2.4　借助控件制作动态图表

在 Excel 中可以通过不同的方法生成动态图表。例如，利用数据透视图结合切片器可查看动态图表；借助辅助列中数据的变化使图表动态变化；使用数据验证结合定义名称的方法获取动态图表；借助 VBA 或者控件也可以生成动态图表。

图 8.5 中所示就是通过表单控件生成的用于显示员工评估结果的动态图表，其中每个评价指标有 5 个评价选项，最差的分值为 1 分，最好的分值为 5 分。

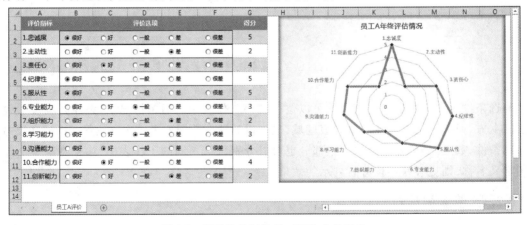

图 8.5　借助控件制作员工评估动态图表

制作步骤提示如下：

（1）首先新建一个空白工作簿，自单元格 A1 开始，参照图 8.5 中所示分别在 A 列和第 1 行输入横纵标题内容。

（2）依次选择"开发工具"选项卡上的"控件"组→"插入"按钮→"表单控件"下的"选项按钮（窗体控件）"按钮，在单元格 F2 中绘制出选项按钮控件，将按钮文字修改为"很差"。

（3）将 F2 中的选项按钮自右至左依次分别复制粘贴到 E2～B2 单元格，并参照图 8.5 中所示逐个修改文字说明。

（4）依次选择"开发工具"选项卡上的"控件"组→"插入"按钮→"表单控件"下的"分组框（窗体控件）"按钮，将第 2 行中的选项按钮控件用分组框框起来，并将分组框的说明文字删除。

（5）在任意一个选项按钮控件上单击鼠标右键，选择"设置控件格式"命令，在"控制"选项卡中勾选"未选择"，并设置单元格链接到 G2，单击"确定"按钮。

（6）用同样的方法，重复步骤（2）～（5）制作其他评价指标行的控件，并分别指定单元格链接到 G 列的相应单元格中。

注意：每一行中选项按钮的制作顺序不能错，一定要从右至左依次完成。选项按钮可以复制，但分组框不能复制，一定要每一行重新绘制一个。

（7）按下 Ctrl 键，同时选中 A 列和 G 列两列数据，依次选择"插入"选项卡→"图表"组→"推荐的图表"按钮→"所有图表"→"雷达图"→"带数据标记的雷达图"。按个人喜好修改图表标题，设置图表的格式、颜色等。

（8）更改表格中评价选项的选择，查看雷达图的动态变化效果。

（9）将文档保存为启用宏的工作簿。

8.2.5　巧用排序

排序是 Excel 的一项常用功能。大多数情况下，人们通过对数据进行排序来快速、直观地组织、排列数据列表。实际上，看似简单的排序操作还有一些巧妙的用法，可以实现一些特殊的目的。例如，在一个数据列表中，可在最前面增加一个序号列作为恢复原始数据顺序的辅助列，以便在经过系列操作后可以快速恢复数据列表的初始状态。

如果需要数据每隔一行或几行就插入一个空白行，你会如何操作呢？在需要空白行的地方一一插入行？当然可以，但如果数据列表比较长，这样做比较麻烦。还可以通过多个函数的嵌套实现，但那需要对相关函数理解得比较透彻、应用得比较熟练，你可能懒得去学习这些不太常用的函数。其实，用辅助列排序，就可快速实现这一目的。

再比如，巧用排序功能可以快速基于学生成绩表来生成相应的成绩通知单，结果如图 8.6 所示。

利用排序和自动筛选功能，基于成绩表生成成绩通知单的操作步骤提示如下：

（1）首先在成绩表的数据列表右侧的 J、K、L 列依次输入如图 8.7 中左图所示的 3 个辅助列，其中的数字序列可以通过快速填充等差数列实现。

（2）将"辅助列 2"中的序列复制到"辅助列 1"下方的区域 J14：J25 中，同时将标题行 A1：I1 复制到序列左侧空白区域，再将"辅助列 3"中的序列复制到"辅助列 1"下方的空白区域 J26：

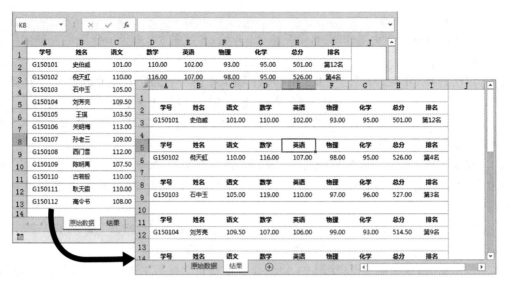

图 8.6 根据成绩表生成成绩通知单

J37 中,如图 8.7 中右图所示。在复制过程中,充分利用单元格选择技巧可以快速定位相关区域以便复制。

(3)对"辅助列 1"按升序排列,最后将多余的第一行和辅助列的内容删除,看看效果是否达到了。

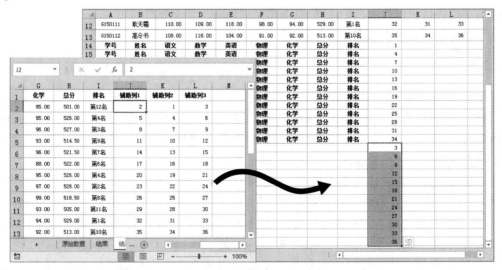

图 8.7 通过对辅助列进行排序达到插入空白行的目的

8.3 任务实施

本案例实施的基本流程如下所示。

获取各班的 成绩数据表	完成单个成绩 表的计算	同组填充公 式和格式	汇总年级成 绩并分析	按条件高级 筛选数据	用图表比较 平均成绩

8.3.1　归集各班成绩

高一年级共有 4 个班,每个班 30 人。期末考试结束后各班成绩分别由班主任负责输入并上报归集到蒋老师手中。首先需要将这些分散的数据归集到一个工作簿文件中,以便整理、统计和分析。可以通过多种途径获取其他工作簿中的数据。

1. 直接复制数据

(1) 新建一个空白 Excel 文档,以"高一全年级期末成绩.xlsx"为文件名进行保存。

(2) 将工作表 Sheet1 更名为"1 班"。

(3) 打开案例文档"高一(1)班成绩.xlsx",选择数据区域 A3:I33,按 Ctrl+C 组合键进行复制。

(4) 切换回文档"高一全年级期末成绩.xlsx",在工作表"1 班"的 A1 单元格中单击鼠标右键,从快捷菜单的"粘贴选项"下单击"值"按钮,只复制不带格式的源数据,如图 8.8 所示。

(5) 关闭文档"高一(1)班成绩.xlsx",保存文档"高一全年级期末成绩.xlsx"。

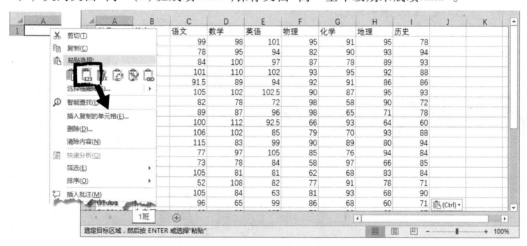

图 8.8　只复制数据不复制格式

2. 跨工作簿复制工作表

(1) 打开案例文档"高一(2)班成绩.xlsx"。

(2) 在表标签"2 班"上单击鼠标右键,从快捷菜单中选择"移动或复制"命令,打开"移动或复制工作表"对话框。

(3) 在"工作簿"下拉列表中选择案例文档"高一全年级期末成绩.xlsx",在"下列选定工作表之前"选择"(移至最后)"选项,选中"建立副本"复选框,如图 8.9 所示。

(4) 单击"确定"按钮,工作表"2 班"被复制到"1 班"之后。

（5）关闭文档"高一（2）班成绩.xlsx"，保存文档"高一全年级期末成绩.xlsx"。

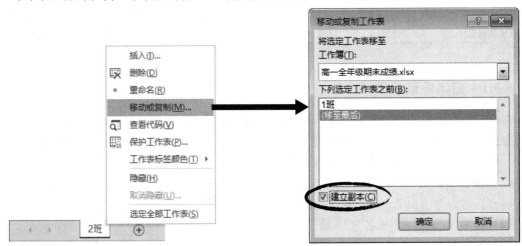

图 8.9　跨工作簿复制工作表到指定位置

3. 获取外部数据

（1）在案例文档"高一全年级期末成绩.xlsx"的"数据"选项卡上，单击"获取外部数据"组中的"现有连接"按钮，打开"现有连接"对话框。

（2）单击左下角的"浏览更多"按钮，打开"选取数据源"对话框，从中选择案例文档"高一（3）班成绩.xlsx"作为数据源，如图 8.10 所示。

图 8.10　选择数据源文件

（3）单击"打开"按钮，弹出"选择表格"对话框，从列表框中选择工作表"3 班"，单击"确定"按钮，弹出"导入数据"对话框，如图 8.11 所示。

（4）保证"表"复选框被选中,在"数据的放置位置"区域下选择"新工作表"单选按钮,单击"确定"按钮。3 班的数据将以"表"的形式自新工作表的 A1 单元格开始导入,并保持与源数据表的链接关系。

(a)"选择表格"对话框　　　　　　　　　　　(b)"导入数据"对话框

图 8.11　将源数据表格导入指定工作表中

（5）为了后续操作方便,需要取消外部链接:在"表"区域中单击鼠标,在"表格工具|设计"选项卡上的"工具"组中单击"转换为区域"按钮,在如图 8.12(a) 所示的提示对话框中单击"确定"按钮。

（6）将新工作表更名为"3 班",并移到最右边。

（7）取消导入"表"中自带的格式:选择工作表"3 班"中的数据区域 A1:I31,在"开始"选项卡上的"编辑"组中单击"清除"按钮,从打开的下拉列表中选择"清除格式"命令,如图 8.12(b)所示。

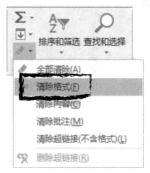

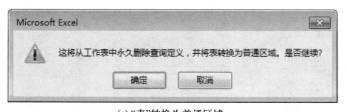

(a)"表"转换为普通区域　　　　　　　　　(b) 清除表格式

图 8.12　将"表"转换为普通区域并清除其格式

4. 通过获取和转换功能加载数据

（1）依次选择"数据"选项卡→"获取和转换"组→"新建查询"按钮→"从文件"→"从工作簿",打开"导入数据"对话框,如图 8.13 所示。

（2）找到并选择案例文档"高一(4)班成绩.xlsx",单击"导入"按钮。

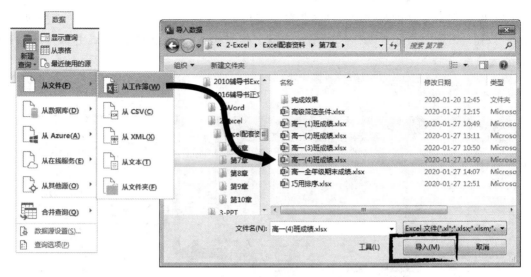

图 8.13 从"工作簿"新建查询时打开"导入数据"对话框

（3）在导航器窗口中选择工作表"4 班"，单击"加载"按钮，如图 8.14 所示，4 班数据加载至新工作表中。

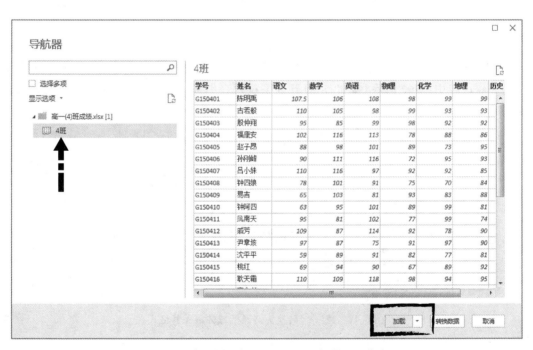

图 8.14 在导航器窗口中选择需要加载的工作表

（4）将工作表标签名更改为"4 班"。

（5）在表中单击鼠标右键，从快捷菜单中选择"刷新"命令，显示出全部数据。

（6）从"表格工具|设计"选项卡下的"工具"组中选择"转换为区域"，将"表"定义删除。

（7）选择数据区域，依次选择"开始"选项卡→"编辑"组→"清除"按钮→"清除格式"命令，将原有格式清除。

（8）在右侧的"工作簿查询"任务窗格中，通过右键菜单删除查询"4 班"。

至此，4 个班的数据均集中到案例文档"高一全年级期末成绩.xlsx"中。保存该文档，后续的操作均在该文档中进行。

8.3.2　完善 1 班成绩表

以下操作均在案例文档"高一全年级期末成绩.xlsx"的"1 班"工作表中进行。为了避免误操作，可以先将 2 班、3 班、4 班三张工作表隐藏起来。

1. 计算每个人的总分和班级平均分

（1）在单元格 J1 中输入列标题"总分"。

（2）单击单元格 J2，在"公式"选项卡上的"函数库"组中单击"自动求和"按钮，然后按 Enter 键确认计算结果。

（3）双击单元格 J2 右下角的填充柄，将求和函数向下填充至最后一位学生，并将总分列的数字格式设为"数值"、保留两位小数、加粗显示。

（4）在单元格 B32 中输入行标题"班级平均分"。

（5）在单元格 C32 中输入平均值函数"＝AVERAGE（C2∶C31）"。

（6）向右拖动单元格 C32 右下角的填充柄，直到单元格 J32 为止；将平均分行的数字格式设为"数值"、保留两位小数、加粗显示。

2. 按总分计算个人班级排名并以"第 N 名"方式显示

（1）在单元格 K1 中输入列标题"班级排名"。

（2）在单元格 K2 中输入函数"＝RANK.EQ（J2，$J$2∶$J$31）"，这里需要绝对引用总分区域 J2∶J31，否则公式填充结果就是错误的。

（3）将 K2 中的公式进一步修改为"＝"第"&RANK.EQ（J2，$J$2∶$J$31）&"名""。其中的连接符"&"用于将多个字符串连接为一个。

（4）双击单元格 K2 右下角的填充柄，完成公式的填充，并将排名列设为居中对齐。

3. 通过条件格式设定偶数行填充浅紫色

（1）按 Ctrl+A 组合键选择数据列表区域 A1∶K32。

（2）在"开始"选项卡上的"样式"组中，单击"条件格式"按钮，打开规则下拉列表。

（3）从下拉列表中选择"新建规则"命令，打开"新建格式规则"对话框。

（4）在"选择规则类型"列表框中选择"使用公式确定要设置格式的单元格"。

（5）在"为符合此公式的值设置格式"下方的文本框中输入公式"＝MOD（ROW（），2）＝0"，如图 8.15 所示。函数 ROW（）用于获取光标所在当前行的行号，MOD（）用于获取两数相除的余数。

（6）单击"格式"按钮，打开"设置单元格格式"对话框。

（7）在"填充"选项卡下的"背景色"区域中选择某种浅蓝色。

（8）依次单击"确定"按钮，当前所选区域将会以指定色进行隔行填充。

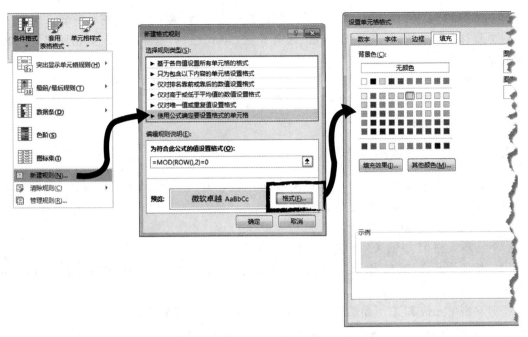

图 8.15　通过条件格式设置偶数行以某种颜色填充

4. 自定义数字格式标出特殊成绩

所有单科成绩中,语文、数学、英语三科满分均为 120 分,高于或等于 108 为优秀,低于 72 为不及格。其他四科(物理、化学、历史、地理)满分均为 100 分,高于或等于 95 为优秀,低于 60 为不及格。现在需要按下列要求设置"1 班"成绩表中所有单科成绩的数字格式:

- 所有单科成绩均为保留一位小数的数值。
- 优秀成绩用红色字体显示。
- 不及格成绩用绿色字体显示。

(1) 选择语文、数学、英语三科成绩所在的数据区域 C2:E31。

(2) 在"开始"选项卡上的"数字"组中,单击对话框启动器按钮,打开"设置单元格格式"对话框。

(3) 在"数字"选项卡下,单击左侧"分类"列表的"自定义"。

(4) 在右侧"类型"下方的文本框中输入数字格式代码"[红色][>=108]0.0_ ;[绿色][<72]0.0_ ;0.0_ "。注意,代码中的每个下画线"_"之后需要加一个西文空格,其作用是使数字右侧留有一个空格。设置完毕,单击"确定"按钮。

(5) 再次选择另外四科成绩所在的数据区域 F2:I31,重新进入"设置单元格格式"对话框的"数字"选项卡。

(6) 在左侧的"分类"列表框中选择"自定义"选项,在右侧的现有类型列表中单击刚才创建的新格式代码。

(7) 在"类型"下方的文本框中修改代码中的条件,修改后的结果为"[红色][>=95]0.0_ ;[绿色][<60]0.0_ ;0.0_ ",效果如图 8.16 所示。

（8）单击"确定"按钮，完成数字格式的自定义。

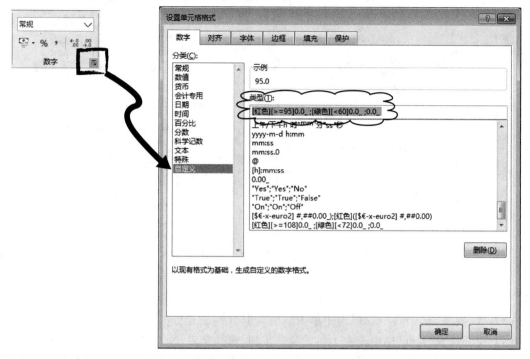
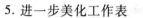

图 8.16　以现有代码为参考自定义新的数字格式

5. 进一步美化工作表

（1）将成绩表的数据区域 A1：K32 统一设置字体为"微软雅黑"、字号为 10（磅）。

（2）将第 1 行中的列标题居中对齐、文字加粗。

（3）将 A 列中的学号、B 列中的姓名居中对齐。

（4）在行号上拖动鼠标选择第 1～32 行，在"开始"选项卡上的"单元格"组单击"格式"按钮，从打开的下拉列表中选择"行高"命令，在对话框的"行高"文本框中输入"18"，将数据区域的行高统一调整为 18 个默认单位，如图 8.17 所示。

（5）适当加大名称、总分及班级排名 3 列的列宽。

（6）为整个数据区域 A1：K32 添加与前述偶数行填充颜色相同的浅蓝色边框，包括内边框和外边框。设置完成的成绩表如图 8.17 所示。

8.3.3　填充成组工作表

在一张工作表中输入的公式、设置的格式，可以通过填充成组工作表方式应用于其他工作表，以便快速生成一组基本结构相同的表格。下面就通过这一方法快速完成其他 3 个班级成绩表的设置。

1. 仅将格式填充至其他班成绩表

（1）如果隐藏了 2、3、4 班的工作表，应先取消隐藏。

（2）单击工作表标签"1 班"，按下 Shift 键不放再单击最右边的工作表标签"4 班"，这样就

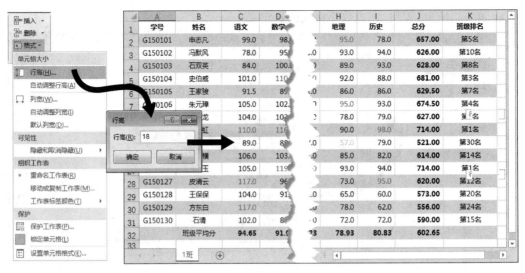

图 8.17 统一调整行高、边框之后最终完成的工作表

同时选中 4 张工作表形成了一个工作组。

（3）从"视图"选项卡"显示"组中单击取消"网格线"复选框的勾选，不显示网格线。

（4）在工作表"1 班"中单击左上角的全选按钮，选择全表。

（5）在"开始"选项卡上的"编辑"组中单击"填充"按钮，从下拉列表中选择"至同组工作表"命令，打开"填充成组工作表"对话框，如图 8.18 所示。

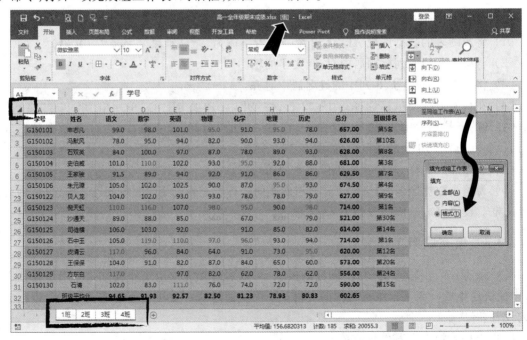

图 8.18 打开"填充成组工作表"对话框

（6）从"填充"区域中选择"格式"单选按钮,单击"确定"按钮。

（7）单击工作表标签"2 班"切换到 2 班成绩表,解开工作组的同时可以看到格式已被复制。

提示: 有时候行高信息可能没有填充到其他工作表,这时只需重新在工作表"1 班"中同时选中 1~32 整行后再次进行格式填充即可。

2. 将公式填充至其他班成绩表

（1）在工作表"1 班"中选择总分和排名所在的 J、K 两列,这两列中的公式及标题行内容将会被填充到同组工作表中。

（2）在表标签"1 班"上单击鼠标右键,从快捷菜单中选择"选定全部工作表"命令。

（3）在"开始"选项卡上的"编辑"组中单击"填充"按钮,从下拉列表中选择"至同组工作表"命令,打开"填充成组工作表"对话框。

（4）从"填充"区域中选择"全部"单选按钮,单击"确定"按钮。

（5）重新选择工作表"1 班"中平均分所在的第 32 行并重复步骤（3）和（4）,再次填充"全部"内容。

（6）切换到其他工作表,查看是否已应用相同的表格内容及格式。

8.3.4　汇总全年级成绩表

为了便于对全年级成绩进行统计分析,需要将各班成绩汇总在一起。将多个结构相同的工作表合并为一个,可以直接复制,也可以利用合并计算功能进行汇总,还可以通过获取和转换功能创建查询的同时实现多表合并。这里采取创建查询的方式,合并的同时保留与源数据的链接关系。

1. 通过获取和转换功能合并各班数据

（1）依次选择"数据"选项卡→"获取和转换"组→"新建查询"按钮→"从文件"→"从工作簿",打开"导入数据"对话框。

（2）找到并选择正在编辑的案例文档"高一全年级期末成绩.xlsx",单击"导入"按钮。

（3）在导航器窗口中,任意选择一张工作表,如"1 班",单击"转换数据"按钮,启动"Power Query（查询）编辑器"。

（4）在右侧"查询设置"窗格的"应用的步骤"中,通过单击步骤前面的叉号 ![×] ,删除除了"源"之外的所有步骤,如图 8.19 所示。

（5）在标题"Data"上单击右键,从下拉列表中选择"删除其他列",只保留 Data 列数据,如图 8.20 所示。

（6）单击标题"Data"右侧的展开按钮,保证选择所有列。单击"确定"按钮,4 个表的数据已合并到一个表中。

（7）在"主页"选项卡上的"转换"组中单击"将第一行用作标题"按钮,将表中的第一行数据提升为列标题,如图 8.21 所示。

（8）单击列标题"学号"右侧的筛选箭头,从筛选列表中取消对"null"和"学号"两项的勾选,列表中将不显示班级平均分和重复的标题行。

（9）从"添加列"选项卡上的"常规"组中单击"索引列"按钮右侧的向下箭头,从列表中选择"从 1",在最右侧增加一个索引列;将该列标题更改为"序号";在"序号"中单击右键,从下拉

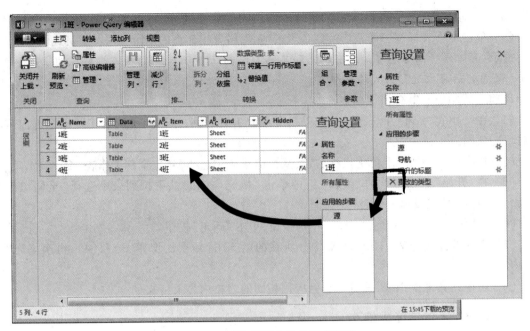

图 8.19 删除"源"之外的所有步骤

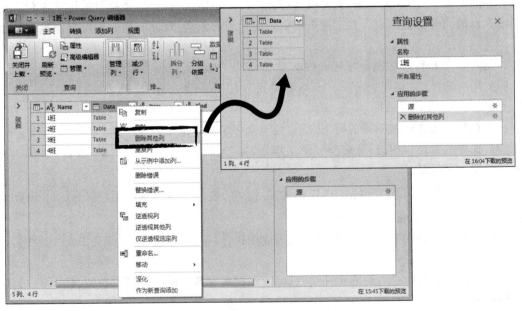

图 8.20 删除 Data 之外的其他列

列表中选择"移动"→"移到开头",如图 8.22 所示,将新增的序号列移动到最左侧。

（10）在"查询设置"任务窗格中将查询名称更改为"汇总"。

（11）在"主页"选项卡上单击"关闭并上载"按钮,将合并后的数据表上载到新工作表中。

（12）将工作表标签名更改为"全年级"。通过右键菜单中的"刷新"命令显示全部记录,对

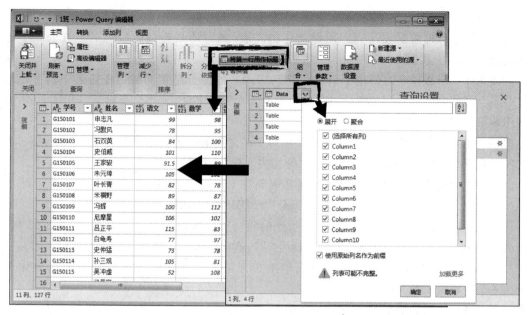

图 8.21　展开所有列并提升列标题

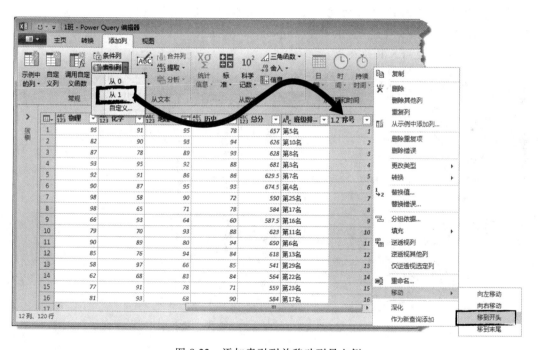

图 8.22　添加索引列并移动到最左侧

工作表格式进行适当调整。

为了后续操作方便,可将各班成绩表暂时隐藏,只保留"全年级"一个工作表,后续操作均基于该表进行。

2. 计算总分的中国式年级排名

通过查询上载的数据表以“表”的形式存在，“表”名称即是查询名“汇总”。在公式中可以结构化引用“表”中数据。

前面在计算班级排名时使用了 Rank 函数，该函数的特征是相同数值在排名中具有相同的名次并且会占据名次的数字位置，也就是说，当有 3 个第 1 名时，就不会有第 2 名和第 3 名，而是直接出现第 4 名。

但在中国式排名习惯中，即使有 3 个并列第 1 名之后的排名仍是第 2 名，亦即并列排名不占用名次。在 Excel 中，可以通过函数或数据透视表实现“中国式排名”。

(1) 在单元格 M1 中输入列标题“年级排名”，按 Enter 键，表格区域自动向右扩展一列。

(2) 在单元格 M2 中输入公式的前半部分“=SUMPRODUCT((”。

(3) 在左括号之后，输入左方括号“[”，此时将会弹出标题行字段名列表，如图 8.23 所示。从列表中双击选择“总分”，继续输入右方括号“]”，这样便可以实现对总分列的绝对引用。

(4) 继续输入西文运算符“>=”后，单击单元格 K2，公式中自动实现表的结构化引用“[@总分]”，如图 8.23 所示。

(5) 继续输入公式的后半部分：“)/COUNTIF([总分],[总分]))”。

(6) 按 Enter 键，公式自动填充至数据区域的最后一行。将该列小数位数设为 0。

提示：上述计算中国式排名的完整公式为“=SUMPRODUCT(([总分]>=[@总分])/COUNTIF([总分],[总分]))”。其中，Sumproduct 函数可以直接引用数组而无须通过按 Ctrl+Shift+Enter 组合键输入数组公式。

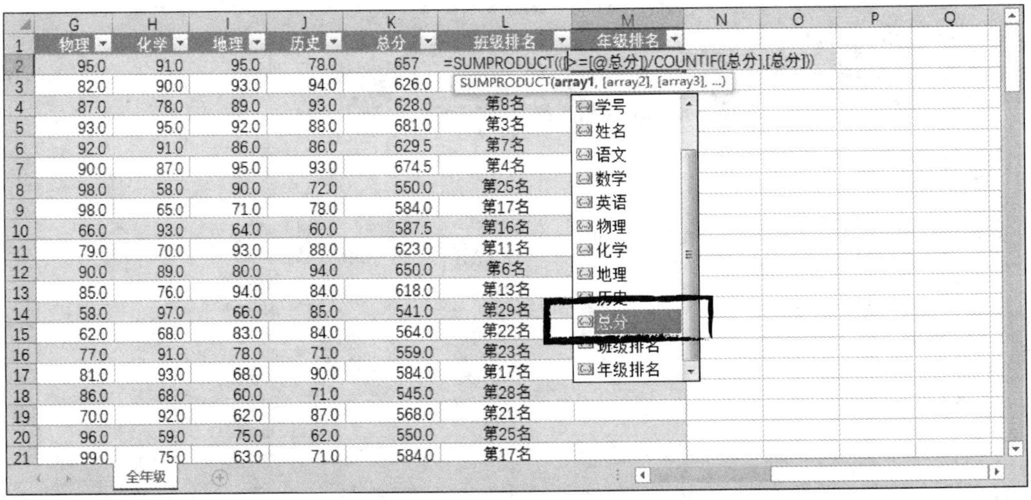

	G	H	I	J	K	L	M
1	物理	化学	地理	历史	总分	班级排名	年级排名
2	95.0	91.0	95.0	78.0	657	=SUMPRODUCT(([>=[@总分])/COUNTIF([总分],[总分]))	
3	82.0	90.0	93.0	94.0	626.0		
4	87.0	78.0	89.0	93.0	628.0	第8名	
5	93.0	95.0	92.0	88.0	681.0	第3名	
6	92.0	91.0	86.0	86.0	629.5	第7名	
7	90.0	87.0	95.0	93.0	674.5	第4名	
8	98.0	58.0	90.0	72.0	550.0	第25名	
9	98.0	65.0	71.0	78.0	584.0	第17名	
10	66.0	93.0	64.0	60.0	587.5	第16名	
11	79.0	70.0	93.0	88.0	623.0	第11名	
12	90.0	89.0	80.0	94.0	650.0	第6名	
13	85.0	76.0	94.0	84.0	618.0	第13名	
14	58.0	97.0	66.0	85.0	541.0	第29名	
15	62.0	68.0	83.0	84.0	564.0	第22名	
16	77.0	91.0	78.0	71.0	559.0	第23名	
17	81.0	93.0	68.0	90.0	584.0	第17名	
18	86.0	68.0	60.0	71.0	545.0	第28名	
19	70.0	92.0	62.0	87.0	568.0	第21名	
20	96.0	59.0	75.0	62.0	550.0	第25名	
21	99.0	75.0	63.0	71.0	584.0	第17名	

图 8.23 定义“表”后可在公式中实现结构化引用

3. 增加班级列

学号的第 4、5 位代表班级，考虑到一个年级有可能超过 10 个班，所以班级代号为两位。01 对应一班、02 对应二班……15 对应十五班。本案例中要求插入一个班级列，根据学号对应填入班级“一班”“二班”“三班”“四班”。

可以通过 IF 函数多层嵌套来生成班级，也可利用 Text()函数将截取的字符串转换为中文小写格式。本案例中将通过制作一个辅助列表并使用 Vlookup( ) 函数生成班级。

（1）首先插入一个新工作表,并重命名为"辅助数据",自 A1 单元格开始输入如图 8.24 中左侧数据所示的参照列表,并适当进行格式化。注意,"序号"列应设为文本格式,否则查找可能出错。

（2）选择单元格区域 A2∶B17,在"名称框"中输入"班级对应表"后按 Enter 键为该区域定义名称。

（3）切换到工作表"全年级"中,在"姓名"和"语文"列之间插入一个空白列,在单元格 D2 中将列标题更改为"班级"。

（4）在单元格 D3 中输入公式" = VLOOKUP（MID（[@ 学号],4,2）,班级对应表,2,FALSE）"。其中,MID( )函数用于从学号中截取第 4、5 位数字,VLOOKUP( )函数的查找区域"班级对应表"可以直接输入名称,也可以通过"公式"选项卡上"定义的名称"组中的"用于公式"列表选择。参数 FALSE 表示精确匹配查找。

（5）按 Enter 键,公式自动向下填充,结果如图 8.24 所示。

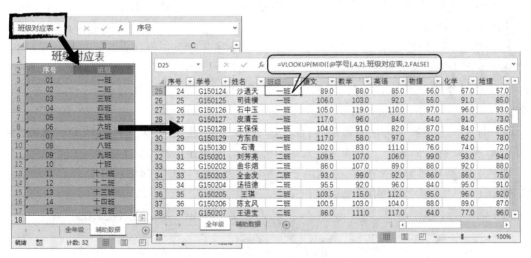

图 8.24　通过辅助列表获取班级信息

4. 按年级排名、语文、数学进行多重排序

总分高的排名在前,当年级排名相同时,依次按语文、数学分数的高低进行排列。

（1）在"年级排名"列中定位光标,从"开始"选项卡上的"编辑"组中单击"排序和筛选"按钮,打开选项列表,从下拉列表中选择"升序"命令,成绩单将按年级排名由高到低进行排序。

（2）再次从"排序和筛选"下拉列表中选择"自定义排序"命令,打开"排序"对话框。

（3）单击"添加条件"按钮,在第一"次要关键字"行中依次指定排序列的次要关键字为"语文"、次序为"降序"。

（4）再次单击"添加条件"按钮,在第二"次要关键字"行中依次指定排序列的次要关键字为"数学"、次序为"降序",设置结果如图 8.25 所示。

（5）单击"确定"按钮,退出对话框,同时成绩表按指定的条件进行重新排序。

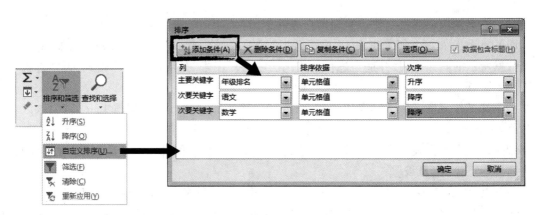

图 8.25　设置多重排序依据

5. 筛选出满足多重条件的学生记录

学校要求筛选出全面发展的文科或理科生进行重点培养,筛选条件如下:

- 数学、物理、化学分别不低于 110 分、90 分、90 分,并且其语文和总分需要超过年级平均分。这部分学生作为重点培养的理科生。

- 英语、历史、地理分别高于 110 分、90 分、90 分,并且其语文和总分需要超过年级平均分。这部分学生作为重点培养的文科生。

- 筛选结果置于独立工作表"筛选重点生"中,且只显示班级、姓名、总分、年级排名 4 列数据。

(1) 首先按上述要求构建筛选条件:在工作表"辅助数据"中的单元格区域 D2：K4 中输入如图 8.26 所示的条件,其中上方Ⓐ为输入的内容,下方Ⓑ为显示结果。

其中,J 列和 K 列为计算条件,分别用于限制语文及总分是否达到平均分要求。平均值函数"AVERAGE(汇总[语文])"中的参数引用了前面定义的表"汇总"中的"语文"列。

图 8.26　构建高级筛选条件

(2) 插入一个新的空白工作表,将其更名为"筛选重点生",用于放置筛选结果。在该表的单元格 A1：D1 中分别输入筛选结果所包含的列标题:姓名、班级、总分、年级排名(注意必须与原数据列表对应标题相同），并对其进行适当的格式化。

（3）为了引用方便，可以先按表 8.1 所示进行相关的名称定义。

表 8.1　用于高级筛选的定义名称

数据区域	定义的名称	作用
工作表"全年级"中的 A1：N121	Database	高级筛选的源数据列表
工作表"辅助数据"中的 D2：K4	Criteria	高级筛选的条件区域
工作表"筛选重点生"中的 A1：D1	Extract	高级筛选的输出结果

（4）在工作表"筛选重点生"的任意空白单元格（如 A4）中单击鼠标，用以激活显示筛选结果的工作表。

（5）在"数据"选项卡上的"排序和筛选"组中单击"高级"按钮，打开"高级筛选"对话框，在该对话框设置筛选条件，其中：

● 在"列表区域"框中单击定位光标，从"公式"选项卡上的"定义的名称"组中单击"用于公式"按钮，从可用名称下拉列表中选择"Database"。

● 单击"条件区域"右侧的"压缩对话框"按钮，从"公式"选项卡上的"定义的名称"组中单击"用于公式"按钮，从可用名称下拉列表中选择"Criteria"。

● 在"方式"区域选择"将筛选结果复制到其他位置"单选项，然后在"复制到"框中按 F3 键，从"粘贴名称"窗口中指定名称"Extract"。

（6）设置完毕单击"确定"按钮，符合筛选条件的数据行将显示在数据列表的指定位置。整个筛选过程如图 8.27 所示。

图 8.27　按指定条件进行高级筛选

6. 自定义序列以备排序

如果将班级定义为序列，不仅可以实现自动填充输入，还可以作为排序的依据。

（1）单击"文件"选项卡，打开后台视图。

（2）单击"选项"命令，打开"Excel 选项"对话框。

（3）在左侧列表中单击"高级"，向下操纵右侧的滚动条，在"常规"区域中单击"编辑自定义列表"按钮，打开"自定义序列"对话框。

（4）在左侧的"自定义序列"列表框中选择最上方的"新序列"选项，然后在右侧的"输入序列"文本框中依次输入班级名称"一班""二班""三班""四班""五班""六班"，每个条目后按Enter 键确认，如图 8.28 所示。

（5）全部条目输入完毕后，单击"添加"按钮。最后单击"确定"按钮退出对话框。

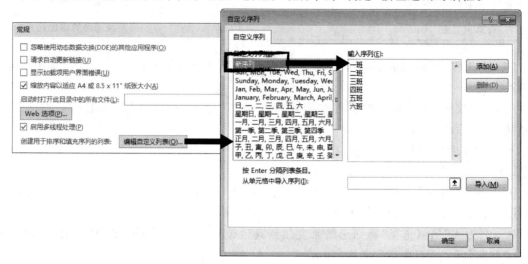

图 8.28　自定义班级序列

7. 分类汇总各班的各科平均分、各科最高分和最低分

这里需要进行多重分类汇总以实现目标，分类汇总的结果将会用于生成统计图表。分类汇总最好在工作表副本中进行，以免破坏原始数据。

（1）可以先将"辅助数据"和"筛选重点生"两个工作表隐藏，以免误操作。

（2）单击工作表"全年级"左上角的"全选"按钮，按 Ctrl+C 组合键进行整表复制。

（3）插入一个空白工作表，在该表的单元格 A1 中单击鼠标右键，从如图 8.29 所示的快捷菜单中选择"选择性粘贴"下的"值和源格式"按钮。原数据列表中的数据和格式将被复制到新表中，其中的"表"结构转换为普通区域，公式转换为普通数据。

（4）将新工作表重命名为"分类汇总"，并暂时隐藏工作表"全年级"。后续操作均在新表"分类汇总"中进行。

（5）按班级进行排序：在"数据"选项卡的"排序和筛选"组中单击"排序"按钮，打开"排序"对话框；指定"主要关键字"为"班级"；打开"次序"列表，从中选择"自定义序列"选项，在"自定义序列"对话框中选择已经定义好的班级序列，即一班、二班、三班……，如图 8.30 所示。依次单击"确定"按钮。

（6）按班级汇总各科平均分：在"数据"选项卡上的"分级显示"组中，单击"分类汇总"按钮；在"分类汇总"对话框中指定分类汇总条件："分类字段"为"班级"，"汇总方式"为"平均值"，在"选定汇总项"列表框依次选择"语文""数学"……"历史""地理"七科，同时取消其他汇总项，结果如图 8.31(a)所示。单击"确定"按钮，数据列表按班级汇总各科平均分。

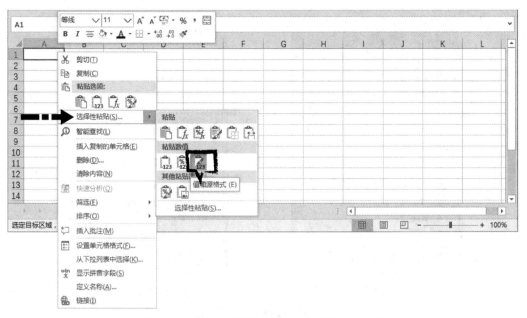

图 8.29　通过选择性粘贴指定只复制格式和数据

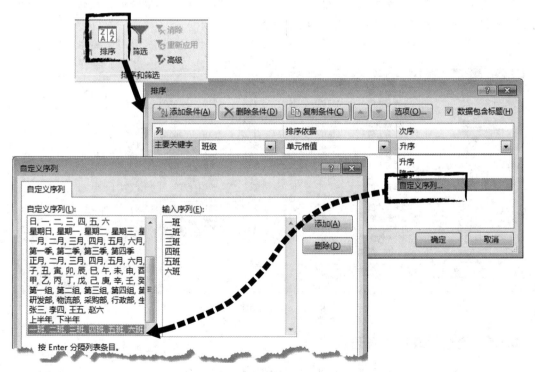

图 8.30　以自定义序列为依据进行排序

（7）多重分类汇总：再次进入"分类汇总"对话框，保持分类字段和汇总项不变，将"汇总方式"设为"最大值"，同时必须清除对"替换当前分类汇总"复选框的选择，如图 8.31（b）所示。最后单击"确定"按钮。

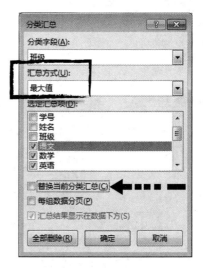

(a) 汇总平均值　　　　　　　　　　　　　(b) 再次汇总最大值

图 8.31 进行多重分类汇总

　　(8)重复步骤(7),继续增加对"最小值"的汇总。这样,汇总结果中就依次包含了各班各科的平均分、最高分和最低分,选择只显示 4 级,如图 8.32 所示。

	C	D	E	F	G	H	I	J	K	L
	姓名	班级	语文	数学	英语	物理	化学	地理	历史	总分
32		一班 最小值	52.0	52.0	54.0	55.0	58.0	57.0	60.0	
33		一班 最大值	117.0	119.0	111.0	99.0	97.0	95.0	98.0	
34		一班 平均值	94.7	91.9	92.6	82.5	81.2	78.9	80.8	
65		二班 最小值	58.0	55.0	60.0	57.0	55.0	54.0	60.0	
66		二班 最大值	116.0	118.0	117.0	99.0	100.0	100.0	98.0	
67		二班 平均值	90.8	98.7	92.7	80.1	86.0	85.3	83.6	
98		三班 最小值	58.0	59.0	58.0	55.0	56.0	60.0	60.0	
99		三班 最大值	112.0	120.0	119.0	98.0	97.0	99.0	99.0	
100		三班 平均值	89.6	96.1	92.7	83.6	79.4	81.8	83.3	
131		四班 最小值	59.0	58.0	58.0	60.0	55.0	53.0	54.0	
132		四班 最大值	119.0	118.0	118.0	100.0	99.0	99.0	99.0	
133		四班 平均值	92.0	96.5	95.1	83.0	85.2	83.7	79.2	
134		总计最小值	52.0	52.0	54.0	55.0	55.0	53.0	54.0	
135		总计最大值	119.0	120.0	119.0	100.0	100.0	100.0	99.0	
136		总计平均值	91.8	95.8	93.3	82.3	83.0	82.4	81.7	
137										
138										

图 8.32 多重分类汇总结果

8.3.5　通过图表比对各班成绩

图表可以直观地对数据进行比较,是分析数据的常用手段。

1. 准备工作

　　(1)在左侧的分级显示区域中,单击分组符号组中的第 2 级 ①②③④⑤,令数据列表中只显示各班平均分以及年级各项数据。

（2）将单元格 D134、D135、D136 中的行标题依次更改为"年级最低分""年级最高分""年级平均分"，这样的描述更加容易阅读和理解。

2. 用柱形图比较各班同一科目的平均分

这里需要比较的是同一科目各班的平均分高低，比如，对各班的语文平均分进行比较。不同科目的平均分没有比较的意义，比如，语文平均分（120 分满分）和地理平均分（100 分满分）没有可比性。因此，图表的水平坐标轴应为科目而不是班级。

（1）首先选择标题行区域 D1：K1 作为图表的水平轴标签。

（2）按下 Ctrl 键不放，依次选择各班平均分所在区域 D34：K34、D67：K67、D100：K100、D133：K133、D136：K136。

提示：因为数据列表中有隐藏的行，所以需要选择不连续的数据区域作为图表的数据源。否则，当分类汇总的显示级别发生变化时，图表就会变得没有意义。

（3）在"插入"选项卡上的"图表"组中，单击"柱形图或条形图"按钮，从下拉列表中选择"簇状柱形图"选项，结果如图 8.33 所示。

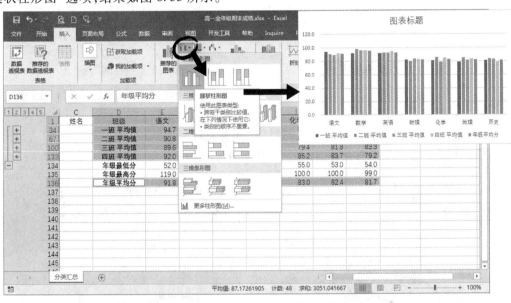

图 8.33　选择不连续区域生成图表

（4）通过"图表工具|格式"选项卡上的"大小"组，将图表区大小调整为高 13 cm、宽 21 cm。

（5）在"图表工具|设计"选项卡上的"图表布局"组中选择"快速布局"下的"布局 5"，在"图表样式"组中选择"样式 11"。

（6）删除垂直轴标题文本框"坐标轴标题"；将图表标题更改为"各科班级平均分比较图"，并适当调整其字体、字号。

3. 将年级平均分突出显示

（1）在绘图区中的"年级平均分"系列上单击鼠标右键，从如图 8.34 所示的快捷菜单中选择"设置数据系列格式"命令，打开"设置数据系列格式"任务窗格。

（2）在"系列选项"下，将主坐标轴的"间隙宽度"设为 285%，目的是将水平分类轴上的各科

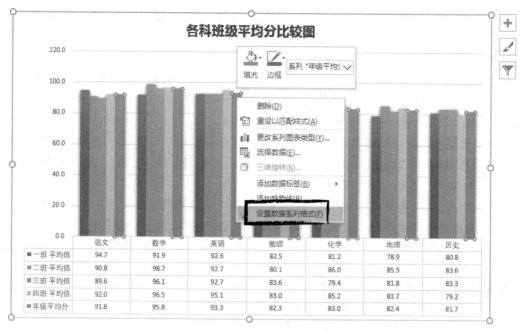

图 8.34 在数据系列上右击并从快捷菜单中选择"设置数据系列格式"命令

目间距加大,如图 8.35(a)所示。

(3)单击选择"次坐标轴"单选按钮,同时将"间隙宽度"调整为 25%,这样将把"年级平均分"系列指定到次坐标轴显示并缩小其间距,如图 8.35(b)所示。

(a)设定主坐标轴的间隙宽度

(b)设定次坐标轴的间隙宽度

图 8.35 指定次坐标轴及设置间隙宽度

（4）单击"填充与线条"图标,将"年级平均分"系列的填充颜色设为"无填充",如图 8.36（a）所示;边框线条为黑色"实线",宽度 2 磅、短划线类型"圆点"、线端类型"圆"、连接类型"斜角",如图 8.36(b)所示。

 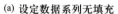 

(a) 设定数据系列无填充　　　　　(b) 设定数据系列的边框颜色及类型

图 8.36　设定数据系列的填充与边框

4. 设置次坐标轴最大值

（1）新添加的次坐标轴位于绘图区右侧。单击选中次坐标轴,右侧自动切换到"设置坐标轴格式"任务窗格。

（2）在"坐标轴选项"下,将边界的"最大值"修改为 120,如图 8.37 所示。

5. 添加各科最高分系列

（1）在图表区中单击激活图表,在"图表工具|设计"选项卡上的"数据"组中单击"选择数据"按钮,打开"选择数据源"对话框。

（2）单击"图例项(系列)"下的"添加"按钮,弹出"编辑数据系列"对话框。

（3）在"系列名称"下选择行标题 D135,在"系列值"下选择年级最高分区域 E135：K135。

（4）单击"确定"按钮,返回"选择数据源"对话框。

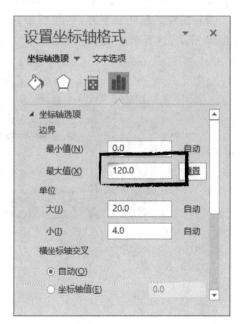

图 8.37　在"设置坐标轴格式"任务窗格中
设置坐标轴选项

（5）在右侧的"水平（分类）轴标签"下单击"编辑"按钮，打开"轴标签"对话框。在"轴标签区域"下选择列标题区域 E1：K1。

（6）单击"确定"按钮，返回"选择数据源"对话框，整个设置过程如图 8.38 所示。

（7）单击"确定"按钮，图表中就会增加新的最高分系列。

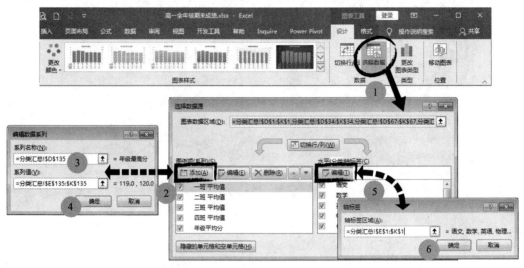

图 8.38　向图表中添加新的系列

6. 将最高分系列用折线图显示

（1）在绘图区中新增的"年级最高分"系列上单击鼠标右键，从快捷菜单中选择"更改系列图表类型"命令，打开"更改图表类型"对话框。

（2）在对话框的右下方将"年级最高分"系列的图表类型更改为"带数据标记的折线图"，如图 8.39 所示，然后单击"确定"按钮。

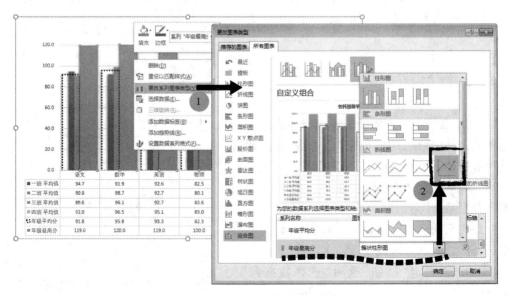

图 8.39　更改指定系列的图表类型

（3）用鼠标双击新添加的折线图，调出"设置数据系列格式"任务窗格。

（4）单击"填充与线条"图标，在"线条"窗口中将线条颜色设为红色。

（5）在"标记"窗口中重新指定数据标记类型、大小、填充颜色。

（6）保证新添加的折线图仍处于选中状态，依次选择"图表工具|设计"选项卡→"图表布局"组→"添加图表元素"按钮→"数据标签"命令→"下方"。结果如图 8.40 所示。

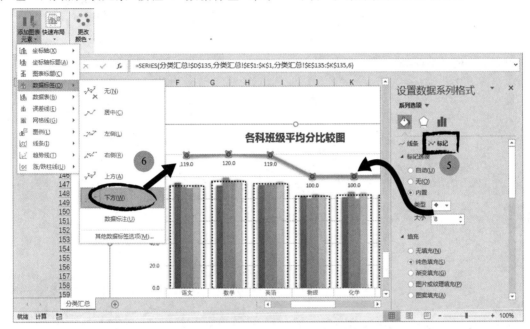

图 8.40　设置折线图格式并显示数据标签

7. 将图表移动到独立的表中

（1）选中整个图表。

（2）在"图表工具|设计"选项卡上的"位置"组中单击"移动图表"按钮，打开"移动图表"对话框。

（3）选中"新工作表"单选按钮，并在右侧的文本框中输入名称"图表"，如图 8.41 所示。

图 8.41　在"移动图表"对话框中选择位置

（4）单击"确定"按钮，图表被移动到指定工作表"图表"中独立存放。

现在，可以取消所有工作表隐藏，一份完整的成绩分析表已经生成了。你可以试着用前面在"相关知识"中讲到的排序方法，为工作表"全年级"中每位学生生成一份成绩通知单。

第9章 员工档案及工资管理

随着企业越来越大,员工越来越多,工资的构成越来越复杂,人事和工资管理工作是不是越来越繁重了呢?你是不是还在从浩瀚的纸质资料中查找某一个员工的入职信息?还在用计算器一个一个计算出每个员工的个人所得税和实发工资?配备一款专业的 ERP 或财务软件吧!老板说太贵不值得。

对于个人而言,你知道自己的工资是如何计算出来的吗?你知道自己每个月直接为国家贡献了多少税款吗?好吧,所有人事专员、财务人员都来学习用 Excel 完成这些巨量、繁杂的工作吧!还有你,学一学如何计算个人所得税款吧,明明白白拿工资!

本案例将利用 Excel 2016 来完成一份员工档案表和工资表的制作、分析和统计工作,其中涵盖了一些对人事及财务管理工作很有帮助的信息获取、计算、统计分析、浏览和打印的技巧和方法,以及一些重要函数的使用方法。

9.1 任务目标

小宋是某中型公司人事部的人事专员兼顾部分财务工作,负责公司所有职工的人事档案管理和每月末的所有在职员工的工资计算。他通过 Excel 来完成这些工作,希望达到以下的目标:记录每位员工的入职基本信息;对本单位的员工数据进行统计分析;计算每位员工的工资和个税;制作并打印工资条。

本案例最终完成的员工档案表及工资条如图 9.1 所示。

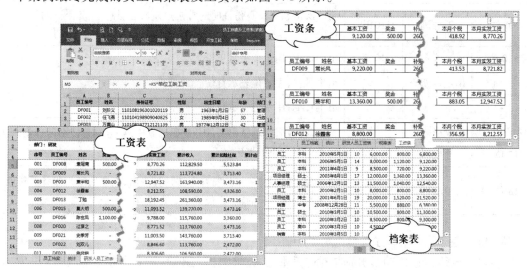

图 9.1 制作完成的员工档案表及工资表

本案例将涉及如下知识点:

- 通过数据验证、条件格式限定输入范围、文本长度,避免数据重复出现
- 从身份证号获取员工的基本信息
- 在不连续的单元格中输入相同的数据
- 通过公式和函数对员工档案中的信息进行统计、分析、汇总
- 通过 Vlookup( ) 函数调用数据
- 设计辅助表快速计算个人所得税
- 通过 Round( ) 函数使得个税计算结果精确显示
- 保护工作表中的基础数据、隐藏计算公式
- 通过公式和函数批量生成工资条

9.2 相关知识

下面的知识与本案例密切相关,有助于更好地制作和管理工作表。

9.2.1 身份证号的作用与校验

居民身份证是国家法定的证明公民个人身份的有效证件。目前,我国已统一使用 18 位的居民身份证号。居民身份证码是一组特征组合码,由 17 位数字本体码和 1 位数字校验码组成。排列顺序从左至右依次为:6 位数字地址码,8 位数字出生日期码,3 位数字顺序码和 1 位数字校验码。

不要小看了身份证号,这里面包含了很多基本信息,其中的每一位数字都有其特定的含义。以身份证号 110108196812270127 为例,各个数字的含义如表 9.1 所示。

表 9.1 身份证号码各位数字的含义

数字	含义	示例	说　明
1-6 位	地址码	110108	第一次申领居民身份证时的常住户口所在县(市、旗、区)的行政区划代码
7-10 位		1968	出生年份,用 4 位表示年份
11、12 位	出生日期码	12	出生月份,用两位表示月份
13、14 位		27	出生日期,用两位表示日期
15、16 位	顺序码	01	县、区级政府所辖派出所的分配码。其中第 17 位为性别区分位,奇数代表"男",偶数代表"女"
17 位	性别码	2	
18 位	校验码	7	通过前 17 位数字、采用特殊算法计算得出,主要用来校验计算机输入居民身份证号码时前 17 位数字是否正确

第 18 位校验码的计算方法是:

将身份证号码的前 17 位数分别与对应系数相乘,将乘积之和除以 11,所得余数与最后一位校验

码一一对应。如果计算得出的校验码与身份证中的数字不一致,就说明身份证号有误。其中,从第 1 位到第 17 位的对应系数如表 9.2 所示,余数与校验码对应关系见表 9.3。

表 9.2 校对系数表

第1位	第2位	第3位	第4位	第5位	第6位	第7位	第8位	第9位	第10位	第11位	第12位	第13位	第14位	第15位	第16位	第17位
7	9	10	5	8	4	2	1	6	3	7	9	10	5	8	4	2

表 9.3 余数与校验码的对应关系

余数	校验码	余数	校验码
0	1	6	6
1	0	7	5
2	X	8	4
3	9	9	3
4	8	10	2
5	7		

下面通过不同的方法对案例素材"身份证号校验.xlsx"中的一组身份证号进行验证。

方法一:通过普通公式与函数。

(1)打开素材文档"身份证号校验.xlsx"。为方便绝对引用,分别将工作表"校对系数"中的数据定义名称:B5:C15→对应关系;E5:U5→校对系数。

(2)在工作表"身份证验证"中,首先将身份证号拆分:将 B 列中的身份证号复制到 C 列,选中 C 列数据,通过"数据"选项卡→"数据工具"组中的"分列"功能,按"固定宽度"将每位数字分置到各列中。同时,将 C 列的数字格式改回"常规"。

(3)在单元格 U4 中输入公式" = VLOOKUP(MOD(SUMPRODUCT(C4:S4,校对系数),11),对应关系,2,FALSE)",并向下填充公式至单元格 U15。其中 Sumproduct 函数对两个大小相同区域中的数字一一对应的乘积求和,该函数可以直接用数组作为参数;Mod 函数用于求余数;Vlookup 函数用于查询与余数对应的校验码。

(4)在单元格 V4 中输入公式" = IF(T4 = U4,"√","×")",并向下填充公式至单元格 V15,用以判断校验码的正误。

(5)通过设置条件格式,将 V 列中的错误项用红色加粗字体突出显示。

方法二:通过数组公式。

(1)同样先拆分身份证号,方法参照前述步骤(2)。

(2)在单元格 U19 中输入数组公式" = VLOOKUP(MOD(SUM(C19:S19 * 校对系数),11),对应关系,2,FALSE)",按 Ctrl+Shift+Enter 组合键结束,并向下填充公式至单元格 U30。其中 Sum 函数对两个大小相同区域中的数字一一对应的乘积求和,必须以数组公式的形式输入。

(3)选择单元格区域 V19:V30,输入数组公式" = IF(T19:T30 = U19:U30,"对","错")",按

Ctrl+Shift+Enter 组合键结束。

（4）通过设置条件格式，将 V 列中的错误项用红色加粗字体突出显示。

另外，最普通的方法是通过混合引用计算校验码，但公式长且易出错。大家可以自己试一试。

9.2.2 精确显示数值

在 Excel 中统计分析数据时，经常会遇到小数精度问题，如果处理不当可能会给工作带来麻烦。比如，人事专员或会计在计算工资奖金时，通过 Excel 公式计算出来的结果却和银行发放的结果有差异，仔细查验一下才发现表格中显示的数据明细加起来不等于公式自动求和的结果，这是为什么呢？

原来，这是 Excel 电子表格的计算精度在作怪。通过设置数字格式保留两位小数时，仅仅是结果显示为四舍五入取值，实质上参与后续计算的仍是四舍五入前的原数值。例如，在单元格 B1 中输入公式"=10/3"，设置其数字格式为保留两位小数的数值后显示为 3.33，但其实际的值仍为 3.3333…这一循环小数并参与后续的计算。

那么如何才能以显示精度数据为准参与计算呢？在 Excel 中通常有两种方法解决这一问题。

方法一：在后台视图中进行选项设置。

（1）单击"文件"选项卡，进入后台视图。

（2）在左侧的列表中选择"选项"命令，打开"Excel 选项"对话框。

（3）选择"高级"命令，向下操作滚动条，找到"计算此工作簿时"选项区域。

（4）选中"将精度设为所显示的精度"复选框。

（5）在随后弹出的提示对话框中单击"确定"按钮，如图 9.2 所示。

图 9.2 设置显示值与参与计算值的精度相一致

方法二:使用 Round( )函数精确四舍五入。

如果输入四舍五入函数且指定保留两位小数:＝ROUND(10/3,2),那么单元格中的显示值和实际值均为 3.33,这样显示值与实际参与计算的值就达到了一致,如图 9.3 所示。通常情况下,建议通过 Round( )函数进行四舍五入以获取精确计算值。

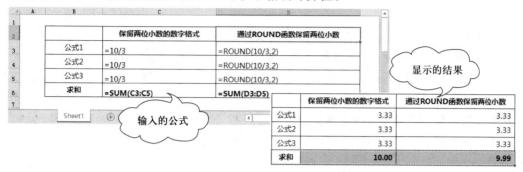

图 9.3　通过 Round( )函数精确取值

9.2.3　个人所得税的计算原理

世界各国的个人所得税制大体分为 3 种类型:分类所得税制、综合所得税制和混合所得税制。我国原来采用分类税制,自 2019 年 1 月起,正式转向综合与分类相结合的混合所得税制。

在混合税制下,综合所得与分类所得采用不同的计税方法与税率。

● 综合所得:居民个人的综合所得包括工资薪金、劳务报酬、稿酬和特许权使用费 4 项。这 4 项综合所得按纳税年度合并计算个人所得税,以每一纳税年度的收入额减除费用 6 万元以及专项扣除(如社保)、专项附加扣除(如子女教育、赡养老人等)和依法确定的其他扣除后的余额,为应纳税所得额。劳务报酬所得、稿酬所得、特许权使用费所得以收入减除 20%的费用后的余额为收入额。稿酬所得的收入额减按 70%计算。综合所得适用 3%~45%的 7 级超额累进税率[税率表见图 9.4(a)]。

● 经营所得:包括个体工商户的生产、经营所得,个人对企事业单位的承包经营、承租经营所得,个人独资企业和合伙企业投资者的生产、经营所得,个人依法从事办学、医疗、咨询以及其他有偿服务活动的所得。经营所得以每一纳税年度的收入总额减除成本、费用以及损失后的余额,为应纳税所得额。经营所得适用 5%~35%的 5 级超额累进税率。

● 其他分项所得:包括居民个人取得的利息、股息、红利所得,财产租赁所得,财产转让所得和偶然所得,这些所得分项、分次分别计算个人所得税。其中,财产租赁所得,每次收入不超过 4 000 元的,减除费用 800 元;4 000 元以上的,减除 20%的费用,其余额为应纳税所得额;财产转让所得,以转让财产的收入额减除财产原值和合理费用后的余额,为应纳税所得额;利息、股息、红利所得和偶然所得,以每次收入额为应纳税所得额。分项所得均适用比例税率,税率为 20%。

● 工资薪金的个税计算:居民个人取得工资薪金,个人所得税按年计算、按"累计预扣法"由任职单位按月预扣预缴(其他综合所得需要采用不同预扣方式计算,这里不再涉及)。当个人从不同渠道取得多项综合收入时,应由本人在取得所得的次年 3 月 1 日至 6 月 30 日内办理汇算清缴。

综上所述,假设某人仅有工资收入,那么他获取的工资中每年有 6 万元是不用交税的,平均每月减除费用 5000 元,那么其 4 月份工资的个人所得税按"累计预扣法"计算如下[预扣率表见图 9.4(b)]:

1~4 月累计应纳税所得额 = 1~4 月累计全部工资收入 − 1~4 月累计专项扣除 − 减除费用 5 000×4

1~4 月累计个人所得税 = 1~4 月累计应纳税所得额×对应税率 − 对应速算扣除数

4 月份应缴个人所得税 = 1~4 月累计个人所得税 − 1~3 月已缴个人所得税

例如,某人每月工资 16 800 元,假设没有专项扣除,前 3 个月已预缴个税 1 062 元。其截至 4 月份累计应纳税所得额 = 16 800×4 − 5 000×4 = 47 200(元),在预扣率表中查找对应税率为 10%、速算扣除数为 2 520,则其 4 月份应预缴个人所得税 47 200×10% − 2 520 − 1 062 = 1 138(元)。

其中的减除费用、对应税率和速算扣除数均由税法规定并提供。随着时代的发展,这些参数可能会发生变化。

个人所得税税率表一(综合所得适用)

级数	全年应纳税所得额	税率
1	不超过36000元的	3%
2	超过36000元至144000元的部分	10%
3	超过144000元至300000元的部分	20%
4	超过300000元至420000元的部分	25%
5	超过420000元至660000元的部分	30%
6	超过660000元至960000元的部分	35%
7	超过960000元的部分	45%

个人所得税预扣率表(居民个人工资、薪金所得预缴预缴适用)

级数	累计预扣预缴应纳税所得额	预扣率	速算扣除数
1	不超过36000元的	3%	0
2	超过36000元至144000元的部分	10%	2520
3	超过144000元至300000元的部分	20%	16920
4	超过300000元至420000元的部分	25%	31920
5	超过420000元至660000元的部分	30%	52920
6	超过660000元至960000元的部分	35%	85920
7	超过960000元的部分	45%	181920

(a) 3%~45%的 7 级超额累进税率表　　　　(b) 工资薪金按月预缴时依据的预扣率表

图 9.4　目前实施的综合所得个税所得税超额累进税率

9.3　任务实施

本案例实施的基本流程如下所示。

定义名称以备引用 → 完善档案表 → 对数据进行统计和分析 → 生成工资表 → 保护工作表 → 生成并打印工资条

9.3.1　定义名称

打开案例文档"员工档案及工资表.xlsx"。为后续引用方便,首先对档案表中的数据区域定义名称。

1. 定义整个档案表

(1) 单击工作表"员工档案"的 A1 单元格,按下 Ctrl+A 组合键选择整个数据列表 A1:N70。

(2) 在"名称框"输入名称"ALL"后按 Enter 键确认,以定义整个数据列表。

2. 定义单位工龄工资常量

公司规定,员工工龄每增加一年,工龄工资即可增加 80 元。为了引用方便,可将增长常量80 元定义为名称。

(1) 在"公式"选项卡上的"定义的名称"组中单击"定义名称"按钮,打开"新建名称"对话框。

(2) 在"名称"文本框中输入用于引用的名称"单位工龄工资"。

(3) 在"范围"下拉列表框中选择"工作簿"选项,指定该名称在当前工作簿中有效。

(4) 在"备注"文本框中输入对该名称的说明。

(5) 在"引用位置"文本框输入" = 80",对常量进行定义,如图 9.5 所示。

(6) 单击"确定"按钮,完成命名并返回当前工作表。

3. 以列标题作为各列名称

(1) 保证员工档案的数据列表 A1∶N70 被选中,必须要包含第 1 行中的列标题。

(2) 在"公式"选项卡上的"定义的名称"组中,单击"根据所选内容创建"按钮,打开"根据所选内容创建名称"对话框。

图 9.5　在"新建名称"对话框中定义名称

(3) 在该对话框中仅选中"首行"复选框,将所选区域的第 1 行标题设为各列数据的名称,同时取消对其他复选框的选择。

(4) 单击"确定"按钮,所创建的名称可通过"名称框"下拉列表查看和引用,如图 9.6 所示。

图 9.6　通过"根据所选内容创建名称"对话框创建首行名称

9.3.2　完善档案表数据

案例文档中已经输入了部分基础数据并进行了相应的格式设置,下面对档案表进一步完善。

1. 通过数据验证控制"性别"列只可输入"男"或"女"

（1）从"名称框"下拉列表中选择"性别"以选中相应的数据列区域。

（2）在"数据"选项卡上的"数据工具"组中,单击"数据验证"按钮,打开"数据验证"对话框。

（3）在"设置"选项卡中,从"允许"下拉列表中选择"序列"选项。

（4）在"来源"文本框中依次输入序列值"男,女",两个值之间使用西文逗号分隔,如图 9.7 所示。

图 9.7 将验证条件设置为按指定序列输入

（5）确保"提供下拉箭头"复选框被选中。单击"确定"按钮,退出对话框。

2. 标出重复的身份证号

档案表中存在重复的身份证号,通过设置条件格式可以将其标出并修改。同时也可在以后输入新的身份证号时对重复数据提出警示。

（1）从"名称框"下拉列表中选择"身份证号"以选中相应的数据列区域。

（2）在"开始"选项卡上的"样式"组中单击"条件格式"按钮,打开规则下拉列表。

（3）从"突出显示单元格规则"下选择"重复值"命令,打开"重复值"对话框。

（4）在"设置为"下拉列表框中指定格式"绿填充色深绿色文本",如图 9.8 所示。

（5）单击"确定"按钮。查看"身份证号"列,发现两个重复的号码,经比对,其中工号为 DF048 的于小谦身份证号录入错误,将其修改为正确的"410322198903066121"。

3. 限定身份证号的长度

每个人的身份证号都是唯一的,且只能是 18 位。为了防止输入过程中输错身份证号位数,可通过数据验证限定其长度。

（1）从"名称框"下拉列表中选择"身份证号"以选中相应的数据列区域。

（2）在"数据"选项卡上的"数据工具"组中单击"数据验证"按钮,打开"数据验证"对话框。

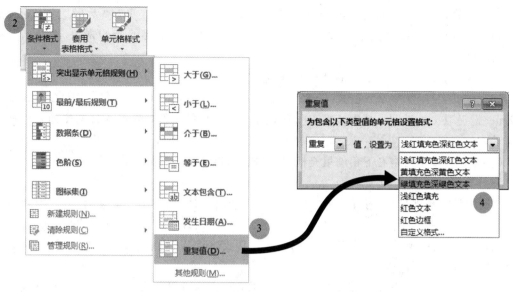

图 9.8　通过设置条件格式突出显示重复值

（3）在"设置"选项卡中，从"允许"下拉列表中选择"文本长度"选项；从"数据"下拉列表中选择"等于"选项；在"长度"框中输入"18"，如图 9.9（a）所示。

（4）切换到"出错警告"选项卡，输入错误信息"身份证号不是 18 位!"，如图 9.9（b）所示。

（5）单击"确定"按钮。此时，如果修改或重新输入的身份证号不是 18 位，将会出现错误提示对话框。

（a）设置文本长度

（b）输入错误信息

图 9.9　通过数据验证控制身份证号的长度

4. 从身份证号获取信息

身份证号的第 7~14 位为出生年月日；第 17 位用于判断性别，其中奇数代表男、偶数代表女。

（1）在单元格 D2 中输入公式"=IF(ISODD(MID(C2,17,1)),"男","女")"，按 Enter 键提取性别。其中，MID() 函数用于截取字符串，ISODD() 函数用于判断是否为奇数，IF() 函数根据条件获取最终结果。

（2）双击 D2 单元格右下角的填充柄，将公式复制到最后一行。

（3）在单元格 E2 中输入公式"=DATE(MID(C2,7,4),MID(C2,11,2),MID(C2,13,2))"，按 Enter 键提取出生日期。其中，DATE() 函数用于将截取的字符串转换为日期序列并以日期格式显示。

（4）双击 E2 单元格右下角的填充柄，将公式复制到最后一行。

5. 计算周岁年龄

年龄的计算规则是：当前日期减去出生日期。按周岁计，满一年才能计算一岁，因此需要向下取整。比如，一个人差一个月就 30 岁了，若按周岁计，在其生日之前只能算 29 岁。

另外，一年中的天数可以按实际天数计，也可以按 365 天计，还可以按 360 天计。本案例中要求按实际天数的算法进行计算。

（1）在单元格 F2 中输入公式"=INT(YEARFRAC(E2,TODAY(),1))"，按 Enter 键计算出年龄。其中，TODAY() 函数用于获取当前日期，这样计算出的年龄是动态变化的；YEARFRAC() 函数用于获取两个日期之间的间隔年数，其参数"1"表示按每年的实际天数进行计算；INT() 函数实现向下取整。

（2）双击 F2 单元格右下角的填充柄，将公式复制到最后一行。

提示：当以实际天数计算周岁年龄时，还可以使用函数 Datedif() 计算，公式为"=DATEDIF(E2,TODAY(),"y")"。该函数为 Excel 的隐藏函数，没有相关的提示及帮助。

6. 计算工龄并显示精确值

员工工龄的计算规则是：当前日期减去入职日期，工作不满半年的不计工龄，半年或超过半年的计算为一年工龄。并且要求参与计算工龄工资的工龄为精确值，即显示值与计算值相一致，这就需要通过 Round() 函数进行精确的四舍五入。

另外，本例计算工龄时，要求按照一个月 30 天、一年 360 天的算法进行计算。

（1）在单元格 K2 中输入公式"=ROUND(DAYS360(J2,TODAY())/360,0)"，按 Enter 键计算出工龄。其中，TODAY() 函数用于获取当前日期，这样计算出的工龄是动态变化的；DAYS360() 函数用于按照一年 360 天的算法，返回两日期间相差的天数；ROUND() 函数用于精确地进行四舍五入且保留 0 位小数（即四舍五入取整）。

（2）双击 K2 单元格右下角的填充柄，将公式复制到最后一行。

7. 计算工龄工资和基本工资

工龄工资=工龄×单位工龄工资，其中单位工龄工资已作为常量定义了名称，可以直接引用。

基本工资=签约工资+工龄工资

（1）在单元格 M2 中输入公式"=K2*单位工龄工资"，其中的常量名称"单位工龄工资"可以直接输入，也可通过"公式"选项卡上"定义的名称"组中的"用于公式"下拉列表选择。

（2）双击 M2 单元格右下角的填充柄，将公式复制到最后一行。

（3）在单元格 N2 中输入公式"=L2+M2"，按 Enter 键计算出基本工资。

（4）双击 N2 单元格右下角的填充柄，将公式复制到最后一行。

整理完成的员工档案表如图 9.10 所示,其中年龄和工龄都是动态变化的。

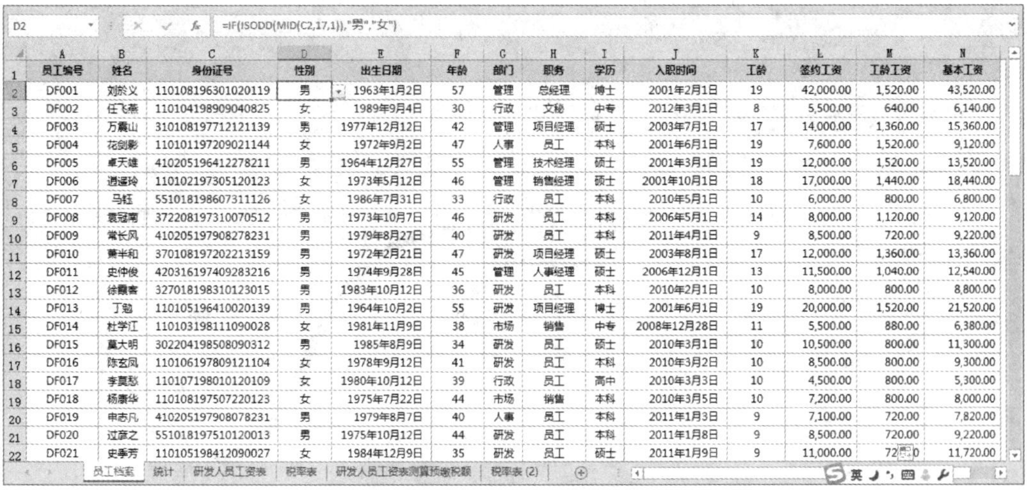

图 9.10　整理完成的员工档案表

9.3.3　对档案表信息进行统计分析

员工档案表列示了每位员工的基本信息,必要时可对其进行统计分析,如汇总人数、分析各部门的人员构成情况、学历分布情况,按部门、学历、性别等不同口径统计平均工资,统计年龄段分布等。下面,在案例文档的工作表"统计"中对档案表进行一些简单的汇总分析。

1. 公司总体情况分析

按照表 9.4 所列,在工作表"统计"中的公司总体情况行中输入公式或函数。

表 9.4　公司总体情况统计表

单元格地址	输入的公式	说明
C10	＝COUNTA(员工编号)	员工编号唯一且不能为空,统计员工编号数量就相当于统计人数
D10	＝COUNTIF(性别,"女")	统计性别为"女"的人数
E10	＝AVERAGE(基本工资)	求基本工资的平均值
F10	＝AVERAGEIF(性别,"女",基本工资)	求性别为"女"的员工的基本工资平均值
G10	＝MAX(基本工资)	求基本工资的最大值
H10	＝MIN(基本工资)	求基本工资的最小值

其中公式中引用的名称均可以直接输入或通过"公式"选项卡上"定义的名称"组中的"用于公式"下拉列表选择,如图 9.11 所示。

2. 按部门进行统计

按表 9.5 中所列,在工作表"统计"中的"管理"行内输入相关的公式或函数,对管理部门的情况进行统计。其他部门则可通过公式的填充获得统计结果。数据列表中 B 列的部门名称与

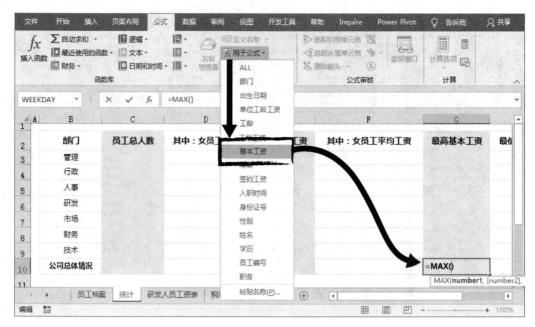

图 9.11 在公式或函数中引用名称

员工档案表中的部门名称应完全一致,否则条件函数中引用的条件会发生错误。

表 9.5 管理部门情况统计表

单元格地址	输入的公式或函数	说明
C3	= COUNTIF(部门,B3)	统计管理部门的员工人数
D3	= COUNTIFS(部门,B3,性别,"女")	统计管理部门中性别为"女"的人数
E3	= AVERAGEIF(部门,B3,基本工资)	求管理部门的基本工资的平均值
F3	= AVERAGEIFS(基本工资,部门,B3,性别,"女")	求管理部门中性别为"女"的员工的基本工资平均值
G3	{= MAX(IF(部门=B3,基本工资))}	求管理部门的基本工资的最大值,通过数组公式实现
H3	{= MIN(IF(部门=B3,基本工资))}	求管理部门的基本工资的最小值,通过数组公式实现

完成管理部门的各项统计数据后,拖动单元格右下角的填充柄进行公式复制来完成其他部门的统计。

提示:其中,各部门的基本工资最大值和最小值是通过数组公式实现的。公式最外边代表数组公式的大括号{}是在输入公式后通过按下 Ctrl+Shift+Enter 组合键生成的,不能直接输入,如图 9.12 所示。

9.3.4 计算研发人员工资

工作表"研发人员工资表"中已输入了部分工资信息,其他数据需要根据相关资料引用或计算获取。

1. 将序号以 001、002 格式显示

图 9.12 输入数组公式

通过自定义数字格式,可以将 B 列中的序号在保留其数值格式情况下以 001、002 等的方式显示。

(1)首先在单元格区域 B5：B34 中填充数值序列 1、2、3、…、30 作为序号,然后选择序号所在的单元格区域 B5：B34。

(2)在"序号"列上单击右键,从快捷菜单上选择"设置单元格格式"命令,打开"设置单元格格式"对话框。

(3)在"数字"选项卡左侧的"分类"列表框中,选择"自定义"选项。

(4)在"类型"下的文本框中输入格式代码"000"。

(5)单击"确定"按钮完成设置,结果如图 9.13 所示。

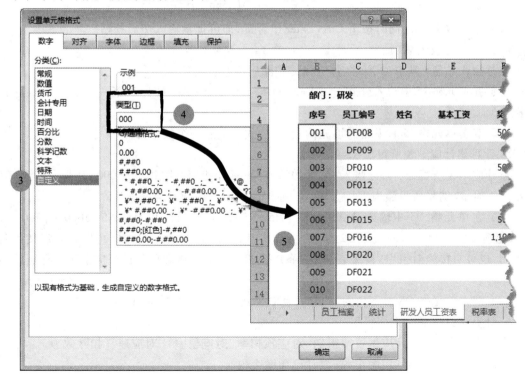

图 9.13 自定义序号的数字格式

2. 通过 Vlookup 函数获取员工姓名、基本工资

在 Excel 中 Vlookup()函数是非常重要的、必须掌握的一个函数。下面通过不同的引用列方式生成员工姓名及基本工资。

(1) 根据员工编号获取姓名:

在单元格 D5 中输入公式"=VLOOKUP(C5,ALL,2,FALSE)",其中 ALL 为定义的名称,引用范围为员工档案表的全部数据列表;姓名位于员工档案列表的第 2 列;参数 FALSE 表示精确匹配值,此时源数据列表无须排序。

(2) 根据员工编号获取基本工资:

方法一:在单元格 E5 中输入公式"=VLOOKUP(C5,ALL,COLUMN(员工档案!$N$1),FALSE)",其中 COLUMN()函数用于获取"基本工资"所在列的列号。

方法二:在单元格 E6 中输入公式"=VLOOKUP(C6,ALL,MATCH($E$4,员工档案!$A$1:$N$1,0),FALSE)",其中 MATCH()函数用于获取"基本工资"在源数据列表标题行中所处的位置。

提示:这两种方法均通过函数获取所需列的位置,这样就无须再去手工数基本工资位于源数据列表的第几列了。当数据列比较多时,不仅能提高速度还可减少发生错误的概率。

(3) 向下填充公式获取其他研发人员的姓名及基本工资。

3. 统一输入交通补贴

除了员工 DF062 李可秀外,其他人员的交通补贴是相同的,均为每人每月 260 元,可进行批量输入。

(1) 首先选择需要输入补贴数值的第 1 个单元格区域 G5:G27。

(2) 按下 Ctrl 键不放,再选择第 2 个单元格区域 G29:G34。

(3) 输入数字 260,同时按下 Ctrl+Enter 组合键,即可批量输入交通补贴。

4. 计算本月收入总额

本月收入总额=基本工资+奖金+补贴-扣除病事假。

(1) 在单元格 I5 中输入公式"=E5+F5+G5-H5",按 Enter 键计算第一位员工的本月收入总额。

(2) 双击单元格 I5 右下角的填充柄,复制公式到最后一个数据行。

5. 计算累计应纳税所得额

累计应纳税所得额=累计收入-累计扣除社保-累计费用减除标准(5000×月数)。当计算结果小于零时,应纳税所得额为零,无须缴税,亦即应纳税所得额不会是负数。

(1) 在单元格 O5 中输入公式"=IF((M5-N5-5000*12)>0,M5-N5-5000*12,0)",按 Enter 键确认。本例中计算的是 12 月份工资,其中 5000 为费用减除标准,可以将其定义为名称再引用,也可直接绝对引用"税率表"中的单元格 $D$2。If()函数用于保证应纳税所得额始终不会小于零。

(2) 双击单元格 O5 右下角的填充柄,复制公式到最后一个数据行。

6. 计算本月应缴个人所得税

累计应缴个税=累计应纳税所得额×对应预扣率(对应税率)-对应速算扣除数。

本月应缴个税=累计应缴个税-累计已预缴个税。

　　其中的预扣率(税率)和速算扣除数可通过查阅工作表"税率表"中的"个人所得税预扣率表"获得。

　　计算工资薪金个人所得税的方法有很多种。例如,可通过 IF( )函数的多级嵌套构建公式进行计算,这个公式比较长但比较容易理解和掌握;还可以通过数组公式计算得出。本案例中介绍另一种方法。

　　首先调整预扣率表(税率表)的表述方式,增加一个辅助列,将原文本描述的内容中每一级别临界值对应为纯数值,并按降序排列。其中最大的值可根据工资表中的最高工资来制定,只要高于最高工资额即可。本例中使用的是 Excel 理论上能够输入的最大值 9.99999999999999E+307,该数值用科学计数法表示,保留两位小数后即显示为 1.00E+308。

　　个人所得税的计算结果需要精确保留两位小数,使其显示值与实际值一致,这需要通过 ROUND( )函数进行四舍五入。

　　(1)首先,在工作表"税率表"的单元格区域 G6:K13 中创建一个增加了"级距上限"辅助列的新表,并将该表按"级数"降序排列,如图 9.14 所示。其中,单元格 I7 中输入的是 Excel 理论上能够输入的最大值 9.99999999999999E+307。也可直接在原税率表中增加辅助列。

图 9.14　对税率表进行改造,增加一个用数学语言描述的辅助列

　　(2)选择新税率表中的单元格区域 I6:K13,从"公式"选项卡上的"定义的名称"组中单击"根据所选内容创建"按钮,在对话框中指定"首行"为名称,以方便公式中引用。

　　(3)单击表标签"研发人员工资表"切换回工资表中。

　　(4)在单元格 P5 中输入以下计算个人所得税的公式:

　　=ROUND(O5 * INDEX(预扣率,MATCH(O5,级距上限,-1))-INDEX(速算扣除数,MATCH(O5,级距上限,-1)),2)

　　其中,MATCH( )函数用于确定当前应纳税所得额在"级距上限"列中的位置,其参数-1 表示在"级距上限"列中查找大于或等于应纳税所得额的最小值;INDEX( )函数用于查找与 MATCH( )函数确定的位置所对应的预扣率(税率)和速算扣除数;ROUND( )函数用于将计算结果四舍五入并精确保留两位小数。

　　(5)双击单元格 P5 右下角的填充柄,复制公式到最后一个数据行。

　　提示:不妨再用 IF( )函数嵌套的方式计算验证一下上述方式的计算结果。

（6）在单元格 K2 中输入公式"=P5-Q5"并向下填充,计算出当月应交的个人所得税。

7. 计算实发工资

实发工资=本月收入总额-本月扣除社保-本月个人所得税。

（1）在单元格 L5 中输入公式"=I5-J5-K5",按 Enter 键确认计算结果。

（2）双击单元格 L5 右下角的填充柄,复制公式到最后一个数据行。

9.3.5　对档案及工资表进行保护

通常情况下,一个公司员工的档案及工资水平都是保密的。为了防止他人修改工作表中的内容,可以设置工作表保护,一来限制他人改动基础数据,二来防备他人查看并修改公式。

1. 窗口冻结

工作表比较大时,查看起来很不方便。当滚动超过一屏时,将会看不到行列标题,影响对内容属性的判断,此时可以将行列标题冻结。

（1）在工作表"员工档案"中单击单元格 C2。

（2）在"视图"选项卡上的"窗口"组中单击"冻结窗格"按钮,打开下拉列表。

（3）从下拉列表中选择"冻结窗格"命令。这样,单元格 C2 上方的标题行、左侧的"员工编号"列和"姓名"列将被固定,此时操作滚动条被固定的行列将始终显示在窗口中,如图 9.15所示。

图 9.15　冻结窗格以固定行列

2. 隐藏行列内容

（1）在工作表"员工档案"中选择 L、M、N 这 3 列。

（2）在 M 列的列标上单击鼠标右键,从快捷菜单中选择"隐藏"命令,如图 9.16(a)所示。

（3）在"审阅"选项卡上的"保护"组中单击"保护工作表"按钮,在随后弹出的对话框中输入保护密码 123(提示:密码需要牢记,否则以后无法解除保护),如图 9.16(b)所示。

（4）再次确认密码后,在工作表中除了选择单元格外不允许进行其他任何操作,隐藏的列也不能恢复显示,除非通过密码解除工作表保护。

(a)"隐藏"列　　　　　　　　(b)"保护工作表"对话框

图 9.16　隐藏数据列并保护工作表不被修改

3. 隐藏工资表中的计算公式

在工作表"研发人员工资表"中,首先设置除奖金、补贴、扣除病事假、本月扣除社保 4 列数据外,其他数据不能被编辑修改,其次隐藏所有计算公式。

(1)单击工作表标签"研发人员工资表",先将前 4 行和前 4 列冻结。

(2)依次选择奖金、补贴、扣除病事假、本月扣除社保 4 列数据区域 F5:H34 和 J5:J34。

(3)在"开始"选项卡上的"单元格"组中单击"格式"按钮,从如图 9.17 所示的下拉列表中选择"锁定单元格"命令,解除指定区域的锁定。

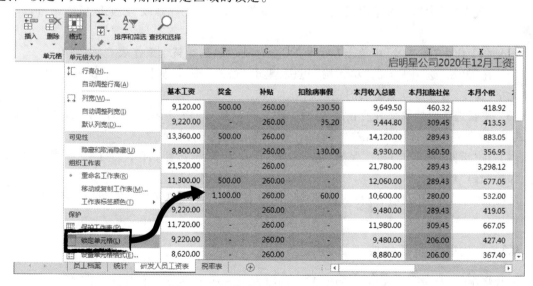

图 9.17　解除对选定单元格区域的锁定

(4)取消对上述 4 列的选择,而后在"开始"选项卡上的"编辑"组中单击"查找和选择"按钮,从如图 9.18(a) 所示的下拉列表中选择"公式"命令,工作表中所有包含公式的单元格将被选中。

(5) 在"开始"选项卡上的"单元格"组中,单击"格式"按钮,从打开的下拉列表中选择"设置单元格格式"命令,打开"设置单元格格式"对话框,如图 9.18(b) 所示。

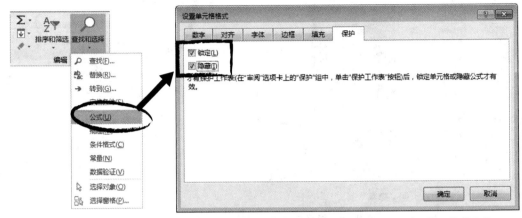

(a) 选择公式单元格　　　　(b) "设置单元格格式"对话框的"保护"选项卡下设置隐藏公式

图 9.18　对指定的公式进行隐藏

(6) 单击"保护"选项卡,保证"锁定"复选框被选中,同时选中"隐藏"复选框,之后单击"确定"按钮完成设置。

(7) 在"审阅"选项卡上的"保护"组中单击"保护工作表"按钮,打开"保护工作表"对话框,输入保护密码"123"。此时,所选公式不但不能被修改且在编辑栏中也无法查阅该公式的构成。

4. 锁定特殊数据禁止修改

仅将"税率表"中原始税率表区域 B4:E13 保护起来、不允许修改,其他区域内则可以随意编辑。

(1) 在工作表"税率表"中单击左上角的"全选"按钮,选择整个工作表。

(2) 在"开始"选项卡上的"单元格"组中,单击"格式"按钮,从打开的下拉列表中选择"锁定单元格"命令,首先解除对全表的锁定。

(3) 重新选择原始税率表所在区域 B4:E13,再次从"开始"选项卡上的"单元格"组中选择"格式"下拉列表中的"锁定单元格"命令,对当前选定区域进行锁定。

(4) 在"审阅"选项卡上的"保护"组中单击"保护工作表"按钮,打开"保护工作表"对话框,输入保护密码"123"。

此时,工作表中只有原始税率表区域 B4:E13 被保护,其他单元格中则可以进行输入、编辑等操作。

9.3.6　为每位员工生成工资条

一般情况下,每位员工领取工资时,均应同时发放一张工资条。下面,依据工资表通过公式为研发部门的每位员工生成一份工资条并进行打印。工资条只需包含员工编号至本月实发工资的 10 列内容。

通常,工资条的第 1 行为标题行,第 2 行为具体信息及数据,两份工资条之间一般需要用空行隔开,以便剪裁。

1. 通过嵌套函数批量生成工资条

工资条可以像生成成绩通知单一样通过巧用排序的方式生成,这在上一章中已经进行了介绍。本章采用函数嵌套的方式,其中用到的函数有 IF( )、CHOOSE( )、INDEX( )、OFFSET( )、MOD( )、ROW( )等。其中,OFFSET( )函数可以用来动态引用区域,是个非常有用的函数。

(1) 在最右边插入一张空白工作表,重命名为"工资条",后续的操作均在此工作表中进行。

(2) 在单元格 B2 中输入以下公式,注意起始单元格不同公式会有所不同:

=CHOOSE(MOD(ROW($B3),3)+1,研发人员工资表!C $4,OFFSET(研发人员工资表!C $4,ROW( )/3,0),"")

提示:本公式巧妙地运用 MOD( )和 ROW( )函数产生一个循环的序列 1/2/3、1/2/3、1/2/3,再依据 CHOOSE( )函数参数的变化由 OFFSET( )动态地引用工资明细表的数据。其中""的作用是当 MOD(ROW($B3),3)+1 的值为 3 时返回空值,从而产生一个空白行,方便制作工资条后进行裁剪。

(3) 向右至第 K 列、向下至第 91 行拖动单元格 B2 右下角的填充柄,直到生成最后一个员工的工资条。

2. 为工资条中的金额指定数字格式

(1) 在"开始"选项卡上的"编辑"组中,单击"查找和选择"按钮,从下拉列表中选择"定位条件"命令,打开"定位条件"对话框。

(2) 选择"公式"单选按钮,只选中其下方的"数字"复选框,单击"确定"按钮,工作表中的所有数值均被选中,如图 9.19 所示。

(3) 将这些数值的数字格式设置为不带货币符号的"会计专用"。

(4) 适当调整工资条的字体、字号、对齐方式及列宽。

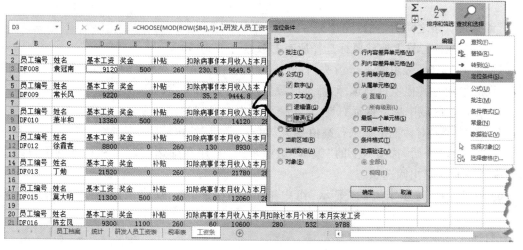

图 9.19　定位到公式中的数值

3. 为工资条的非空白行添加边框

(1) 在"开始"选项卡上的"编辑"组中单击"排序和筛选"按钮,从打开的下拉列表中选择

"筛选"命令,数据表进入筛选状态。

(2)在数据区域中按下 Ctrl+A 组合键,选择整个数据区域。

(3)单击"奖金"旁边的筛选箭头,打开下拉列表,在"搜索"下方的项目列表中单击取消对"空白"项的选择,筛选出不包含空白行的数据列表。

(4)在"开始"选项卡上的"字体"组中单击"边框"按钮,从下拉列表中选择"所有框线"命令,将为筛选出的数据区域添加边框,如图 9.20 所示。

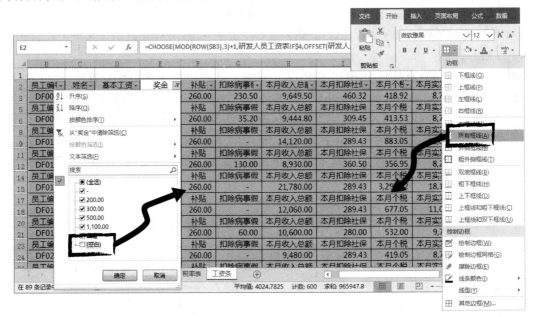

图 9.20 为筛选出的非空白行添加边框

4. 调整工资条之间的空白行高

(1)在左侧的行号上拖动鼠标选择所有的数据行第 3~90 行。

(2)单击"奖金"旁边的筛选箭头,打开下拉列表,在"搜索"下方的项目列表中只选中"空白"项,同时取消对其他项目的选择,筛选出数据列表中所有的空白行。

(3)在选定区域中单击鼠标右键,从快捷菜单中选择"行高"命令。

(4)在"行高"对话框中输入行高值"40",单击"确定"按钮。

(5)再次在"开始"选项卡上的"编辑"组中单击"排序和筛选"按钮,从打开的下拉列表中选择"筛选"命令,退出筛选状态。

(6)在"视图"选项卡上的"显示"组中单击"网格线"按钮,取消网格线,效果如图 9.21 所示。

5. 打印工资条

设计将工资条打印出来,要求每页打印 6 个。

(1)在"页面布局"选项卡上的"页面设置"组中单击"纸张方向"按钮,从打开的下拉列表中选择"横向"命令。

(2)在"页面布局"选项卡上,单击"页面设置"组右下角的对话框启动器,打开"页面设置"

图 9.21　周围添加边框且以空行分隔的每个工资条

对话框。在"页边距"选项卡下的"居中方式"中单击选中"水平"复选框。

（3）选择工资条所在的整个数据区域，在"页面布局"选项卡上的"页面设置"组中单击"打印区域"按钮，从下拉列表中选择"设置打印区域"命令。

（4）单击"文件"选项卡打开后台视图，单击"打印"命令，进入打印预览窗口。

（5）选择"无缩放"选项，从打开的列表中选择"将所有列调整为一页"选项。

（6）单击右下角的"显示边距"按钮，使之呈按下状态，直接在预览图中拖动上下边距线调整页边距，以达到一页中显示 6 个工资条的效果，如图 9.22 所示。

（7）指定打印机后单击"打印"按钮即可打印输出。

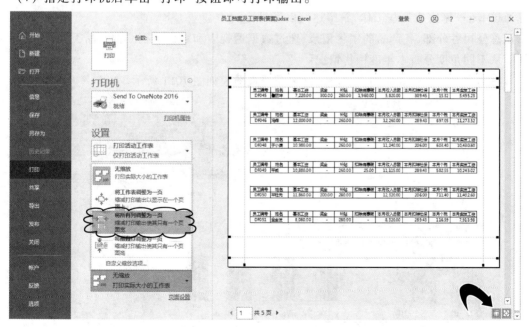

图 9.22　将所有列缩打在一页上并调整页边距

第 10 章　商品销售情况统计

　　企业越来越多,产品越来越丰富,市场竞争越来越激烈。作为一位销售人员,需要及时统计自己的销售额,因为这与提成挂钩;作为一位销售主管,应该及时汇总自己部门的销售业绩,掌握销售计划完成进度;作为公司的老板,则需要定期了解公司整体的销售情况、利润多寡,分析竞争对手,及时调整销售策略,以确保公司正常发展。还在用手工报表的方式汇总、统计销售数据吗?费时、费力且容易出错的方式应当为 Excel 所取代了。

　　本案例将利用 Excel 2016 来完成一份商品销售情况的统计与分析,其中特别利用了数据透视表这一分析工具的强大功能。数据透视表有效地综合了数据排序、筛选、分类汇总、图表等多种数据分析方法的优势,能够灵活地采用多种手段展示、汇总、分析数据,还可以代替 Excel 函数或公式轻松解决很多复杂的问题。

10.1　任务目标

　　路路通公司是一家家电销售公司,王先生是该公司主管销售的副总经理。年终,他需要对本公司全年各分公司、各类产品的销售情况进行汇总、分析和统计,以便在公司董事会上汇报。他打算通过 Excel 来完成这些工作,希望达到以下目标:

　　汇总公司各分部、各产品的销售记录;通过数据透视表和数据透视图按产品类别、按分部、按时间等从不同角度分析本年度销售情况。

　　本案例最终完成的商品销售情况统计表及透视图表如图 10.1 所示。

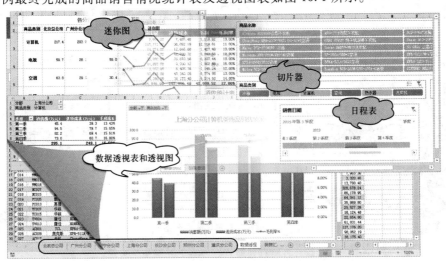

图 10.1　制作完成的商品销售情况统计表及透视图表

本案例将通过两种途径达到相同的目的,两类方法将分别涉及如下知识点:

方案 1:通过公式和函数并结合透视表汇总与分析数据

- 自网页上导入数据
- 通过条件格式查找并删除重复项
- 通过数据分列功能拆分数据
- 通过合并计算汇总商品价格
- 将数据列表定义为"表"并重命名
- 高级筛选不重复数据
- 通过混合引用汇总数据
- 插入迷你图
- 通过数据透视表和数据透视图分析数据
- 单独将图表输出为 PDF 文档

方案 2:通过创建查询和管理数据模型汇总分析数据

- 获取不同来源的数据创建查询
- 在查询编辑器中对数据进行分列、去重、增加条件列等整理工作
- 在查询编辑器中合并数据表
- 将数据添加到数据模型,并添加计算列和计算字段
- 在数据模型间建立关系
- 基于数据模型创建数据透视表,实现多表查询
- 在数据透视表中使用切片器与日程表管理数据

10.2 相关知识

下面的知识与本案例密切相关,有助于更好地制作和管理工作表。

10.2.1 在"表"中创建切片器以筛选数据

切片器不仅可以在数据透视表中使用,还可以用于轻松筛选"表"中的数据。

(1)首先选择数据区域,依次选择"插入"选项卡→"表格"组→"表格"按钮,将指定区域创建为一个"表"。

(2)将光标定位在"表"中的任意位置,依次选择"插入"选项卡→"筛选器"组→"切片器"按钮,打开"插入切片器"对话框。

(3)在"插入切片器"对话框中选中要显示的字段所对应的复选框,单击"确定"按钮,Excel 将分别为每个选定的字段创建切片器,如图 10.2 所示。

(4)单击切片器中的项目筛选按钮,筛选结果将自动应用到"表"中。

(5)按住 Ctrl 键单击可选择多项显示。若要清除切片器的筛选项,可单击切片器右上角的"清除筛选器"图标。

图 10.2 向"表"中插入切片器以筛选数据

10.2.2 数据透视图的限制

数据透视图是以数据透视表为数据源生成的图表。数据透视图是与数据透视表相关联的,因此数据透视图中会显示字段按钮。如果在数据透视图中通过字段按钮改变字段的布局,与之关联的数据透视表也会一起发生改变。

一般情况下可以像处理普通 Excel 图表一样处理数据透视图,比如改变图表类型、改变图表布局、设置图表各元素的格式。但即使在 Excel 2016 版本中,数据透视图仍然存在一些限制,了解这些限制有助于更好地使用数据透视图工具比较分析数据。

- 无法创建某些特定的图表类型,如图 10.3(a)所示。比如,不能在数据透视图中使用散点图、股价图、气泡图、树状图。
- 在数据透视图中,无法通过选择数据源调整图表中图形系列的位置顺序,如图 10.3(b)所示。
- 因为数据透视图依赖于数据透视表,因此无法直接在数据透视图中删除图形系列,除非改变数据透视表的布局。
- 如果在数据透视图中添加了趋势线,当在相关联的数据透视表中添加、删除字段时,这些趋势线可能丢失。
- 无法直接调整数据标签、图表标题、坐标轴标题的大小,但可以通过改变字符间距或字号大小来间接地进行调整。

10.2.3 通过向导插入数据透视表/图

Excel 2016 版本仍旧保留了通过向导创建数据透视表的方法。

1. 将向导添加到快速访问工具栏

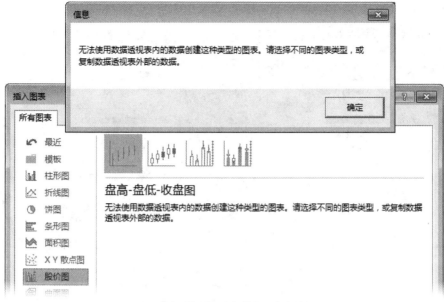

(a) 数据透视图不支持某些图表类型

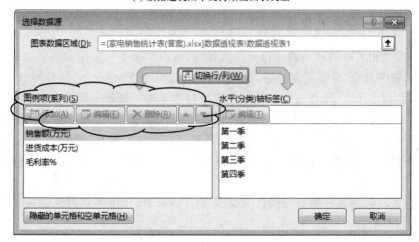

(b) 选择数据源时系列调整按钮均不可用

图 10.3　数据透视图中的限制

（1）在快速访问工具栏中单击鼠标右键，从快捷菜单中选择"自定义快速访问工具栏"命令。

（2）从"从下列位置选择命令"下拉列表中选择"不在功能区中的命令"选项。

（3）在命令列表框中找到并选择"数据透视表和数据透视图向导"，单击"添加"按钮。

（4）单击"确定"按钮。

2. 通过向导插入数据透视表/图

（1）在数据源列表中任意位置单击定位光标。

（2）单击快速访问工具栏中的"数据透视表和数据透视图向导"按钮，或者依次按下 Alt、D、P 组合键，将会进入创建数据透视表向导对话框。

（3）按照向导中的提示依次确定数据源类型、选择报表类型、数据源、显示位置。

（4）最后单击"完成"按钮，如图 10.4 所示。

图 10.4 通过向导创建数据透视表

10.2.4 实现多表查询和透视

当需要对多个相关联的数据表进行分析统计时，可以采用不同方法实现多表查询。

• 视关联表的关系，采用复制粘贴、合并计算、通过类似 Vlookup( ) 这样的查询函数等将关联表的数据整合到一张表中，再进行统计或生成数据透视表。这是一般的方法。

• 利用"数据透视表和数据透视图向导"创建数据透视表时，将数据源类型指定为"多重合并计算数据区域"，可以将不同数据表中的数据区域合并到一个数据透视表中进行分析。

• 通过创建查询、合并或追加查询功能，将多个关联数据表合并为一个后，再据其创建数据透视表。

• 将各个关联数据表分别添加到数据模型，在 Power Pivot 中为它们建立关系，然后再创建数据透视表进行分析。

10.3 任务实施方案 1

本案例方案 1 实施的基本流程如下所示。

获取外部数据并整理 → 通过合并计算汇总数据 → 计算并格式化数据列表 → 用数据透视表分析数据 → 用数据透视图展示数据 → 输出为PDF

10.3.1 导入并整理品名、价格等基础数据

商品销售表的统计过程中，需要很多基础数据，如商品名称、商品的销售价格，如果需要计算

商品成本,还需要引入进货价格。这些基础数据已事先存放在相关的文档中备用。所有数据均通过商品代码发生关系,商品代码是区分每个商品的唯一标识。

1. 自网页导入商品品名列表

(1) 双击案例文本夹中的"品名表.htm",在浏览器中打开该网页,复制地址栏中的网址。

(2) 打开案例文档"家电销售统计表.xlsx",插入一个空白工作表并重命名为"品名"。

(3) 单击工作表"品名"中的 A1 单元格定位光标。

(4) 在"数据"选项卡的"获取外部数据"组中单击"自网站"按钮,打开"新建 Web 查询"窗口。

(5) 将步骤(1)中复制的网址粘贴到"地址"栏中,然后单击右侧的"转到"按钮。

(6) 在浏览窗口中单击"商品代码"左侧的箭头,使其变为对勾选中标志,同时品名列表被选中。

(7) 单击右下角的"导入"按钮,弹出"导入数据"对话框。

(8) 保持默认的起始位置不变,单击"确定"按钮,数据列表自当前工作表的 A1 单元格开始导入,如图 10.5 所示。

图 10.5　自网站导入数据

(9) 在"数据"选项卡的"连接"组中单击"连接"按钮,打开"工作簿连接"对话框。

(10) 选中"连接",单击右侧的"删除"按钮,在随后弹出的对话框中单击"确定"按钮,将新导入的数据表与源数据的连接切断,如图 10.6 所示。

(11) 最后单击"关闭"按钮,退出"工作簿连接"对话框。

2. 通过条件格式查找重复项

数据列表中存在大量重复商品,需要找出并删除重复项。

(1) 选择"品名"表中的 A、B 两列数据。

(2) 在"开始"选项卡的"样式"组中单击"条件格式"按钮。

(3) 从打开的下拉列表中选择"突出显示单元格规则"中的"重复值"命令,打开"重复值"

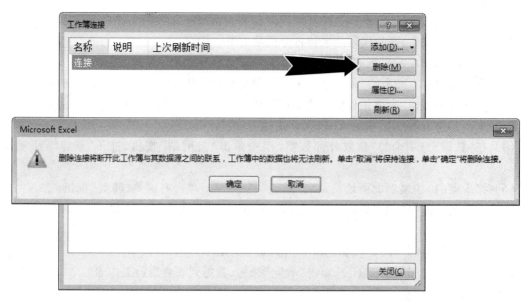

图 10.6 取消导入数据与外部数据源的连接

对话框。

（4）将重复值的格式设置为"浅红色填充"，如图 10.7 所示。

（5）单击"确定"按钮，列表中重复的商品代码或商品名称均被标出。

图 10.7 用浅红色填充标出重复数据

3. 将颜色标出的重复数据排列到最上方

（1）选中"品名"表中的数据区域 A1：B187。

（2）在"数据"选项卡的"排序和筛选"组中单击"排序"按钮，打开"排序"对话框。

（3）单击选中右上角的复选框"数据包含标题"。

（4）指定"商品名称"为主要关键字，排序依据为"单元格颜色"，次序为刚才标出重复值使用的浅红色且选中"在顶端"。

（5）单击"添加条件"按钮，增加一行排序条件，指定"商品名称"为次要关键字且按单元格值升序排列，如图 10.8 所示。

（6）单击"确定"按钮，所有用浅红色填充的重复单元格排列在数据列的上方。查看重复值，发现第 50 和 51 行的两个商品代码不同但品名相同，经核实，第 51 行的 TC014 商品错误，将该行删除。

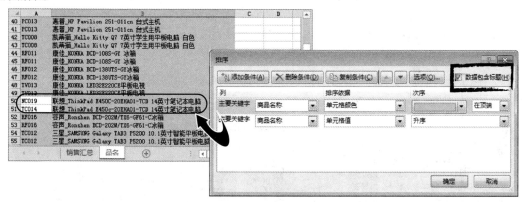

图 10.8　按颜色进行排序

4. 删除重复项

（1）在"商品名称"列中单击鼠标定位。

（2）在"数据"选项卡的"数据工具"组中单击"删除重复项"按钮，打开"删除重复项"对话框。

（3）单击选中右上角的"数据包含标题"复选框。

（4）确保列表框中的"商品代码"和"商品名称"两项均被选中。

（5）单击"确定"按钮，弹出提示删除的对话框，如图 10.9 所示。

图 10.9　删除列表中的重复项

（6）继续单击"确定"按钮，将列表中的重复项删除。

5. 将品名中的品牌分列显示

商品名称中西文下画线"_"左边的文本代表了商品的品牌，现在需要将其分离到单独一列中显示。

（1）首先将单元格 B2 中的列标题改为"品牌_商品名称"，然后选择 B 列。

（2）在"数据"选项卡的"数据工具"组中单击"分列"按钮，进入"文本分列向导-第 1 步"。

（3）指定原始数据的文件类型为"分隔符号"项，单击"下一步"按钮，进入"文本分列向导-第 2 步"。

（4）单击选中"其他"复选框，在其右侧的文本框中输入西文下画线"_"，单击"下一步"按钮，进入"文本分列向导-第 3 步"。

（5）单击"完成"按钮，指定的列数据被分拆到相邻列中，如图 10.10 所示。

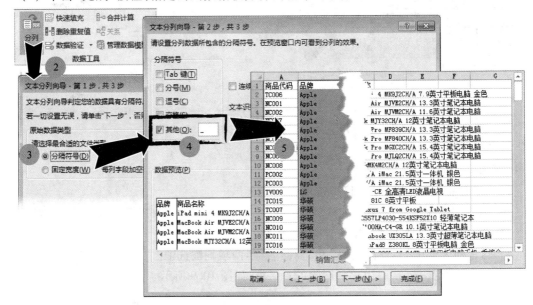

图 10.10　将数据分列显示

6. 清除条件格式并排序

（1）选择 B 列数据，在"开始"选项卡的"样式"组中单击"条件格式"按钮，从下拉列表中选择"清除规则"→"清除所选单元格的规则"命令，从而删除品牌列的条件格式。

（2）同时选中 A、B、C 三个整列，用鼠标双击其中一列列标的右边线，自动调整到合适列宽。

（3）单击"商品代码"所在的单元格 A1，在"开始"选项卡的"排序和筛选"组中单击"升序"按钮，将数据列表按"商品代码"升序排列。

7. 重新对品名区域定义名称

导入的外部数据列表被 Excel 自动定义名称 sheet001，且其应用范围只在当前工作表中，不适合后续的引用，需要将其删除。

（1）在"公式"选项卡的"定义的名称"组中单击"名称管理器"按钮，打开"名称管理器"对话框。

（2）在名称列表中选择"sheet001"，单击"删除"按钮，弹出一个提示对话框。

（3）单击"确定"按钮，删除所选名称。

（4）单击"新建"按钮，打开"新建名称"对话框。

（5）输入名称"品牌品名"，指定范围为"工作簿"，选择工作表"品名"的数据区域 A1：C151 作为引用位置，如图 10.11 所示。单击"确定"按钮，完成新名称定义。

图 10.11　删除默认定义的名称并定义新名称

（6）单击"关闭"按钮，退出"名称管理器"对话框。

（7）对案例文档"家电销售统计表.xlsx"进行保存并保持其处于打开状态。

8. 合并商品的销售价格和进货价格

（1）打开案例文档"价格表.xlsx"，单击"插入工作表"按钮插入一个空白工作表，并重命名为"价格"。

（2）单击新工作表"价格"的单元格 A1 以定位光标。

（3）在"数据"选项卡的"数据工具"组中单击"合并计算"按钮，打开"合并计算"对话框。

（4）在"函数"下拉列表中保证选择的是"求和"函数。

（5）在"引用位置"框中单击鼠标，然后在工作表"单价"中选择单元格区域 A1：B151，单击"添加"按钮。

（6）继续在工作表"进价"中选择单元格区域 A1：B151，单击"添加"按钮。

（7）在"标签位置"下单击选中"首行"和"最左列"两个复选框。

（8）单击"确定"按钮，完成数据合并，如图 10.12 所示。

（9）在工作表"价格"的单元格 A1 中输入文本"商品代码"，同时调整 B、C 两列的列宽。

9. 移动价格表到主工作簿中并定义名称

（1）在工作表标签"价格"上单击鼠标右键，从弹出的快捷菜单中选择"移动或复制"命令，打开"移动或复制工作表"对话框。

（2）在"工作簿"下拉列表中选择前述的案例文档"家电销售统计表.xlsx"。

（3）在"下列选定工作表之前"列表框中单击"（移至最后）"，如图 10.13 所示。

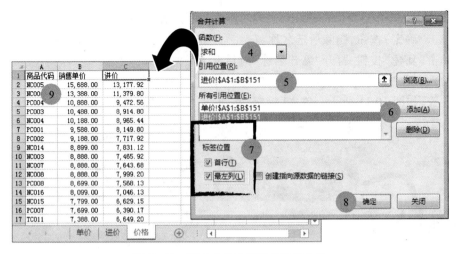

图 10.12　通过合并计算进行数据合并

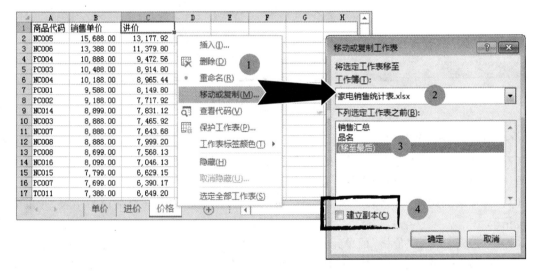

图 10.13　将工作表移动到另一工作簿的指定位置

（4）仍旧保持"建立副本"复选框未被选中，单击"确定"按钮。

（5）在移动后的工作表"价格"中选择数据区域 A1：C152，在"名称"框中输入文本"进销价格"后按 Enter 键确认名称定义。

（6）对案例文档"家电销售统计表.xlsx"进行保存，关闭案例文档"价格表.xlsx"。

10.3.2　完善商品销售统计表数据

以下操作均在案例文档"家电销售统计表.xlsx"中进行。

1. 将数据列表转换为"表"并命名为"销售列表"

（1）单击表标签"销售汇总"，将其切换为当前工作表。

（2）在 B 列"商品代码"和 C 列"销售日期"之间插入 3 列，分别输入列标题"品牌""商品名称""商品类别"。

（3）单击单元格 A3,按下 Ctrl+A 组合键选择整个数据列表 A3:I374。

（4）在"插入"选项卡的"表格"组中单击"表格"按钮,打开"创建表"对话框。

（5）直接单击"确定"按钮,将选定区域创建为"表"的同时套用一个表格格式。

（6）在"表格工具|设计"选项卡的"属性"组中,将"表名称"更改为"销售列表",如图 10.14 所示。

（7）在"表格工具|设计"选项卡上的"表格样式选项"组中单击取消勾选"筛选按钮"复选框,退出自动筛选状态。

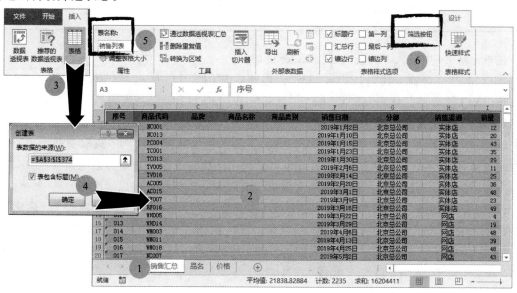

图 10.14　将数据列表定义为"表"并重命名

2. 通过 VLOOKUP 函数获取品名和单价

（1）获取品牌:在单元格 C4 中输入公式" = VLOOKUP([@商品代码],品牌品名,2, FALSE)",按 Enter 键确认。其中"[@商品代码]"为单击单格元 B4 中的商品代码时自动产生的结构化引用,也可以直接输入该名称;"品牌品名"为对事先定义好的名称的引用;参数"FALSE"表示精确匹配。

（2）获取商品名称:在单元格 D4 中输入公式" = VLOOKUP([@商品代码],品牌品名,3, FALSE)",按 Enter 键确认。其中的"3"表示引用"品牌品名"列表的第 3 列。

（3）获取商品的销售单价:首先在单元格 J3 中输入列标题"销售单价",按 Enter 键后自动扩展表。然后在单元格 J4 中输入公式" = VLOOKUP([@商品代码],进销价格,2,FALSE)",按 Enter 键确认。由于价格表未按商品代码进行升序排列,因此此处 VLOOKUP()函数中的参数必须选择"FALSE",否则引用结果会出错。

3. 通过商品代码获取商品类别

商品代码的前两位字母代表了商品的类别,它们的对应关系如表 10.1 所示。

表 10.1 商品代码与类别对照表

商品代码的前两位字母	商品类别
NC(笔记本)、PC(台式机)、TC(平板电脑)	计算机
TV	电视
AC	空调
RF	冰箱
WH	热水器
WM	洗衣机

在单元格 E4 中输入下列公式后按 Enter 键确认:

=IF(LEFT([@商品代码],2)="TV","电视",IF(LEFT([@商品代码],2)="AC","空调",IF(LEFT([@商品代码],2)="RF","冰箱",IF(LEFT([@商品代码],2)="WH","热水器",IF(LEFT([@商品代码],2)="WM","洗衣机","计算机")))))

这是一个 IF 函数的多层嵌套应用,其中 LEFT 函数用于从商品代码中截取前两个字符。本例中完全通过 IF 函数嵌套达到目的,另外也可以构建辅助表或数组常量然后通过 VLOOKUP 函数得出相同结果。下面列出了两组使用常量数组获取商品类别的公式以供参考:

公式 1:=INDEX({"计算机","计算机","计算机","电视","空调","冰箱","热水器","洗衣机"},MATCH(LEFT(B4,2),{"NC","PC","TC","TV","AC","RF","WH","WM"},0))

公式 2:=VLOOKUP(LEFT(销售列表[@商品代码],2),{"NC","计算机";"PC","计算机";"TC","计算机";"TV","电视";"AC","空调";"RF","冰箱";"WH","热水器";"WM","洗衣机"},2,FALSE)

4. 计算进货成本和销售额

销售额=销量×销售单价;进货成本=销量×进价。

(1)首先分别在单元格 K3、L3 中输入列标题"销售额""进货成本",按 Enter 键确认。

(2)在单元格 K4 中输入公式"=[@销量]*[@销售单价]",按 Enter 键确认。

(3)在单元格 L4 中输入公式"=[@销量]*VLOOKUP([@商品代码],进销价格,3,FALSE)",其中 VLOOKUP()函数用于从价格表中获取进货单价。

5. 对数据列表的格式进行整理

(1)在单元格 A1 中输入表标题"路路通公司 2019 年电器销售统计表",并在 A1:L1 区域内"合并后居中",套用单元格样式"标题 1",并适当调整其字体、字号。

(2)将销售单价、销售额、进货成本 3 列中的金额设置为不带货币符号、保留两位小数的会计专用数字格式。

(3)同时选中 D、G、K、L 共 4 列,双击 D 列的列标右边线,使得这 4 列数据显示完整。

(4)将商品名称列的数据左对齐。

(5)还可以根据需要适当调整其他列的列宽、行高、字体等,使之更适合于查阅。结果如图 10.15 所示。

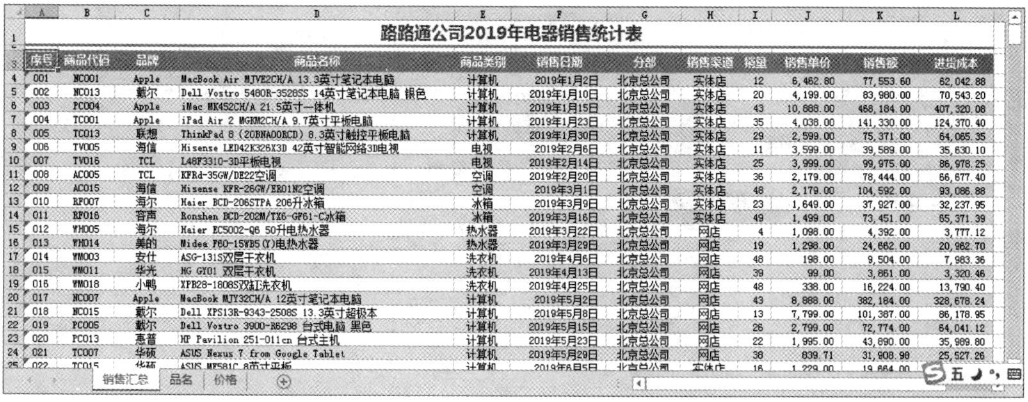

图 10.15　整理完成的销售汇总表

10.3.3　简单分析汇总销售情况

在独立工作表中对每个分部各商品类别的销售情况进行统计汇总,并通过迷你图进行简单比较。

1. 高级筛选出不重复的记录

(1) 首先将"品名"和"价格"两张工作表隐藏起来。接着插入一个空白工作表,并重命名为"迷你图分析"。

(2) 在单元格 B2、C2 中分别输入文本"商品类别""分部"。

(3) 单击单元格 B4 定位光标。注意,定位有误可能导致无法进入"高级筛选"过程。

(4) 在"数据"选项卡的"排序和筛选"组中单击"高级"按钮,打开"高级筛选"对话框。单击选中"将筛选结果复制到其他位置"单选按钮。

(5) 将"列表区域"指定为工作表"销售汇总"的"商品类别"列数据区域 E3∶E374(注意所选区域要包含标题行)。"条件区域"保持为空。

(6) 将"复制到"位置指定为当前工作表"迷你图分析"的单元格 B2,该单元格中的内容与源数据中的列标题应完全相同。

(7) 单击选中"选择不重复的记录"复选框。

(8) 单击"确定"按钮,筛选出所有的商品类别名称,如图 10.16 所示。

(9) 采用同样的方法,从工作表"销售汇总"的"分部"列中筛选出所有的分部名称,放置到工作表"迷你图分析"的单元格区域 C3∶C9 中。

2. 行列转置

(1) 选择分部名称所在的单元格区域 C3∶C9,按下 Ctrl+C 组合键进行复制。

(2) 单击单元格 C2 定位光标。

(3) 在"开始"选项卡的"剪贴板"组中单击"粘贴"按钮下方的黑色三角箭头,打开粘贴选项列表。

(4) 从"粘贴"组中单击选择"转置"按钮,分部名称自单元格 C2 开始向右填充,如图 10.17 所示。

(5) 删除单元格区域 C3∶C9 中多余的内容,加粗标题的字体,调整 C∶I 列的列宽。

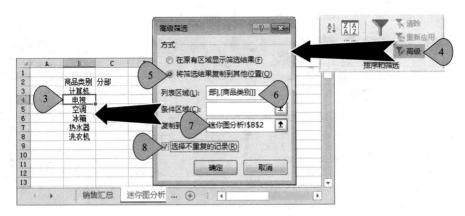

图 10.16 通过高级筛选找出所有商品类别名称

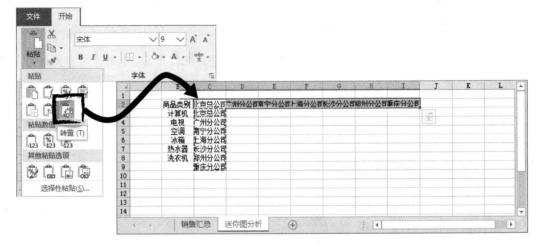

图 10.17 将分部名称进行行列转置

3. 在公式中不使用对"表"的结构化引用

对"表"的结构化引用不能实现绝对引用。因此,必要的时候可以设置在公式中不使用"表"名,而改为使用单元格地址的绝对引用。

(1)单击"文件"选项卡打开后台视图。

(2)单击"选项",打开"Excel 选项"对话框,如图 10.18 所示。

(3)单击"公式",在"使用公式"选项组中单击取消对"在公式中使用表名"复选框的选择。

(4)单击"确定"按钮,退出对话框。

4. 汇总各分部的各类商品销售额

(1)在单元格 B1 中输入表格标题"各分部各类商品全年销售额汇总",设置跨列居中并适当调整字体、字号,同时在单元格 J1 中输入文本"单位:万元"。

(2)在单元格 C3 中输入下列多条件求和函数,并按 Enter 键确认结果:

=SUMIFS(销售汇总! $K$4: $K$374,销售汇总! $E$4: $E$374,$B3,销售汇总! $G$4: $G$374,C$2)

图 10.18　设置在公式中不使用表名

该函数的含义是对北京分公司全年的计算机销售额进行汇总。其中：

● 求和区域绝对引用了工作表"销售汇总"中的"销售额"列数据 $K$4:$K$374。

● 条件区域 1 绝对引用了工作表"销售汇总"中的"商品类别"列数据 $E$4:$E$374，相应的条件则混合引用了单元格 $B3。

● 条件区域 2 绝对引用了工作表"销售汇总"中的"分部"列数据 $G$4:$G$374，相应的条件则混合引用了单元格 C$2。

（3）向右拖动单元格 C3 右下角的填充柄至单元格 I3，紧接着双击 I3 右下角的填充柄，将公式复制到整个数据列表。因为函数中的区域引用是绝对的、条件引用是混合的，所以函数可以正确复制。

（4）在单元格 B9 中输入文本"合计"，选择单元格区域 C9：I9 后按 Alt+= 组合键计算每个分部的合计销售额。

5. 以万为单位显示数值，保留一位小数

通过自定义数字格式，可以在保留原数值大小的情况下将其以万为单位显示。

（1）在工作表"迷你图分析"中选择单元格区域 C3：I9，将其右对齐。

（2）在"开始"选项卡的"数字"组中单击"数字"对话框启动器，打开"设置单元格格式"对话框。

（3）在"数字"选项卡左侧的"分类"列表中选择"自定义"命令。

（4）在"类型"下方的文本框中输入格式代码"0!.0,"。

（5）单击"确定"按钮完成设置，结果如图 10.19 所示。

6. 使用迷你图比较各分公司的销售情况

（1）在单元格 J2 中输入列标题文本"迷你图"。

（2）在"插入"选项卡的"迷你图"组中单击"折线图"按钮，打开"创建迷你图"对话框。

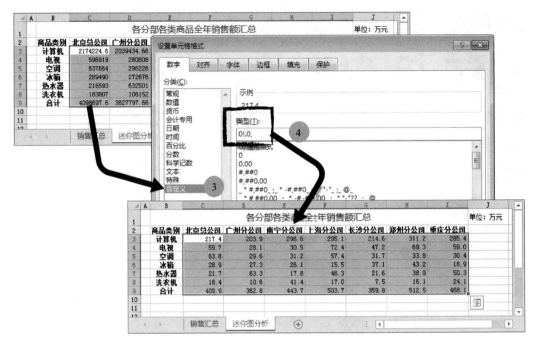

图 10.19 通过自定义数字格式以万为单位显示

（3）指定"数据范围"为单元格区域 C3：I3；在"位置范围"框中指定迷你图的放置位置为单元格 J3；单击"确定"按钮，迷你图插入到指定单元格中。

（4）拖动单元格 J3 右下角的填充柄直到单元格 J9，向下填充迷你图。

（5）加大第 3 至第 9 行的行高和 J 列的列宽，使迷你图清晰显示。

（6）在"迷你图工具|设计"选项卡的"显示"组中分别单击选中"高点"和"低点"复选框，令迷你图中显示最高点和最低点标记。

（7）选择所有迷你图，在"迷你图工具|设计"选项卡的"组合"组中单击"取消组合"按钮，使每个迷你图独立出来。

（8）通过"迷你图工具|设计"选项卡的"样式"组中的相关工具，分别改变每个迷你图的外观样式、标记颜色、线条粗细等。

（9）单击选择单元格 J9 中的迷你图，在"迷你图工具|设计"选项卡的"类型"组中单击"柱形图"按钮，改变其类型。

（10）在"迷你图工具|设计"选项卡的"组合"组中单击"坐标轴"按钮，从打开的下拉列表中选择"纵坐标轴的最小值选项"下的"自定义值"命令，在随后弹出的对话框中将坐标轴的最小值自定义为"100"。最终的结果如图 10.20 所示。

10.3.4 通过数据透视表统计数据

数据透视表是最常用的、功能最全的 Excel 数据分析工具之一。它有效地结合了数据排序、筛选、分类汇总等多种数据统计、分析方法的优势，是一种方便、快捷而灵活的数据分析手段。

1. 插入数据透视表

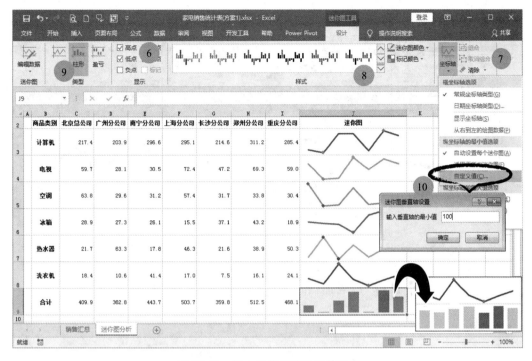

图 10.20 插入迷你图并设置其格式

（1）切换到工作表"销售汇总"中，在数据列表中的任意位置（如 B5 单元格）单击定位光标。

（2）在"插入"选项上的"表格"组中单击"数据透视表"按钮，打开"创建数据透视表"对话框。

（3）数据源自动取自当前工作表的当前区域，默认放置位置为"新工作表"，保持这些默认设置。

（4）单击"确定"按钮，Excel 将插入一个新工作表并自该表的单元格 A3 开始创建一个空白数据透视表，如图 10.21 所示。

（5）将该工作表标签重命名为"数据透视"。

2. 按季度统计各品牌的销售额

（1）在"数据透视表字段"窗格的字段列表区中，单击选中"品牌"将其添加至"行"区域中；将字段"销售日期"直接拖动到"行"区域中"品牌"字段的下方，Excel 将自动按月分组。

（2）继续单击选中"销售额""进货成本"两个字段作为列值并自动对数值进行求和计算。

（3）将字段"分部"直接拖动到"筛选"区中作为筛选字段。

（4）在数据透视表的"行标签"列中右键单击任意一个日期值，如右击单元格 A6，弹出快捷菜单。

（5）从快捷菜单中选择"组合"命令，打开"组合"对话框。

（6）在对话框的"步长"列表框中单击取消对项目"日"和"月"的选择，再单击选中"季度"。

（7）单击"确定"按钮，透视表按季度汇总每个品牌的销售额及成本，结果如图 10.22 所示。

3. 计算各品牌的毛利及毛利率

图 10.21　在新工作表中创建一个空白的数据透视表

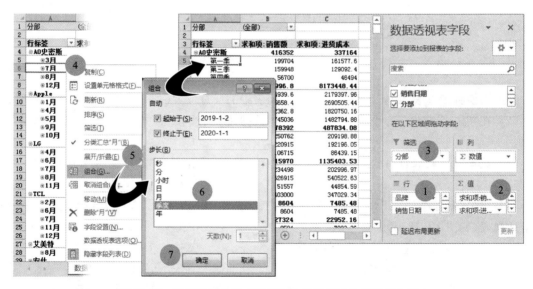

图 10.22　设置数据透视表的字段并对日期按季度进行分组

可以在数据透视表中增加源数据列表中没有的新计算字段。

（1）在数据透视表中的任意位置单击鼠标以定位光标，如单击单元格 C3。

（2）在"数据透视表工具|分析"选项卡的"计算"组中单击"字段、项目和集"按钮。

（3）从弹出的下拉列表中选择"计算字段"命令，打开"插入计算字段"对话框。

（4）在"名称"文本框中输入文本"毛利"；在"字段"列表框中双击"销售额"字段，然后输入"－"，再双击"进货成本"字段，得到计算毛利的公式。

（5）单击"添加"按钮，将新定义的字段添加到"字段"列表中。

（6）重复步骤（4）、（5），再次添加"毛利率"字段，其计算公式为：毛利率＝毛利/销售额。

（7）单击"确定"按钮，关闭对话框的同时新字段添加至透视表中，结果如图 10.23 所示。

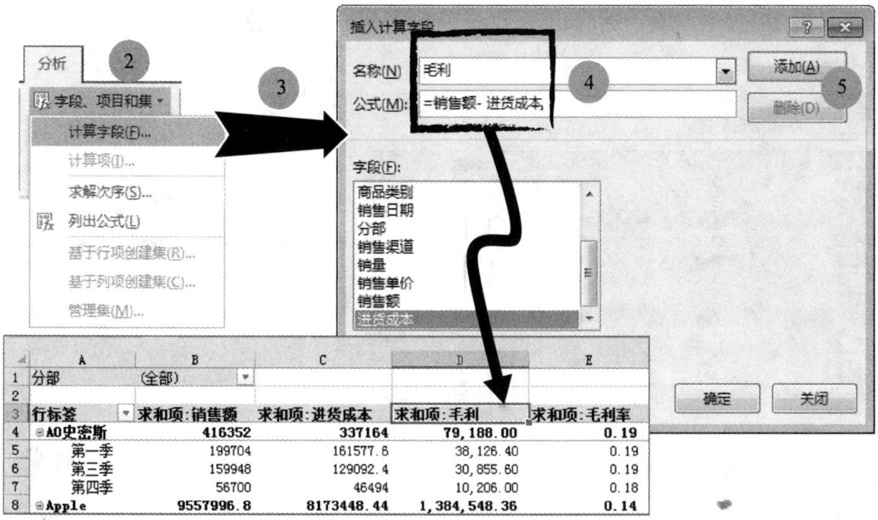

图 10.23　在数据透视表中增加新的计算字段

4. 更改字段名并设置数字格式

（1）按表 10.2 所列更改各个字段名称以便于阅读和理解。单击或双击目标单元格均可修改名称。

表 10.2　更改数据透视表中的字段名

单元格地址	原字段名	更改后的字段名
A3	行标签	季度
B3	求和项:销售额	销售额(万元)
C3	求和项:进货成本	进货成本(万元)
D3	求和项:毛利	毛利(元)
E3	求和项:毛利率	毛利率%

（2）将销售额和进货成本两列数据的数字格式设置为以万为单位显示的自定义格式"0!.0,"（前面已定义过，这里可直接采用）。

（3）将毛利列、毛利率列的数字格式分别设为保留两位小数的数值、保留两位小数的百分比。

（4）在"数据透视表工具|设计"选项卡上的"数据透视表样式"组中选用一个样式。

5. 将各分部销售情况分表列示

（1）在数据透视表中的任意位置单击鼠标以定位光标，如单击单元格 A5。

（2）在"数据透视表工具|分析"选项卡的"数据透视表"组中单击"选项"按钮旁边的黑色三角箭头，打开下拉列表。

（3）从下拉列表中选择"显示报表筛选页"命令，打开"显示报表筛选页"对话框。

（4）在字段列表框中选择"分部"字段。

（5）单击"确定"按钮，将分别为每个分部单独生成一份数据透视表，如图 10.24 所示。

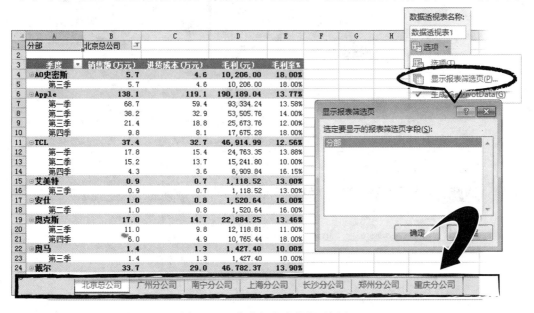

图 10.24 按分部生成数据透视表

10.3.5 通过数据透视图比较数据

数据透视图是在数据透视表基础上生成的一类图表，除了数据源不同外，其他操作方法与普通图表基本相同。

1. 更改数据透视表的布局

（1）单击表标签"数据透视"，切换回工作表"数据透视"。

（2）在数据透视表中的任意位置单击鼠标以定位光标。

（3）在"数据透视表字段"窗格中，将字段"品牌"从"行"区域中拖回字段列表区。

（4）在"数据透视表字段"窗格中，在字段列表区中单击"毛利"取消对该字段的选择。

（5）在"数据透视表字段"窗格中，将"商品类别"从字段列表区拖动到"筛选"区中"分部"字段的下方。

（6）在数据透视表左上角的筛选字段区单击单元格 B2 右侧的筛选箭头，从下拉列表中选择"上海分公司"后单击"确定"按钮；用同样的方法选择商品类别为"计算机"，如图 10.25 所示。

此时，数据透视表中统计的是上海分公司计算机类商品分季度的销售额及毛利率数据。

2. 插入数据透视图

因为毛利率与销售额和进货成本没有可比性，因此有必要对图表中的"毛利率"系列指定特殊类型，这需要用到组合类图表。

（1）在数据透视表中的任意位置单击鼠标以定位光标。

（2）在"数据透视表工具|分析"选项卡的"显示"组中单击"字段列表"按钮，暂时隐藏"数

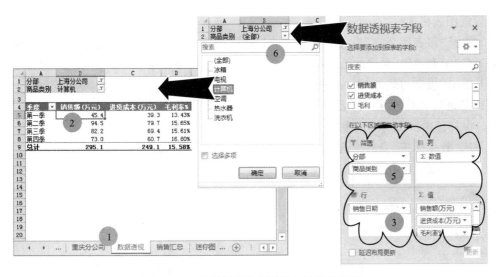

图 10.25 重新调整数据透视表的字段布局

据透视表字段"窗格。

（3）在"数据透视表工具|分析"选项卡的"工具"组中单击"数据透视图"按钮，打开"插入图表"对话框。

（4）在左侧选择"组合图"大类。

（5）将"毛利率%"系列的图表类型指定为"带数据标记的折线图"。

（6）单击选中"毛利率%"系列右侧的复选框，指定其绘制在次坐标轴。

（7）单击"确定"按钮，生成相应的组合图表，如图 10.26 所示。

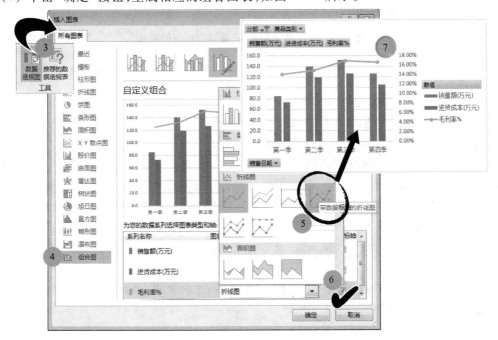

图 10.26 插入数据透视图

3. 设置图表格式

（1）选择"图表区"，在"数据透视图工具|设计"选项卡上的"图表样式"组中选择"样式 8"。

（2）在"毛利率%"系列的折线图上双击鼠标，调出"设置数据系列格式"任务窗格。

（3）单击"填充与线条"图标，在"标记"界面中指定数据标记类型为内置菱形"◆"、大小为"8"，以红色进行填充，且边框"无线条"。

（4）保持选中"毛利率%"系列折线图，单击图表右上方的功能按钮"图表元素"。

（5）从"数据标签"列表中选择"上方"命令。结果如图 10.27 所示。

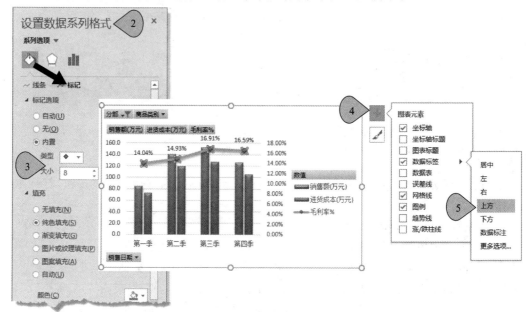

图 10.27 改变"毛利率%"系列折线图的格式

4. 改变数据透视图的布局

（1）单击数据透视图的边框以选择整个图表区。

（2）依次选择"数据透视图工具|设计"选项卡→"图表布局"组→"添加图表元素"按钮→"图例"选项→"底部"命令，令图例显示在图表下方。

（3）依次选择"数据透视图工具|设计"选项卡→"图表布局"组→"添加图表元素"按钮→"图表标题"选项→"图表上方"命令，显示图表标题框。在标题框中输入文本"上海分公司计算机类商品销售情况分析图"，字体设为"微软雅黑"、14 磅、蓝色。

（4）在"数据透视图工具|分析"选项卡上的"显示/隐藏"组中单击"字段按钮"下方的黑色三角箭头，从打开的下拉列表依次单击除"显示报表筛选字段按钮"以外的其他 3 个命令以便隐藏图表中的相关按钮。

（5）在"数据透视图工具|格式"选项卡的"大小"组中设置图表的高度为 11 厘米、宽度为 17 厘米。结果如图 10.28 所示。

5. 只将数据透视图按 PDF 格式输出

在 Excel 中，可以只将图表单独打印输出。

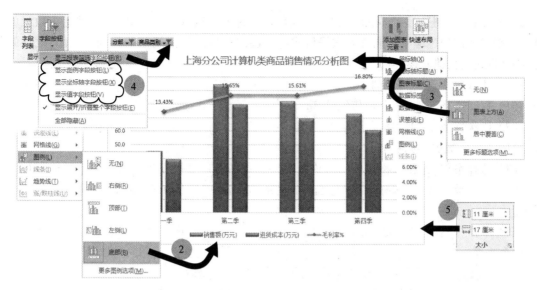

图 10.28　对数据透视图的布局和大小进行调整

（1）选中整个数据透视图。

（2）单击"文件"选项卡打开后台视图。

（3）在左侧单击"导出"。

（4）在中间的"文件类型"下选择"创建 PDF/XPS 文档"。

（5）在右侧单击"创建 PDF/XPS"按钮，打开"发布为 PDF 或 XPS"对话框。

（6）在"文件名"文本框中输入"家电销售透视图"，选择保存位置。

（7）单击"发布"按钮，当前所选图表将以 PDF 格式保存。用 PDF 阅读器即可打开并查阅该图表文档。

10.4　任务实施方案 2

本案例方案 2 实施的基本流程如下所示。

与方案 1 相似，商品销售表的统计过程中，需要很多基础数据，这些数据分别存放在不同的文档中。所有数据均通过商品代码发生关系，商品代码是区分商品的唯一标识，也是各个表之间建立关系的关键字段。

10.4.1　创建查询获取并整理基础数据

通过"获取和转换"工具创建查询表，可以从不同渠道获取多种格式的数据，这些数据可以加载到 Excel 表中进一步处理,也可以只保留与源文件的链接从而突破 Excel 处理记录数量的限制。在创建查询的过程中还能够对数据格式进行快速整理以得到规范的数据。例如,数据的分列、数字格式的快速转换等。

1. 从工作簿创建价格查询

(1) 打开案例文档"家电销售统计表.xlsx"。以下操作均在该工作簿中进行。

(2) 依次选择"数据"选项卡→"获取和转换"组→"新建查询"按钮→"从文件"→"从工作簿",打开"导入数据"对话框。

(3) 选择案例文档"价格表.xlsx",单击"导入"按钮,自动建立连接后打开"导航器"对话框。

(4) 首先单击选中"选择多项"复选框,然后分别选中"单价"和"进价"两个表,如图 10.29 所示。

(5) 单击"转换数据"按钮,在打开"Power Query 编辑器"窗口的同时创建了"单价"和"进价"两个查询。

图 10.29 从工作簿获取数据创建查询

2. 从文本文件创建品名查询

(1) 在"Power Query 编辑器"窗口中,依次选择"主页"选项卡→"新建查询"组→"新建源"按钮→"文件"命令→"文本/CSV"命令,打开"导入数据"对话框。

(2) 选择案例文档"品名表.csv",该文件是以逗号分隔的文本文件。

(3) 单击"导入"按钮,进入表格预览窗口。

(4) 单击"确定"按钮,创建默认名称为"品名表"的查询。

(5) 在右侧"查询设置"窗格中的"名称"文本框内将查询名称更改为"品牌品名",如图 10.30所示。

3. 对品牌品名表进行整理

(1) 在"主页"选项卡的"转换"组中单击"将第一行用作标题"按钮,将列表中的第 1 行提升为列标题。

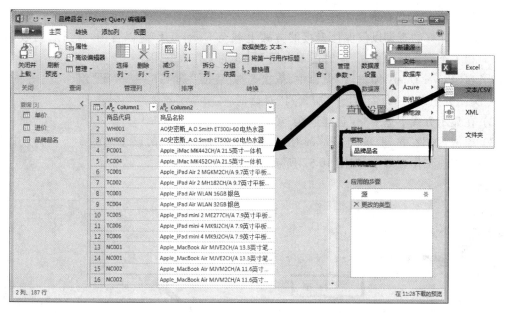

图 10.30　"Power Query 编辑器"窗口中创建新查询并更改名称

（2）单击列标题"商品名称"以选中该列,依次选择"主页"选择卡→"转换"组→"拆分列"按钮→"按分隔符"命令,打开"按分隔符拆分列"对话框。

（3）保持默认的分隔符不变,选中"拆分位置"下"最左侧的分隔符"项,单击"确定"按钮,原商品名称列被拆分为两列。

（4）在列标题"商品名称.1"中单击右键,从快捷菜单中选择"重命名"命令,输入新标题"品牌";在列标题"商品名称.2"中双击鼠标进入编辑状态,删除".2",将其更改回"商品名称"。

（5）选择"商品名称"列,依次选择"主页"选择卡→"减少行"组→"删除行"按钮→"删除重复项"命令,将所有重复的商品行删除。操作过程和结果如图 10.31 所示。

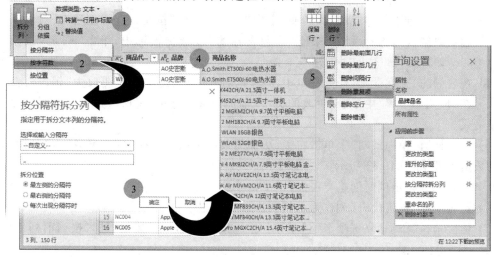

图 10.31　对品名查询表进行分列、删重等整理操作

4. 以连接方式上载查询至工作表

将上述创建好的查询以仅保持连接的方式上载至 Excel 工作簿以备用。这样,当数据源发生更改时相关查询表自动更新,同时还不占用 Excel 的工作表空间。

(1)在"Power Query 编辑器"窗口中,依次选择"主页"选项卡→"关闭"组→"关闭并上载"按钮→"关闭并上载至"命令,打开"加载到"对话框。

(2)在显示方式下选中"仅创建连接"项。

(3)单击"加载"按钮,关闭"Power Query 编辑器"窗口的同时已创建的 3 个查询仅以连接方式加载至当前工作表簿中,如图 10.32 所示。

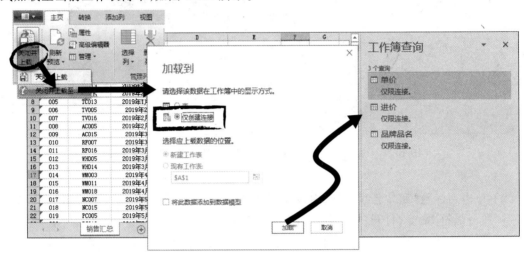

图 10.32 将查询仅以连接方式加载到工作簿中

5. 从工作表创建销售列表查询并更改数据类型

(1)在案例文档"家电销售统计表.xlsx"的工作表"销售汇总"中,单击数据列表的任意位置(如单元格 B5)定位光标。

(2)从"数据"选项卡的"获取和转换"组中单击"从表格"按钮,打开"创建表"对话框。

(3)确定数据区域选择无误,保证"表包含标题"复选框被选中,单击"确定"按钮,打开"Power Query 编辑器"窗口,同时创建一个查询。

(4)在右侧的"查询设置"任务窗口中,将查询名称由默认的"表 1"更改为"销售列表"。

(5)在"应用的步骤"中单击"更改的类型"前面的叉号标记,将该步骤删除,恢复"序号"列的文本格式。

(6)在列标题"销售日期"上单击右键,从快捷菜单中依次选择"更改类型"→"日期",更改该列的数据类型,如图 10.33 所示。

6. 基于销售代码示例列创建类别代码新列

(1)首先选择"销售代码"列作为示例列。

(2)依次选择"添加列"选项卡→"常规"组→"示例中的列"按钮,进入按当前列创建新列过程。

(3)输入销售代码的前两位"NC"作为示例,按 Ctrl+Enter 组合键,将自动提取销售代码的

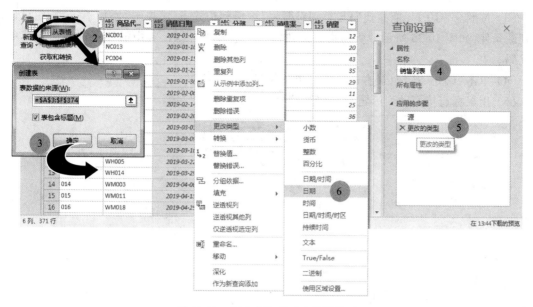

图 10.33　创建查询并更改数据类型

前两位生成新列,如图 10.34 所示。

（4）单击"确定"按钮,完成新列的创建。

（5）最后将新列名由"分隔符之前的文本"重命名为"类别代码"。

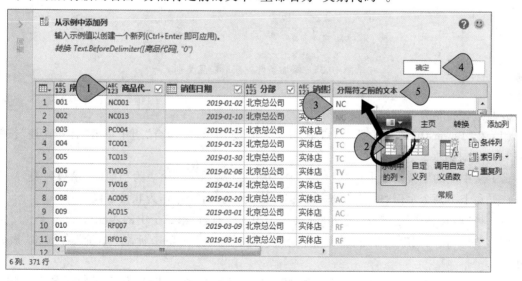

图 10.34　从示例中添加新列

7. 构建条件创建商品类别新列

（1）从"添加列"选项卡的"常规"组中单击"条件列"按钮,进入"添加条件列"对话框。

（2）在"新列名"文本框中输入"商品类别"。

（3）按照"表 10.1 商品代码与类别对照表"中所列构建条件，单击"添加子句"按钮可以增加判断条件，如图 10.35 所示。所构建的条件相当于嵌套 IF 函数，其中需要用到前面新建的类别代码。

（4）单击"确定"按钮，最右边新增一个条件列。

（5）用鼠标直接拖动列标题"商品类别"到"销售日期"列左侧。

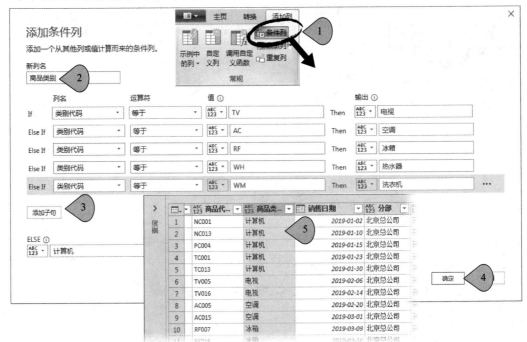

图 10.35 添加条件列获取商品类别

8. 将进销价格合并到销售表

（1）在"Power Query 编辑器"窗口中，从"主页"选项卡的"组合"组中单击"合并查询"按钮，打开"合并"对话框。

（2）从中间的下拉列表中选择"单价"作为第二个表。第一个表为当前的"销售列表"。

（3）在上下两个示例表中分别选择关键字段列"商品代码"作为联接字段。

（4）将"联接种类"指定为"左外部（第一个中的所有行，第二个中的匹配行）"。

（5）单击"确定"按钮，销售列表右侧增加一列"单价"。单击标题"单价"右侧的"展开"按钮。

（6）在字段列表中仅勾选"销售单价"复选框。同时单击取消对"使用原始列名作为前缀"复选框的勾选，如图 10.36 所示。

（7）单击"确定"按钮，查询中仅保留"单价"表中的"销售单价"列。

（8）重复步骤（1）～（7），按同样的方法将"进价"表中的"进价"列合并到当前的销售列表中。

9. 将销售表加载至工作表并进行美化

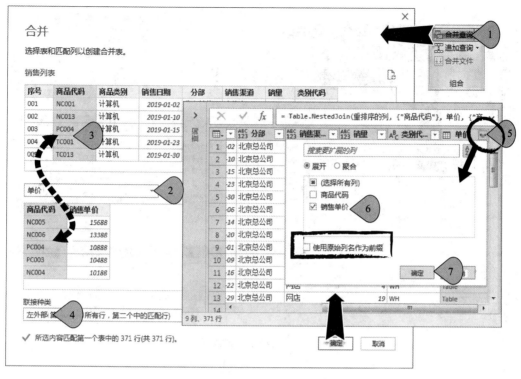

图 10.36　合并查询以获取价格信息

（1）在"主页"选项卡的"关闭"组中单击"关闭并上载"按钮，直接将整理后的销售列表加载到当前工作簿的新工作表中。

（2）将工作表标签重命名为"销售查询"。

（3）按"序号"对数据列表进行升序排列。

（4）对工作表中的数据进行适当美化，如修改字体、字号、行高、列宽、对齐方式、数字格式等，使其看起来更加美观。

10.4.2　管理数据模型以完善销售统计表

将数据加载到数据模型进行管理，在完成各种计算的同时，可以方便地建立表间关系，为实现多表查询统计做好准备。

管理数据模型的工具 Power Pivot 以 Excel 加载项的形式提供，首次使用时需要先通过"文件"选项卡→"选项"→"加载项"→"COM 加载项"启用该加载项。

1. 将销售表添加到数据模型

（1）打开已创建了查询的案例文档"家电销售统计表.xlsx"。

（2）单击工作表标签"销售查询"切换到销售列表，单击数据列表的任意单元格定位光标。

（3）在"Power Pivot"选项卡的"表格"组中单击"添加到数据模型"按钮，打开"Power Pivot"窗口的同时将当前销售表添加到数据模型，如图 10.37 所示。

2. 将品名表添加到数据模型

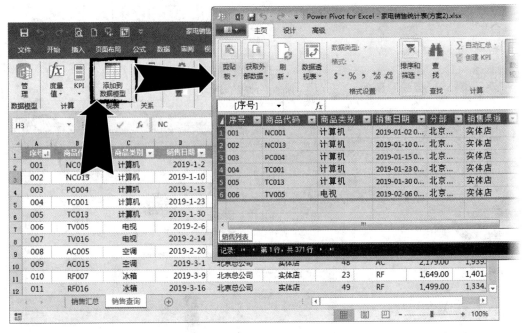

图 10.37 将"表"添加到数据模型

（1）切换回工作簿"家电销售统计表.xlsx"窗口，从"数据"选项卡的"获取和转换"组中单击"显示查询"按钮，"工作簿查询"任务窗格出现在窗口右侧，其中显示当前工作簿中已创建的查询名称。

（2）在"工作簿查询"任务窗格中用鼠标右键单击查询"品牌品名"。

（3）从快捷菜单中选择"加载到"命令，打开"加载到"对话框。

（4）单击勾选"将此数据添加到数据模型"复选框。

（5）单击"加载"按钮，"Power Pivot"窗口中添加了数据模型表"品牌品名"，如图 10.38 所示。

3. 添加销售额、成本和毛利计算列及毛利率计算字段

按表 10.3 中所列要求为数据模型"销售列表"添加计算列和计算字段。

表 10.3 需要添加的计算列及计算字段

列标题或字段名	计算公式	列标题或字段名	计算公式
销售额	=销量×销售单价	毛利	=销售额−进货成本
进货成本	=销量×进价	毛利率	=毛利÷销售额

（1）在"Power Pivot"窗口中单击左下角的表标签"销售列表"，切换到相应数据模型表中。

（2）选择数据列表最右侧的"添加列"，按下述方法输入公式：首先输入等号" = "，然后单击同行的"销量"，接着输入乘号" ＊ "，再单击同行的"销售单价"，最后按 Enter 键确认公式并自动向下填充。

（3）在列标题上双击鼠标进入编辑状态，将其重命名为"销售额"。

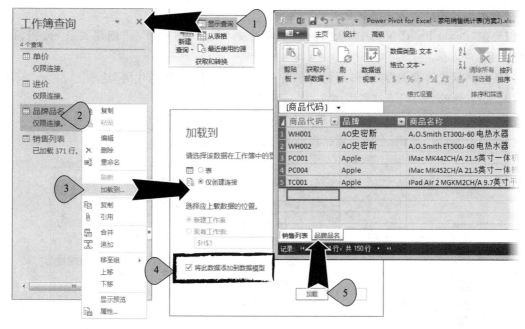

图 10.38 在"工作簿查询"窗格中将查询表加载到数据模型

（4）重复步骤（2）和（3），按表 10.3 中所列依次添加其他数据列，结果如图 10.39 所示。可以利用"主页"选项卡上"格式设置"组中的工具对各列的数据格式进行调整。

（5）在窗口下方的计算区域中的任意位置（如"毛利"列下方的单元格）单击鼠标，输入公式"毛利率：＝sum（[毛利]）/sum（[销售额]）"，其中冒号"："前面的文本为字段名，按 Enter 键确认计算结果。

（6）从"主页"选项卡的"格式设置"组中单击"应用百分比格式"按钮，令毛利率计算字段显示为百分数。过程及结果如图 10.39 所示。

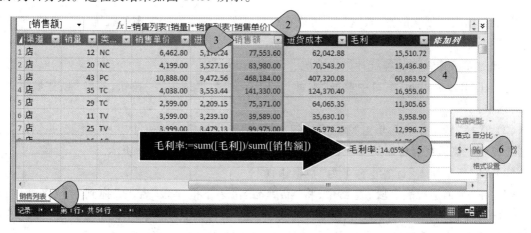

图 10.39 向数据模型表中添加计算列和计算字段

4. 在销售表和品名表之间建立关系

（1）在"Power Pivot"窗口中，从"设计"选项卡的"关系"组中单击"创建关系"按钮，打开"创建关系"对话框。

（2）左侧默认的表 1 为"销售列表"，单击"列"列表框中的"商品代码"选项。

（3）在右侧的"表 2"下拉列表中选择"品牌品名"。

（4）在表 2 下方的"列"列表框中选择"商品代码"项，如图 10.40 所示。

（5）单击"确定"按钮，在两个数据模型表之间创建关系。

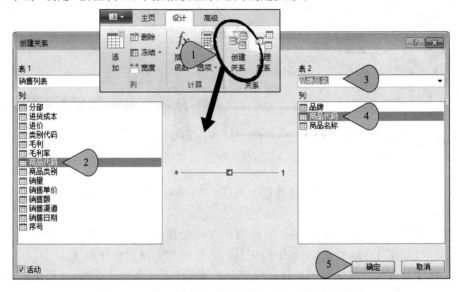

图 10.40 在"销售列表"与"品牌品名"表间建立关系

10.4.3 创建数据透视表汇总统计数据

基于数据模型创建的数据透视表，可以在已建立关系的多表间实现关联统计，令数据透视功能更加强大。

1. 通过多表透视按品牌统计销售情况

（1）在"Power Pivot"窗口中单击"主页"选项卡的"数据透视表"按钮，打开"创建数据透视表"对话框。

（2）选择"新工作表"，单击"确定"按钮，在当前工作簿中插入一个空白工作表并创建空白数据透视表。该透视表可以从多个数据模型表中获取字段，如图 10.41 所示。

（3）将"新工作表"标签重命名为"数据透视"。

（4）在"数据透视表字段"窗格中，将"品牌品名"表下的字段"品牌"拖到"行"区域中；将"销售列表"下的"分部"字段拖到"筛选"区域中；在"销售列表"下分别单击选中"销售额""进货成本""毛利"和"毛利率"4 个字段，令其显示在"值"区域中。如图 10.42 所示。

（5）按图 10.42 中所示依次修改透视表的列标题。

（6）通过左上角的"分部"筛选字段可以查看不同分部各品牌的全年销售情况。

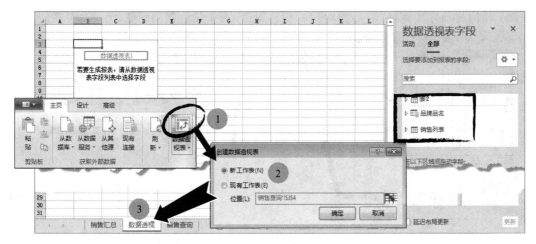

图 10.41　基于数据模型创建数据透视表

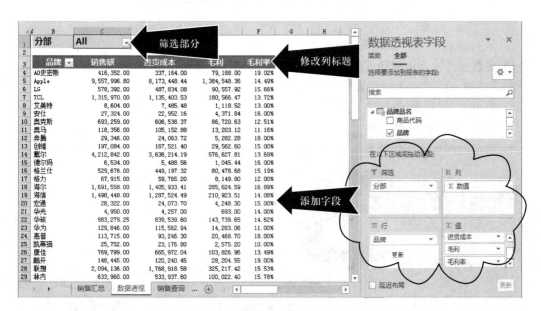

图 10.42　按品牌统计不同分部的销售情况

2. 插入切片器分析不同类别、不同渠道的商品销售情况

（1）在数据透视表中的任意位置单击，从"数据透视表|分析"选项卡的"筛选"组中单击"插入切片器"按钮，打开"插入切片器"对话框。

（2）依次单击选中"品牌品名"下的"商品名称"、"销售列表"下的"商品类别"和"销售渠道"3 个字段。

（3）单击"确定"按钮，工作表中插入了 3 个切片器。

（4）单击选择"商品名称"切片器，在"切片器工具|选项"选项卡的"按钮"组中将切片器的显示"列"数更改为"3"，在"大小"组中将切片器调整为高 4.4 厘米、宽 21.5 厘米，并将其移动到透视表的右侧，如图 10.43 所示。

（5）用同样的方法调整"商品类别"和"销售渠道"两个切片器的列数、大小和位置。

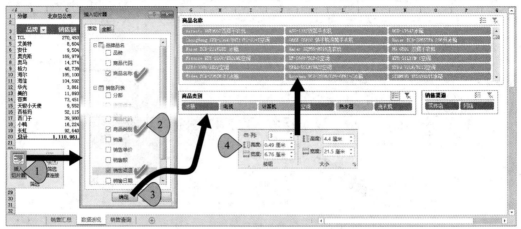

图 10.43 插入切片器按商品、类别和渠道分析销售情况

3. 插入日程表按季度分析商品销售情况

（1）在数据透视表中的任意位置单击，从"数据透视表|分析"选项卡的"筛选"组中单击"插入日程表"按钮，打开"插入日程表"对话框。

（2）单击选中"销售列表"下的"销售日期"复选框，单击"确定"按钮，在工作表中插入日程表。

（3）单击时间级别旁边的箭头，从下拉列表中选择"季度"选项，如图 10.44 所示。

图 10.44 插入日程表按季度分析销售情况

（4）左右调整日程表滚动条，透视表中就会显示相应时段的销售情况。

（5）在"日程表工具|选项"选项卡的"大小"组中，将日程表调整为高 4.5 厘米、宽 11.5 厘米，并选择一个日程表样式。

第11章　简单的财务本量利分析

作为公司的一个管理人员,经常需要进行营销分析,了解公司盈亏情况,找出影响盈亏的因素并确定提高盈利水平或减少亏损的有效方法。例如,一类商品或产品的单价、销量、成本和利润之间存在怎样的依存关系?汇率变化对出口额产生怎样的影响?单价和成本确定了,需要完成多少销量才能达到既定利润目标?市场环境发生变化了,如何调整营销策略才是对公司最有利的选择?尽管这是一门相当复杂的学问,需要考虑多方面因素的影响,不过以一组强有力的数据测试进行支持仍然是非常有必要的。你还在通过计算器和草稿纸来进行这些相关的预测和分析吗?试试通过 Excel 提供的模拟分析工具来完成一些基础的财务管理分析吧!

Excel 附带了 3 种模拟分析工具:方案管理器、模拟运算表和单变量求解。方案管理器和模拟运算表可获取一组输入值并确定可能的结果。单变量求解则是针对希望获取的结果确定生成该结果的可能的各项值。本章通过一组有关成本、销量和利润的分析实例来学习这 3 种模拟分析工具是如何具体运用的。

11.1　任务目标

王先生是某公司的财务经理,需要通过 Excel 对公司某些产品的成本、利润情况进行简单分析,他希望达到以下目标:

当销售单价和成本一定的情况下,测试达到目标利润值的销量;测算不同单价、不同销量下利润值的变化情况;成本上涨情况下,比较不同调价方案的优劣;将分析结果插入到 Word 报告中。

本案例最终完成的本量利各类分析表如图 11.1 所示。

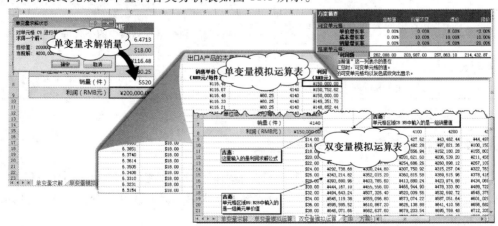

图 11.1　制作完成的本量利模拟运算表与方案报告

本案例将涉及如下知识点:

- 构建模拟运算的计算公式,确定恰当的变量
- 单变量求解逆向分析影响利润值的销量
- 模拟一组单价和销量,得出不同单价和销量组合下的利润值
- 建立不同的调价方案,模拟各种方案对利润的影响结果并进行比较
- 通过行列转置方式复制不带格式的数据和公式
- 取消工作表隐藏
- 检测并批量转换日期格式
- 为单元格添加批注
- 将 Excel 数据表插入到 Word 中并保持联动

11.2 相关知识

下面的知识与本案例密切相关,有助于更好地制作和管理工作表。

11.2.1 模拟运算表特点

模拟运算表实际上是对公式的特殊应用,但和先输入公式再复制公式这种普通运算方式相比,模拟运算表有自己特殊的特点和优势(见表 11.1)。

表 11.1 两种不同运算方式的比较

项目	模拟运算表方式	普通公式运算方式
公式输入方法	构建并一次性输入公式,如有更改也只是需要修改一个地方	输入公式后需要复制到列表区域中的每一个单元格中;需要修改公式时,必须将所有公式都重新输入或复制一遍
公式中的引用	不用过多考虑在公式中使用绝对引用还是相对引用	需要精确详细考虑公式中每个参数在复制过程中对单元格的引用是否需要发生变化,从而决定使用绝对引用、混合引用还是相对引用,否则公式复制结果将不能保证正确
公式的修改	列表中的公式通常不能单独修改	除了特殊情况(如数组),列表中的公式可以单独修改
公式中参数的引用方式	公式中引用的参数必须指向特定的引用行或引用列单元格	公式中引用的参数直接指向数据行、列或单元格

11.2.2 模拟运算表的纯数学应用

模拟运算表可以作为公式的辅助工具来使用,从而完成一些纯计算功能。例如,可以通过双变量模拟运算求解二元一次方程,通过单变量求解功能求解一元非线性方程。图 11.2 所示的乘法表就是利用双变量模拟运算创建的。

(1)构建公式:乘法表的计算公式为乘法算式,如 $1 \times 2 = 2, 2 \times 2 = 4, \cdots$,因此需要首先依据乘

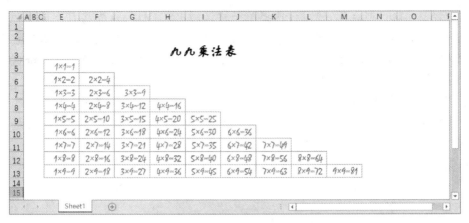

图 11.2　利用双变量模拟运算创建的乘法表

法算式为双变量模拟运算构建一个公式。按表 11.2 所列输入公式。

表 11.2　为乘法表构建公式

单元格地址	输入内容	显示结果
D2	1	
D3	2	
D4	= D2&" × "&D3&" = "&D2 ∗ D3	

（2）输入变量值：在单元格区域 E4：M4 中输入行序列 1、2、3、…、9；在单元格区域 D5：D13 中输入列序列 1、2、3、…、9。

（3）生成模拟运算表：选择单元格区域 D4：M13，在"数据"选项卡的"数据工具"组中依次选择"模拟分析"按钮→"模拟运算表"命令，在"模拟运算表"对话框中指定"输入引用行的单元格"为 D2、"输入引用列的单元格"为 D3，单击"确定"按钮，生成模拟运算表，如图 11.3 所示。

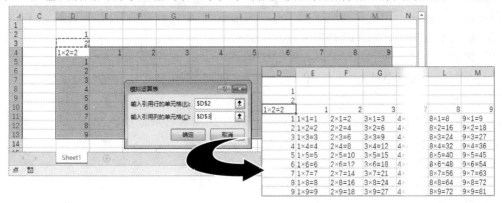

图 11.3　生成的双变量模拟运算表

（4）设置条件格式剔除重复数据：选择单元格区域 E5：M13，首先将其字体颜色设为"白色"；在"开始"选项卡的"样式"组中依次选择"条件格式"→"新建规则"命令，在"新建格式规则"对话框中选择"使用公式确定要设置格式的单元格"，输入公式"＝row( )＞＝column( )"作为条件，单击"格式"按钮设置字体颜色为"红色"、边框颜色为"绿色"，如图 11.4 所示。

注意：条件格式中公式所使用的判断条件，与乘法表左上角的单元格位置相关。只有乘法表第 1 个数字所处的行列数相等时，条件"＝row( )＞＝column( )"才能起到正确的作用，否则就需要调整该公式。

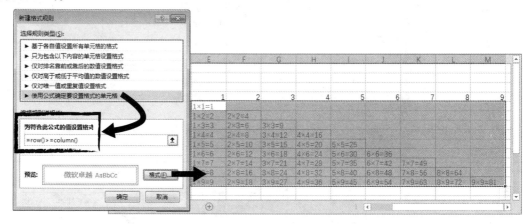

图 11.4　设置条件格式不显示重复数据

（5）整理乘法表：设置适当的字体、字号、对齐方式，加入标题"九九乘法表"并跨列居中，隐藏 D 列和第 4 行数据，不显示网格线。效果如图 11.2 所示。

11.2.3　规划求解简介

由于在实际的生产管理和经营决策过程中，可选方案可能很多，需要求解的变量也往往不止一两个。因此，本章所涉及的分析工具，无论是单变量求解，还是模拟运算表，抑或是方案管理器，可能均无法实现有效的求解。Excel 还提供了一个规划求解工具，可以方便地得到各类规划方案下的最佳值，如各种条件综合作用下可以达到的产量最高、成本最低、利润最大等最佳目标。

默认情况下，Excel 2016 的规划求解工具并未加载，需要进行手动调用，方法如下：

（1）启动 Excel，单击"文件"选项卡打开后台视图。

（2）选择"选项"命令，打开"Excel 选项"对话框。

（3）在左侧的列表中单击"加载项"，在右侧的"管理"下拉列表中选择"Excel 加载项"，然后单击"转到"按钮。

（4）在随后打开的"加载宏"对话框中单击选中"规划求解加载项"，单击"确定"按钮，"数据"选项卡上将出现"分析"选项组，如图 11.5 所示。

规划求解的基本操作方法是：

（1）分析规划问题，将实际问题数学化、模型化，亦即构建一组公式来描述相关问题。这是非常关键的一步。

（2）将基础数据和用公式表示的关联关系输入到工作表中。

图 11.5　加载规划求解工具

（3）在"数据"选项卡的"分析"组中单击"规划求解"按钮，打开如图 11.6 所示的"规划求解参数"对话框。

（4）设置目标公式、指定变量单元格、添加约束条件、选择求解方法，然后单击"求解"按钮。

图 11.6　"规划求解参数"对话框

11.3 任务实施

本任务下包含单变量求解逆向分析、单变量模拟运算表、双变量模拟运算表和创建方案 4 个案例,每个案例实施的基本流程均如下所示。

11.3.1 任务 1——单变量求解逆向分析

单变量求解用来解决以下问题:先假定一个公式的计算结果是某个固定值,当其中引用的变量所在单元格应取值为多少时该结果才成立。

利用单变量求解进行本量利分析,测算当销量为多少时能够达到预定的利润目标。

1. 构建公式

利润的简单计算公式:利润=(销售单价-单位成本)×销量。

其中,可变量为需测算的销量,利润为希望达到的目标值。

2. 输入基础数据

(1)打开案例文档"本量利分析.xlsx",将工作表 Sheet1 重命名为"单变量求解"。

(2)在"视图"选项卡的"显示"组中单击"网格线",取消对该复选框的选择,使得工作表不显示默认的网格线。

(3)在单元格区域 B2:C9 中输入图 11.7 所示的基础数据。其中:

• 单元格 C6 中输入的是单价换算公式"=C4*C5";

• 单元格 C9 中输入的是根据"利润=(销售单价-单位成本)×销量"构建的利润求解公式"=(C6-C7)*C8";

• 单元格 C8 为待求解的可变销量的存放位置。

(4)按照 E 列中的要求设置 C 列相应单元格的数字格式。对数据区域进行适当的格式化,如改变字体字号、添加边框线、填充底纹等。结果如图 11.7 所示。

3. 测算目标利润值下的销量

(1)单击利润公式所在的单元格 C9,目的是用于测算当销量为多少时能够达到预定的利润目标。

(2)在"数据"选项卡的"预测"组中单击"模拟分析"按钮,从下拉列表中选择"单变量求解"命令,打开"单变量求解"对话框。

(3)在"单变量求解"对话框设置各项参数:

• 指定"目标单元格"为 C9;

• 在"目标值"框中输入希望达到的利润值 150000;

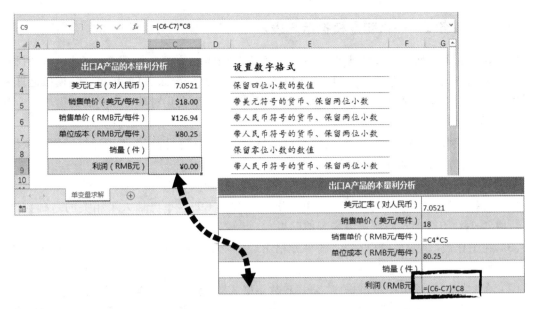

图 11.7　在工作表中输入用于单变量求解的基础数据和公式

- 指定"可变单元格"为销量值所在的单元格 C8。

（4）单击"确定"按钮，打开"单变量求解状态"对话框，同时数据区域中的可变单元格 C8 中显示单变量求解结果，如图 11.8 所示。

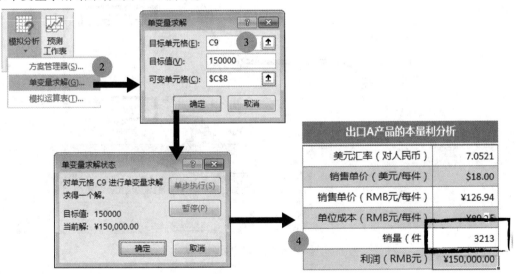

图 11.8　单变量求解过程及结果

（5）单击"单变量求解状态"对话框中的"确定"按钮，接受这个计算结果。

（6）重复步骤（1）~（5），可以重新测算一下当目标利润为 200000 元时的销量应达到多少件。

11.3.2 任务 2——单变量模拟运算表

模拟运算表依据处理变量个数的不同,分为单变量模拟运算表和双变量模拟运算表两种类型。若要测试公式中一个变量的不同取值如何改变相关公式的结果,可使用单变量模拟运算表。本案例利用单变量模拟运算表进行本量利分析,测算汇率变化对单价和利润的影响。

1. 使用单变量求解构建的公式

依旧基于"利润 =(销售单价 - 单位成本)×销量"构建求解公式,其中用于计算销售单价的汇率为变量值,销售单价和利润为测算目标值。

（1）插入一个空白工作表,并重命名为"单变量模拟运算"。

（2）选择工作表"单变量求解"中的单元格区域 B4：C9,这里已输入了相关的基础数据和公式。按 Ctrl+C 组合键复制所选内容到剪贴板。

（3）在工作表"单变量模拟运算"的单元格 B3 中单击鼠标右键,从弹出的快捷菜单中选择"选择性粘贴"命令,打开"选择性粘贴"对话框。

（4）在"粘贴"选项组中单击选中"公式和数字格式"单选项,同时选中"转置"复选框。

（5）单击"确定",将所选内容以行列转置的方式粘贴到当前位置,并清除部分格式,如图11.9 所示。其中,单元格 B4 中是变量值汇率,D4 中是销售单价公式,G4 中是利润求解公式。

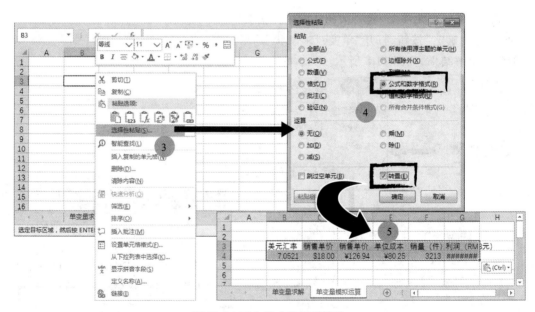

图 11.9　不含格式的行列转置

（6）在单元格 B2 中输入标题文本"出口 A 产品的本量利分析",设置其跨列居中并适当进行格式化。

（7）光标定位于 B3 单元格中的文本"美元汇率"与"(对人民币)"之间,按 Alt+Enter 组合键使其在同一单元格中换行,同时适当调整行高。用同样的方法将其他列标题括号之中的内容均换行显示。

（8）设置 B2：G2 文本居中对齐,调整 B：G 列的列宽至合适的宽度。

2. 批量转换工作表"汇率"中的日期格式

（1）在工作表标签"单变量模拟运算"上单击右键,从快捷菜单选择"取消隐藏",打开"取消隐藏"对话框。

（2）从对话框中选择工作表"汇率",单击"确定"按钮,显示该工作表,如图 11.10 所示。

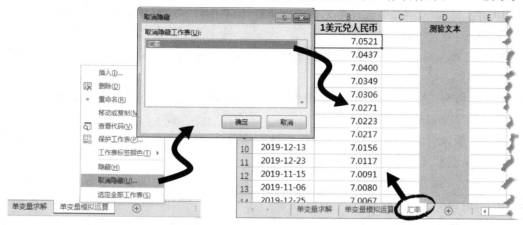

图 11.10　取消隐藏工作表

（3）工作表"汇率"的 A 列中显示为日期,但其究竟是不是日期格式呢? 我们来检测一下。在单元格 D2 中输入公式"=T(A2)"并向下填充到 D19,函数 T( )检测引用值是否为文本,如果是文本则返回文本,否则返回空。可以看到 A 列中数据大部分为文本型数据。

（4）利用分列功能批量转换数字格式:选择 A 列,依次选择"数据"选项卡→"数据工具"组→"分列"按钮→第 1 步中直接单击"下一步"按钮→第 2 步中直接单击"下一步"按钮→第 3 步中选择"日期"单选按钮→"完成"按钮。查看 D 列的检测结果,可以发现通过分列已将文本转换为日期,如图 11.11 所示。

图 11.11　检验并转换日期格式

提示：本例中巧妙地利用分列功能达成了数字格式转换的目的，这对于整理那些来自互联网或其他途径的不规范的数据很有帮助。另外，还可以通过创建查询来达到整理数据的目的，只要基于表格创建查询，然后加载回 Excel 即可完成日期格式的批量转换，只不过会生成一个新的工作表。大家可以自己试一试。

3. 获取汇率变化时单价及利润的模拟运算表

（1）在工作表"汇率"中选择单元格区域 B2：B19 中的一组汇率数据，将其复制到工作表"单变量模拟运算"的 B5：B22 中。

（2）选择单元格区域 B4：G22，其中单元格 B4 是公式引用的变量。同时一组变量值输入在 B 列中。

（3）在"数据"选项卡的"预测"组中单击"模拟分析"按钮，从下拉列表中选择"模拟运算表"命令，打开"模拟运算表"对话框。

（4）在"输入引用列的单元格"文本框中单击，然后从数据列表中选择单元格 B4，这是因为选用的变量是汇率，且不同的汇率输入在 B 列中。

（5）单击"确定"按钮，选定区域中自动生成模拟运算表。右侧将会自动测算汇率变化时不同的人民币销售单价和利润值。

（6）首先选择区域 B4：G4，然后在"开始"选项卡的"剪贴板"组中单击"格式刷"，最后选择区域 B5：G22，将 B4：G4 中的格式分别复制到 B5：G22 的对应列中。最终的结果如图 11.12 所示。

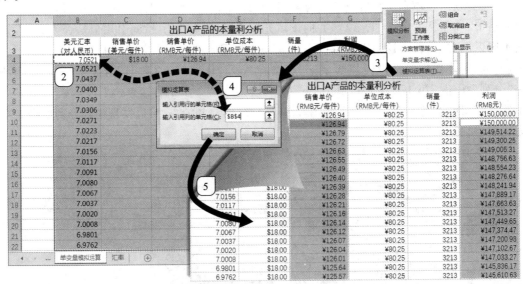

图 11.12　通过单变量模拟运算表测算不同汇率下的单价和利润

11.3.3　任务 3——双变量模拟运算表

若要测算公式中两个变量的不同取值如何改变相关公式的结果，可使用双变量模拟运算表。在单列和单行中分别输入两个变量值后，计算结果便会在指定的模拟运算区域中显示。

本案例利用双变量模拟运算表进行本量利分析,测算不同单价、不同销量下利润值的变化情况。

1. 构建公式

为了创建双变量模拟运算表,首先要在工作表中输入基础数据与公式,其中所构建的公式需要至少包括两个单元格引用。

本案例依旧基于"利润=(销售单价−单位成本)×销量"构建求解公式,其中两个变量分别是美元销售单价和销量,利润为测算目标值。

本案例中仍然沿用任务 1 中单变量求解时已构建完成的公式,可将其直接复制到新表中:

(1)插入一个空白工作表,并命名为"双变量模拟运算"。

(2)在工作表"单变量求解"中选择单元格区域 B2：C9。

(3)按 Ctrl+C 组合键复制到剪贴板。

(4)在工作表"双变量模拟运算"的单元格 A1 中单击鼠标右键,从"选择性粘贴"下选择"保留源列宽",粘贴全部数据的同时保留全部格式,包括列宽。

其中,A3：B8 区域中的基础数据用于双变量模拟运算,单元格 B4 中为美元单价变量值,B7 中为销量变量值,B8 中输入的是根据"利润=(单价−成本)×销量"构建的利润求解公式"=(B5−B6)∗B7",而 B5=B3∗B4,因此公式中间接或直接引用了美元销售单价和销量两个变量值,目的是测算不同单价、不同销量下利润值的变化情况。

2. 输入单价和销量两组变量值

(1)在单元格 B9、B10 中分别输入数值 14、16,选择这两个单元格并向下拖动右下角的填充柄直到单元格 B28,生成一组步长为 2 的单价系列。

(2)将单元格区域 B9：B28 的数字格式设为带美元符号的货币、保留两位小数。

(3)同理,在单元格区域 C8：N8 中输入一组步长为 100 的销售值系列,第 1 个值为 3900,并将其数字格式设为保留零位小数的数值。

3. 获取不同单价、不同销量下利润值的模拟运算表

(1)选择单元格区域 B8：N28。

(2)在"数据"选项卡的"预测"组中单击"模拟分析"按钮,从下拉列表中选择"模拟运算表"命令,打开"模拟运算表"对话框。

(3)在"模拟运算表"对话框中指定"输入引用行的单元格"为 B7、"输入引用列的单元格"为 B4,表示所选区域第 1 行为销量值、第 1 列为单价值。

(4)单击"确定"按钮,选定区域中自动生成模拟运算表,计算出各种单价和销量组合下可能的利润值。

(5)将利润值区域的数字格式设置为带人民币符号的货币、保留两位小数。适当调整列宽以显示完整数据。结果如图 11.13 所示。

4. 插入批注

为了方便其他人对模拟运算表的阅读和理解,可以对其中的关键数据添加批注。

(1)在工作表"双变量模拟运算"中单击单元格 C8。

(2)在"审阅"选项卡的"批注"组中单击"新建批注"按钮。

(3)在批注框中输入批注内容"单元格区域 C8：N8 中输入的是一组销量值"。

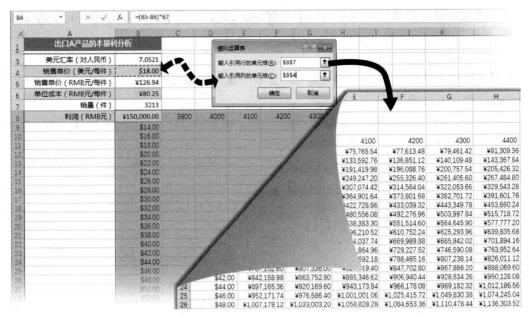

图 11.13 通过双变量模拟运算表测算不同单价、不同销量下的利润

（4）拖动批注框四周的控制点调整其大小。

（5）在"审阅"选项卡的"批注"组中单击"显示所有批注"按钮，使其呈按下状态。

（6）用同样的方法在单元格 B16 中插入批注内容"单元格区域 B9：B28 中输入的是一组美元单价值"，调整批注框的大小，并将其拖动到左侧的空白区域。

（7）为单元格 B8 添加批注内容"这里输入的是利润求解公式"，调整批注框的大小，并将其拖动到左下方的空白区域。结果如图 11.14 所示。

利用"审阅"选项卡的"批注"组中的各个选项按钮可对批注进行增删、修改等操作。

11.3.4 任务 4——方案管理器

方案管理器作为一种分析工具，每个方案允许建立一组假设条件，自动产生多种结果，并可以直观地看到每个结果的显示过程。

本案例利用方案管理器进行本量利分析，测算成本上涨、提价、降价等不同调价方案对利润的影响，从而为选择最优营销方案提供决策依据。

1. 建立分析方案

由于原材料和人工成本的持续增加，公司生产并内销的 B 产品近期成本上涨了 10%，导致利润下降明显。为了抵消成本上涨带来的影响，公司拟采取两种措施：一种是提高单价 8%，因此导致销量减少 5%；另一种是降低单价 3%，这使得销量增加 20%。表 11.3 中显示了上述 3 种不同的方案情况。

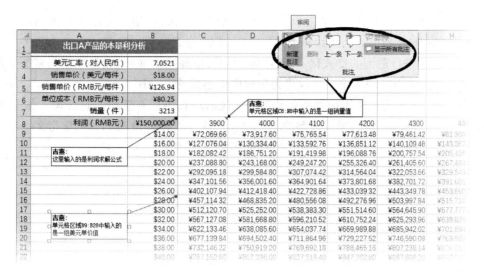

图 11.14　为单元格添加批注并显示批注框

表 11.3　建立 3 种不同的测算方案

项目	方案 1	方案 2	方案 3
单价增长率	0.00%	8.00%	-3.00%
成本增长率	10.00%	10.00%	10.00%
销量增长率	0.00%	-5.00%	20.00%

下面,根据以上资料,通过方案管理器来建立分析方案,目标是测算价量不变、提价、降价这3 种方案对利润额的影响。

2. 输入基础数据并构建公式

本案例依旧基于"利润 = (销售单价 - 单位成本)×销量"构建求解公式。

(1) 在最右侧插入一个空白工作表,并重命名为"方案管理"。

(2) 在工作表"方案管理"的单元格区域 B2：D8 中输入如图 11.15 所示的基础数据。

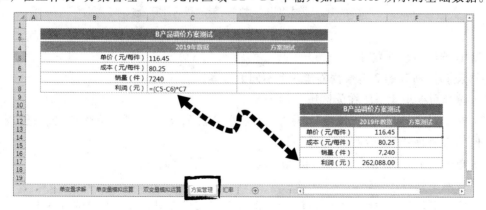

图 11.15　输入方案管理的基础数据

该基础数据列表中,D5、D6、D7 三个单元格为可变单元格,将用于显示不同方案的变量值。单元格 C8 中输入的是当前的利润计算公式"=(C5-C6)＊C7"。

(3)对工作表进行适当的格式化:调整字体、字号,添加边框底纹,设置数字格式等。其中,应将单元格区域 D5:D7 的数字格式设置为保留两位小数的百分比。

(4)单元格 D8 中将会输入根据基础数据和变化的增长率计算新利润的公式。在构建新的利润公式之前,为了引用方便,需要提前为相关单元格进行如表 11.4 所列的名称定义。

表 11.4 为指定的可变单元格命名

单元格地址	新命名的名称	单元格地址	新命名的名称
C5	单价	D5	单价增长率
C6	成本	D6	成本增长率
C7	销量	D7	销量增长率

提示: 在创建方案前,为相关的单元格分别定义一个直观的、易于理解的名称,以方便创建方案时的公式引用,不仅可以大大简化创建方案的过程,也可有效增强后续生成的方案摘要的可读性。

(5)定义名称后,便可在单元格 D8 中输入以下的新利润计算公式(如图 11.16 所示):

=(单价＊(1+单价增长率)-成本＊(1+成本增长率))＊销量＊(1+销量增长率)

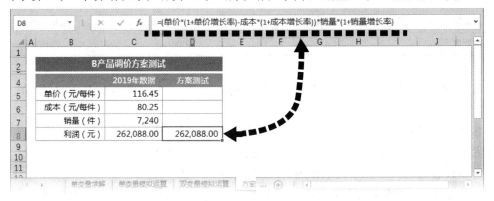

图 11.16 通过引用名称输入新的利润计算公式

3. 创建不同的调价方案

根据表 11.3 所列的 3 组数据创建 3 个不同的方案。

(1)选择可变单元格所在的区域 D5:D7。

(2)在"数据"选项卡的"预测"组中单击"模拟分析",从下拉列表中选择"方案管理器"命令,打开"方案管理器"对话框。

(3)单击右上方的"添加"按钮,接着弹出"添加方案"对话框。

(4)按照下列操作创建第一个方案:

- 在"方案名"文本框中输入方案名称"价量不变",代表只有成本变化的方案 1;
- 保证"可变单元格"区域为 D5:D7;

● 单击"确定"按钮,打开"方案变量值"对话框,依次输入方案 1 的 3 个增长率,可以直接输入百分数,也可以转换为小数输入,如图 11.17 所示。

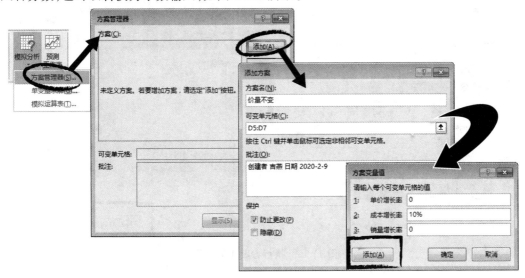

图 11.17　添加方案 1

（5）在"方案变量值"对话框中单击左下角的"添加"按钮,继续添加方案 2 和方案 3,分别命名为"提价""降价"。注意,其引用的可变单元格区域始终是 D5：D7 不变的,如图 11.18 所示。

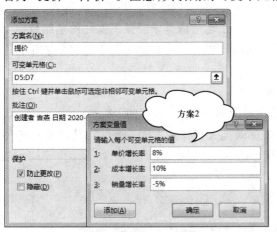

图 11.18　添加方案 2 和方案 3

（6）在"方案变量值"对话框中单击"确定"按钮,返回到"方案管理器"对话框。

（7）所有方案添加完毕后,单击"方案管理器"对话框中的"关闭"按钮。

4. 显示并执行方案

分析方案制定完成后,任何时候都可以执行方案,以查看不同的执行结果。

（1）在"数据"选项卡的"预测"组中单击"模拟分析"按钮,从下拉列表中选择"方案管理器"命令,打开"方案管理器"对话框。

（2）在"方案"列表框中选择方案"价量不变"，单击"显示"按钮，单元格区域 D5：D7 中自动显示该方案的 3 个增长率，同时 D8 单元格中计算出该方案的利润值，如图 11.19 所示。

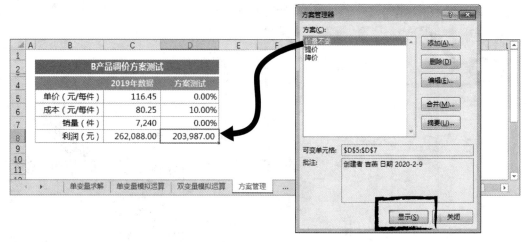

图 11.19 执行方案 1 的结果

（3）依次选择其他两个方案，显示其测算结果。

（4）执行完毕，单击"关闭"按钮退出对话框。

5. 建立方案报表

当需要将所有方案的执行结果都显示出来并进行比较时，可以建立合并的方案报表。

（1）首先在可变单元格区域 D5：D7 中均输入 0，表示当前值是未经任何变化的基础数据。

（2）在"数据"选项卡的"预测"组中单击"模拟分析"按钮，从下拉列表中选择"方案管理器"命令，打开"方案管理器"对话框。

（3）单击"摘要"按钮，打开"方案摘要"对话框。

（4）单击选中"方案摘要"单选按钮，指定"结果单元格"为公式所在的 D8。

（5）单击"确定"按钮，将会在当前工作表之前自动插入工作表"方案摘要"，其中显示各种方案的计算结果，如图 11.20 所示。

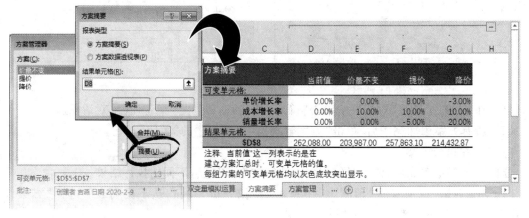

图 11.20 建立"方案摘要"报表

（6）经过比较,可以发现 3 个方案中"提价"方案的利润最高,但仍不及成本上涨前的利润高。

6. 将方案摘要插入到 Word 报告文档中并保持链接

通过方案管理器获取的方案摘要报表可以作为分析依据插入到 Word 文档中,以充实相关报告的内容,增强其说服力。

（1）在工作表"方案摘要"中选择单元格区域 B2:G10。

（2）按下 Ctrl+C 组合键将所选内容复制到剪贴板。

（3）打开 Word 文档,将光标定位到要插入方案摘要的位置。

（4）在"开始"选项卡的"剪贴板"组中单击"粘贴"按钮下方的黑色三角箭头。

（5）从打开的下拉列表的"粘贴选项"中单击"链接与保留源格式"按钮,Excel 方案表将被粘贴到当前光标处,如图 11.21 所示。

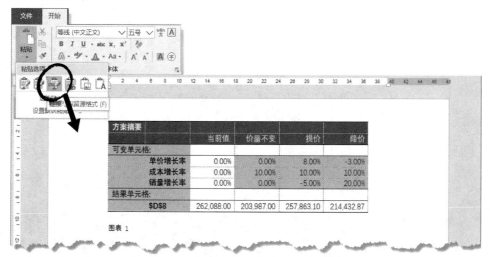

图 11.21　将 Excel 表格以链接与保留源格式的方式复制到 Word 文档中

（6）切换回 Excel 窗口,在工作表"方案摘要"中将单元格 C10 的内容修改为"利润额"。

（7）返回 Word 文档窗口,可以看到链接的表格内容自动进行了更新,如图 11.22 所示。

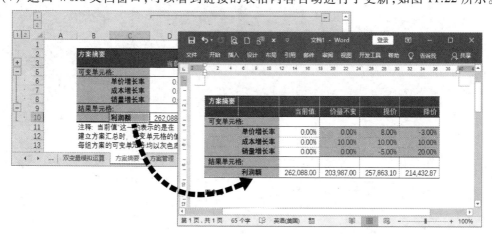

图 11.22　Word 中的表格内容自动更新

第三篇

使用 PowerPoint 制作演示文稿

PowerPoint 是 Microsoft 公司推出的 Office 办公软件中的组件之一,是一种操作简单的制作和演示幻灯片的软件,是当今世界最流行也是最简便的幻灯片制作和演示软件之一。其易用性、智能化和集成性等特点,给使用者提供了快速便捷的工作方式。

第 12 章　利用演示文稿汇报工作

在日常办公应用中,常常需要将某些文稿内容以屏幕放映的方式进行展示,如产品演示、企业宣传、工作汇报、销售简报和培训演讲等,应用 Microsoft PowerPoint 软件可以方便快速地制作出图文并茂、表现力和感染力极强的演示文稿。

在日常工作中,经常会遇到需要将某一阶段的工作进行汇总,做一份总结报告,向领导进行汇报,而制作一份"工作汇报"演示文稿就是最常用的方法。本案例就将利用 Microsoft PowerPoint 2016 来制作一份工作汇报演示文稿,其中涵盖了演示文稿的创建、设计、编辑及美化等功能。

12.1　任务目标

王明是一个刚刚参加工作的大学毕业生,他进入公司工作也有一段时间了,领导希望他对工作进行一下总结和汇报,王明准备应用 PowerPoint 2016 制作一份"工作汇报"演示文稿,本案例中创建的演示文稿是一种比较常见的演示文稿类型,通过案例的学习,可以学会在 PowerPoint 2016 软件中创建新演示文稿、制作和设计幻灯片等功能。本案例最终完成的一份"工作汇报"演示文稿,如图 12.1 所示。

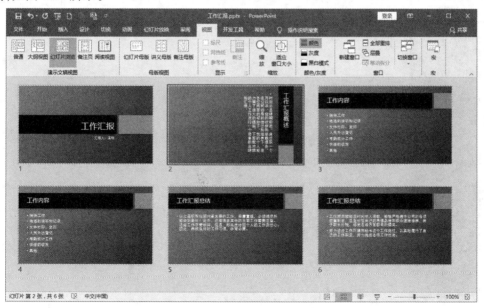

图 12.1　"工作汇报"演示文稿

本案例将结合用户在日常办公中最常需要用到的一些基本技能,创建一个"工作汇报"演示文稿。

本案例将涉及如下知识点:
- 创建新演示文稿
- 幻灯片内容的编辑与修改
- 幻灯片的编辑与修改
- 应用与修饰幻灯片版式
- 应用主题模板
- 保存与关闭演示文稿
- 利用 Word 文档快速生成演示文稿

12.2 相关知识

本章所用案例除了最后介绍的"利用 Word 文档快速生成演示文稿"具备 Office 家族多个软件配合使用、操作上具有技巧性外,其他操作环节均为演示文稿的基本操作。在本节相关知识中,以介绍 PowerPoint 2016 一些新增功能为主。

12.2.1 设置 Office 主题色

在 Microsoft Office 2016 家族的 Word、Excel、PowerPoint 等 Office 软件中,点击"文件"菜单,选择"账户"选项卡,在"账户"的功能面板中,可以通过 Office 主题的下拉列表,选择 Office 主题的基准色,如图 12.2 所示,下拉列表中有"彩色""深灰色"和"白色"3 种,部分版本在安装后还有"黑色"主题色,现在只有 Microsoft 365 订阅者账户才拥有"黑色"主题色。

图 12.2 设置 Microsoft Office 2016 主题色

12.2.2　为演示文稿应用主题及其变体

PowerPoint 2016 新增了 10 多种预置的演示文稿主题,并且大部分的主题都包含多个变体,主题加变体的组合构成了演示文稿上百种主题样式,极大地丰富了演示文稿预置资源,为演示文稿创作者带来更多选择和方便。

（1）在"设计"选项卡的"主题"组中打开主题列表,如图 12.3 上图所示,PowerPoint 2016 共预置了 43 种主题样式。

（2）选择其中一种样式,如"切片",则在"设计"选项卡的"变体"组的列表框里罗列了该主题的预设变体样式,如图 12.3 下图所示。

（3）在"变体"样式列表的右下角,点开下拉菜单,还可以通过"颜色""字体""效果"和"背景样式"功能菜单分项调整幻灯片的样式。

图 12.3　选择主题样式"切片"及其预设变体

12.2.3　"请告诉我"（Tell-Me）助手功能

在 Office 2016 的功能区右侧有一个文本框,显示"告诉我你想做什么",这就是新增的"Tell-Me"助手功能。在 PowerPoint 2016"Tell-Me"助手功能中输入你想要的操作的名称或短语,系统会以下拉菜单的形式罗列出与该名词相关的所有操作命令。

例如,当你在幻灯片中选中一个文本框,然后在"Tell-Me"助手中输入"样式",此时,在"Tell-Me"助手的下方会出现含有"边框样式""艺术字快速样式""形状快速样式""图表快速样式""SmartArt 样式"的功能菜单,其中后两个菜单项为禁用状态,说明与选中的文本框对象无关,如图 12.4 所示。

图 12.4 "Tell-Me"助手中输入"样式"出现的功能菜单

12.2.4 墨迹书写和墨迹公式

PowerPoint 2016 提供了手写功能——"墨迹"功能,即在幻灯片上用鼠标或手写笔进行书写而插入图形、文字和公式的功能,并提供部分识别转换功能。

在"审阅"选项卡的"墨迹"组中单击"开始墨迹书写"按钮,此时功能区中会新增"墨迹书写工具|笔"选项卡,在这种状态下,创作者可以利用鼠标或手写笔在当前幻灯片中进行自由地书写,绘画图形,手写文字,对幻灯片内容进行标注等操作。当"墨迹艺术"组下的"转换为形状"按钮被选中时,在手画图形时,遇到系统能够识别的形状,手画图形将自动转换为相应的标准图形。

在"插入"选项卡的"符号"组中单击"公式"下方的下拉菜单按钮,在弹出的下拉菜单的最下面选择"墨迹公式"命令,弹出"插入手写公式"对话框,如图 12.5 所示。在中间带有网格的手写板上编写公式,在上部的预览框中会将手写体转换为标准公式,手写板下部是工具选项。书写公式完成,单击右下角的"Insert(插入)"按钮,即可将转换好的公式插入当前幻灯片中。

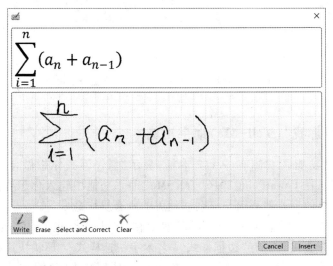

图 12.5 利用"墨迹公式"手写输入公式

12.2.5　屏幕录制功能

PowerPoint 2016 新增了录制计算机屏幕并将录制内容嵌入 PowerPoint 的功能。此录制屏幕音视频功能的应用场景非常广泛而实用,比如截取一段正在播放的视频,或者录制计算机操作的培训视频,还可以为演讲者录制演讲过程中的幻灯片同步播放过程视频等。

在“插入”选项卡的“媒体”组中,单击“屏幕录制”按钮,计算机将进入屏幕录制的准备状态,在屏幕顶部的中间将出现“屏幕录制”工作面板,包含“录制”“停止”“选择区域”“音频”和“录制指针”按钮/命令,如图 12.6 所示。首先通过“选择区域”进行录制区域的选择,通过在指定的视窗中绘制一个矩形框来确定对哪个运行程序的哪个区域进行录制;确定是否同时录制音频和鼠标指针;然后单击“录制”按钮开始屏幕录制,此时屏幕中会出现 3 秒的提示,之后便开始屏幕录制过程。

图 12.6　“屏幕录制”工作面板

在录制过程中,“屏幕录制”工作面板将隐藏,因此需要通过快捷键进行操作控制。“录制/暂停”的快捷键为“Windows 徽标键 + Shift + R”组合键,“停止”的快捷键为“Windows 徽标键 + Shift + Q”组合键。当按下“停止”按钮或快捷键时,录制好的视频文件将自动插入当前幻灯片中。可以通过“视频工具|播放”选项卡的相关功能操作,对幻灯片中的视频对象进行预览、编辑和设置控制选项。

12.3　任务实施

本案例实施的基本流程如下所示。

12.3.1　创建空白演示文稿文件

要制作“工作汇报”演示文稿,首先需要创建演示文稿文件。要从零开始制作演示文稿,则可以新建空白演示文稿。当启动 PowerPoint 2016 软件后,在启动界面中左侧显示最近使用的演示文稿文档,右侧是新创建演示文稿的主题列表,如图 12.7 左图所示。要想新建一个空白演示文稿,可以点击主题列表中的“空白演示文稿”缩略图,即可创建一个默认名为“演示文稿 i”(i 为从 1 开始递增的自然数)的演示文稿。也可以在一个打开的演示文稿中新建,执行如下操作步骤:

（1）选择"文件"菜单，单击"新建"选项卡。

（2）在窗口右侧的"特色"页下，单击"空白演示文稿"主题缩略图，如图 12.7 右图所示。

图 12.7　新建演示文稿

（3）系统将新建一个名为"演示文稿 i"的空白文稿。

12.3.2　添加与删除幻灯片

一个演示文稿一般都是由多张幻灯片组成的，使用者可以根据实际需要在演示文稿的任意位置新建幻灯片。在新建的空白演示文稿中添加幻灯片，可以执行如下操作步骤：

（1）单击"开始"选项卡，在"幻灯片"组中单击"新建幻灯片"按钮或者在"新建幻灯片"下拉列表中选择特定的幻灯片版式创建指定版式的新幻灯片。

（2）系统将添加一张幻灯片，如图 12.8 左图所示。

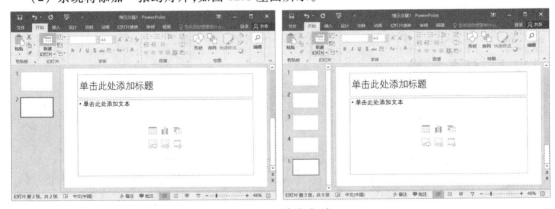

图 12.8　添加幻灯片

（3）用相同的方法继续添加 3 张幻灯片，使得演示文稿 1 一共有 5 张空白幻灯片，如图 12.8 右图所示。

执行以上操作步骤添加的幻灯片，是直接添加在默认的当前幻灯片的后面，如果想要指定新添加的幻灯片的位置，就需要在缩略图窗格中选择要新建幻灯片的位置。例如要在第 1 张幻灯片的后面添加幻灯片，就单击第 1 张幻灯片，然后再执行上面的操作步骤，则在第 2 张幻灯片的位置添加一个新的空白幻灯片。演示文稿 1 一共有 6 张空白幻灯片，同时 PowerPoint 将自动重新对各幻灯片进行编号，如图 12.9 所示。

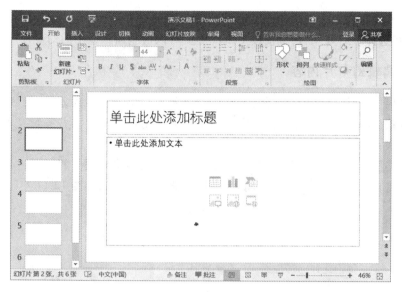

图 12.9 选定添加幻灯片位置

（4）在缩略图窗格中按 Enter 键,或在缩略图窗格中单击鼠标右键,在弹出的快捷菜单中选择"新建幻灯片"命令,都可在当前幻灯片的后面插入一张新幻灯片。

如果添加的幻灯片是不需要的,就可以删除这张幻灯片。在演示文稿中删除幻灯片,可以执行如下操作步骤:

（1）在缩略图窗格中选择要删除的第 3 张幻灯片。

（2）单击鼠标右键,在弹出的快捷菜单中选择"删除幻灯片"命令,如图 12.10 所示。

（3）系统就会将第 3 张幻灯片删除。现在演示文稿 1 一共有 5 张空白幻灯片,同时 Power-Point 将自动重新对各幻灯片进行编号。

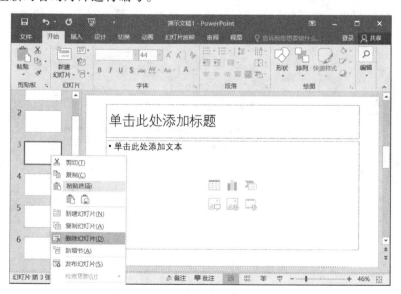

图 12.10 删除幻灯片

（4）在缩略图窗格中按住 Shift 键可选择多张连续的幻灯片，而按住 Ctrl 键可选择多张不连续的幻灯片；在选择了幻灯片后，直接按 Delete 键就可以快速删除选中的幻灯片。

12.3.3 编辑幻灯片内容

在演示文稿中，无论这些演示文稿的风格、类型和表现形式有多大差异，幻灯片中的文字内容都是不可能缺少的。在前面创建的新空白演示文稿的幻灯片中输入并编辑文本内容，可以执行如下操作步骤：

（1）在缩略图窗格中选择第 1 张幻灯片，在"单击此处添加标题"的标题占位符处单击，占位符中的文本将自动消失，在占位符中输入"工作汇报"这四个字，如图 12.11 左图所示。

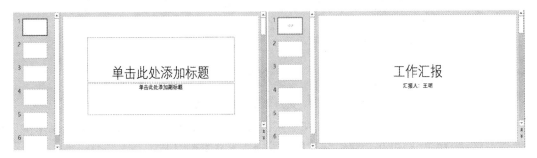

图 12.11 输入标题和副标题内容

（2）单击"单击此处添加副标题"的标题占位符，占位符中的文本将自动消失，在占位符中输入"汇报人：王明"这几个字，如图 12.11 右图所示。

（3）在缩略图窗格中选择第 2 张幻灯片，在标题占位符中输入"工作汇报概述"；然后单击"单击此处添加文本"的文本占位符，在占位符中输入文本"时间总是转瞬即逝，自任职一个月以来，我的收获和感触很多。由于你们的信任和培养，我的个人能力有了很大的提高。下面就对我的个人工作进行一个简单的总结和汇报。"，如图 12.12 所示。

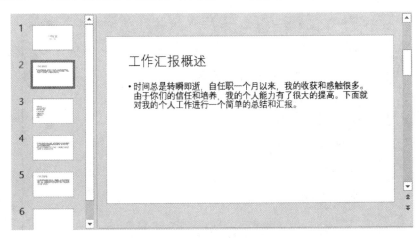

图 12.12 输入第 2 张幻灯片的文本

（4）选择第 3 张幻灯片，在标题占位符中输入文本"工作内容"，在文本占位符的第一行中输入文本"接待工作"，然后按 Enter 键，进入下一行，再输入文本"电话的接听和记录"。依此类推，分别输入"文件打印、复印""人员外出登记""考勤统计工作""快递的收发""其他"等内容，如图 12.13 左图所示。

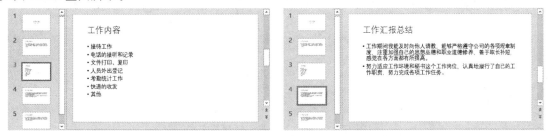

图 12.13　输入第 3 张和第 4 张幻灯片的文本

（5）选择第 4 张幻灯片，在文本占位符中输入文本"工作期间我能及时向他人请教，能够严格遵守公司的各项规章制度，注重加强自己的思想品德和职业道德修养，善于取长补短，感觉在各方面都有所提高。努力适应工作环境和秘书这个工作岗位，认真地履行了自己的工作职责，努力完成各项工作任务。"，如图 12.13 右图所示。

（6）选择第 5 张幻灯片，在标题占位符中输入文本"工作汇报总结"，在文本占位符中输入文本"以上是职责范围内最主要的工作，毋庸置疑，必须竭尽所能做到最好！此外，还有很多其他的日常工作需要注意。这些工作尽管琐碎，但是，却高度体现个人的工作责任心。因此，养成良好的工作习惯，非常必要。"，如图 12.14 所示。

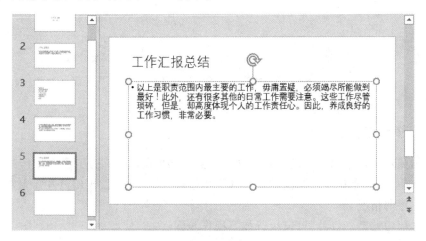

图 12.14　输入第 5 张幻灯片的文本

如果输入的文本出现了问题，就需要进行编辑和修改，可以执行如下操作步骤：

（1）选择第 2 张幻灯片，对文本进行修改。如将"由于你们的信任和培养"修改为"在公司领导的信任和培养下，在各位同事的帮助下"，如图 12.15 所示。

（2）选择第 4 张幻灯片，在标题占位符中输入文本"工作汇报总结"，如图 12.16 所示。

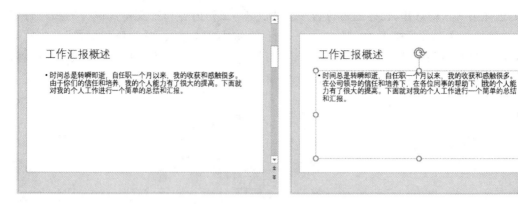

图 12.15 修改第 2 张幻灯片的文本

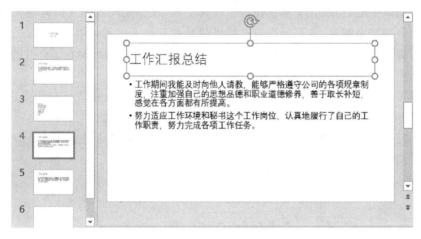

图 12.16 修改第 4 张幻灯片的标题文本

12.3.4 移动与复制幻灯片

在空白的演示文稿中输入了幻灯片的文本内容后,演示文稿的初步建立工作就做好了。但是在日常工作中,尤其是在演示文稿的设计和使用过程中,经常会发现幻灯片需要复制或者需要调整幻灯片顺序的情况。

在演示文稿中移动幻灯片,可以执行如下操作步骤:

(1)在缩略图窗格中选择第 4 张幻灯片,然后单击鼠标右键,在弹出的快捷菜单中选择"剪切"命令,如图 12.17 左图所示;当前的第 4 张幻灯片就会被剪切掉,演示文稿中就剩下了 4 张幻灯片,并且系统会重新自动编号。

(2)在缩略图窗格中选择幻灯片需要移动到的位置,例如选择当前的第 4 张幻灯片后面(也就是在缩略图窗格中整个演示文稿的最后),单击鼠标,然后在"开始"选项卡的"剪贴板"组中单击"粘贴"按钮,如图 12.17 右图所示。

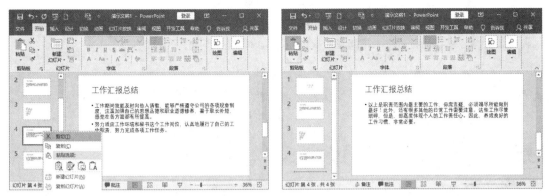

图 12.17　移动幻灯片

原来的第 4 张幻灯片,就会移动到整个演示文稿的最后,成为第 5 张幻灯片,如图 12.18 所示。

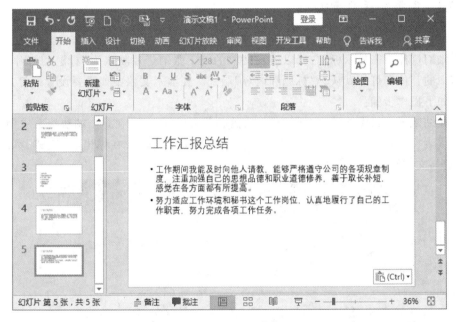

图 12.18　移动后的幻灯片

(3)在缩略图窗格中用鼠标单击选中需要移动的幻灯片,按住鼠标左键不放然后拖动鼠标,到指定位置放开鼠标左键,就可以快速地移动选中的幻灯片到指定位置。

如果需要在演示文稿中复制幻灯片,可以执行如下操作步骤:

(1)在缩略图窗格中选择第 3 张幻灯片,然后单击鼠标右键,在弹出的快捷菜单中选择"复制幻灯片"命令,如图 12.19 左图所示。

(2)在第 3 张幻灯片的后面就会出现一张新的幻灯片,这张幻灯片是第 3 张幻灯片的复制品,同时 PowerPoint 将自动重新对各幻灯片进行编号。演示文稿中现在有 6 张幻灯片,如图 12.19 右图所示。

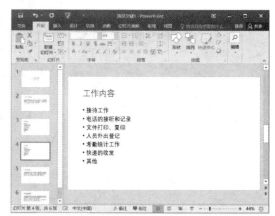

图 12.19 复制幻灯片

12.3.5 选择合适的版式

版式是指文本框、图片、表格、图表等在幻灯片上的布局(排列位置)。一般情况下,演示文稿的第 1 张幻灯片用来显示标题,所以演示文稿的第 1 张幻灯片默认为"标题幻灯片"版式,而演示文稿中的其他幻灯片默认为"标题和内容"版式。在演示文稿中如果要设置幻灯片的版式,可以执行如下操作步骤:

(1)在缩略图窗格中选择第 2 张幻灯片,然后单击鼠标右键,在弹出的快捷菜单中选择"版式"命令,或者在"开始"选项卡的"幻灯片"组中单击"版式"按钮,在弹出的"版式"列表中选择"竖排标题与文本"版式,如图 12.20 所示。

图 12.20 选择"竖排标题与文本"版式

(2)选择第 5 张幻灯片,然后在"开始"选项卡的"幻灯片"组中单击"版式"按钮,在弹出的"版式"列表中选择"两栏内容"版式,如图 12.21 所示。

PowerPoint 2016 的不同主题均提供了多种幻灯片版式供用户选择和使用,如图 12.22 所示的是"Office 主题"的版式列表。

 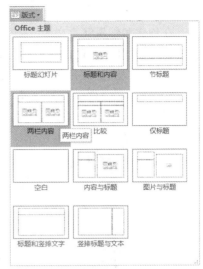

图 12.21　选择"两栏内容"版式　　　　　图 12.22　Office 主题的"版式"列表

12.3.6　简单应用主题

到目前为止,要建立的这个演示文稿已经基本完成了,但是你会发现这个演示文稿并不好看。若要使演示文稿具有设计师水准的外观,包括一个或多个颜色协调、背景匹配、字体和效果好的幻灯片版式,需要将一个主题应用到这个演示文稿。主题是专业设计的,它包含了预先定义好的格式和配色方案。应用主题是控制演示文稿统一外观最方便且最快捷的一种方法,可以在任意时刻应用到演示文稿中。

例如,要为"工作汇报"这个演示文稿应用"柏林"这个主题模板,可以执行如下操作步骤:

(1) 选择任意一张幻灯片,在"设计"选项卡的"主题"组中单击 下拉按钮,在打开的下拉菜单中选择"Office"栏中的"柏林"主题,如图 12.23(a)所示。

(2) 整个演示文稿中的所有幻灯片的主题颜色搭配将发生改变,如图 12.23(b)所示。

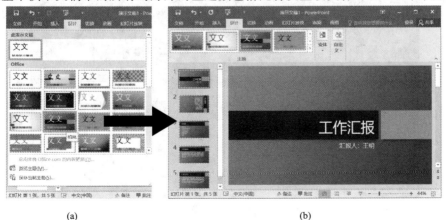

(a)　　　　　　　　　　　　　　　　(b)

图 12.23　应用"柏林"主题

12.3.7 保存和关闭演示文稿

在创建和编辑演示文稿时,必须要对演示文稿进行保存,以避免文稿内容的丢失。当不需要再进行编辑的时候,可以将演示文稿关闭。将前面创建的演示文稿 1 保存为文件名为"工作汇报"的演示文稿,然后再关闭演示文稿,可以执行如下操作步骤:

(1)单击"文件"菜单,选择"另存为"选项卡(当新演示文稿尚未保存时,点击"保存"命令与选择"另存为"选项效果相同),单击"这台电脑"按钮,右侧将列出用户近期操作演示文稿的文件夹列表信息,如图 12.24 所示。

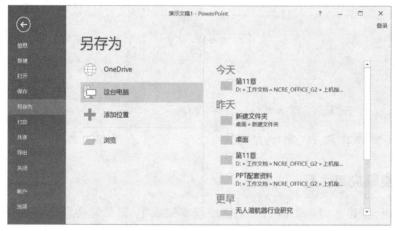

图 12.24 保存演示文稿

(2)单击右侧某一个文件夹信息,或者直接双击"这台电脑"按钮,或者单击"浏览"按钮,将打开"另存为"对话框,如图 12.25 所示。可以根据需要变更演示文稿的保存位置,在"文件名"下拉列表框中输入名称"工作汇报",然后单击"保存"按钮,保存新创建的这个演示文稿。

图 12.25 "另存为"对话框

（3）单击"文件"菜单,单击"关闭"选项关闭演示文稿,如图 12.26 所示。

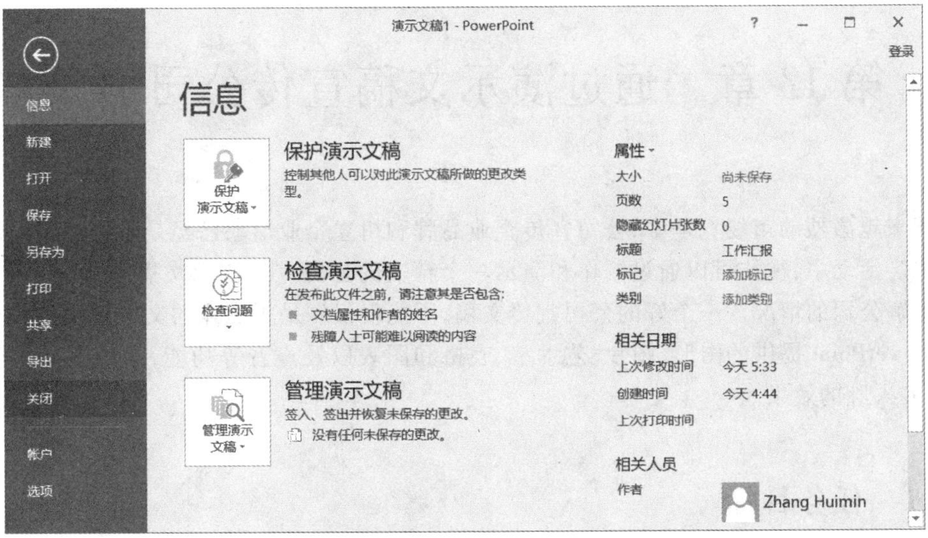

图 12.26　关闭演示文稿

12.3.8　利用 Word 文档快速生成演示文稿

在创作演示文稿的过程中,很多人会事先写好汇报内容的文字稿,然后再制作演示文稿。Microsoft Office 提供了利用 Word 文档快速生成演示文稿的方法,使得一些烦冗的操作变得简单快捷。操作步骤如下:

（1）创建一个 Word 文档,保存为"工作汇报.docx"。

（2）将需要在幻灯片中展示的内容录入到 Word 文档中。

（3）将需要在幻灯片中显示为标题的内容,应用为内置样式的"标题 1"或者"标题"。这也作为演示文稿中单独创建一张幻灯片的依据,通过应用"标题 1"或者"标题"的段落数,即可知道将生成多少张幻灯片。

（4）将需要在幻灯片中显示为一级文本、二级文本……的内容,应用为内置样式的"标题 2""标题 3"……也可以对一级文本应用"副标题"。

（5）利用 Word 提供的"发送到 Microsoft PowerPoint"命令,快速生成一个指定幻灯片页数和内容的演示文稿初稿。

（6）根据需要对演示文稿中的幻灯片进行编辑和设置,并保存演示文稿。

操作提示:在 Word 中,"发送到 Microsoft PowerPoint"命令不在功能区中,需要单独添加到自定义功能区或者快速访问工具栏中。在功能区中单击鼠标右键,选择"自定义功能区"命令,在"不在功能区中的命令"或者"所有命令"中找到"发送到 Microsoft PowerPoint"命令,然后添加到功能区中;也可以通过"快速访问工具栏"右侧的 ▼ 按钮弹出的菜单中,选择"其他命令…"来添加。

第 13 章　通过演示文稿宣传公司形象

在越来越激烈的市场竞争中,公司宣传企业品牌和树立企业形象已经是不可或缺的部分,在公司的推广活动中,往往可以通过制作和演示一个精美的公司宣传演示文稿来让客户更全面和直观地了解公司的情况。一个好的公司宣传文稿,不能仅仅靠呆板枯燥的文字说明,而应该通过多运用 PowerPoint 提供的图形、图片、艺术字、表格和图表以及声音等功能,达到图文并茂、生动美观、引人入胜的效果。

13.1　任务目标

最近公司为了提高自身的知名度,需要制作一份宣传文稿,介绍企业的文化、概况、企业规模及经营状况等。经理办公室的小白接到了这份工作,她准备运用 PowerPoint 2016 来制作一份"公司宣传"演示文稿,配以相关的文字、图片、图形、艺术字、表格和图表、声音甚至视频等以更加形象生动地为客户介绍和讲解。本案例最终完成的一份"公司宣传"演示文稿,如图 13.1 所示。

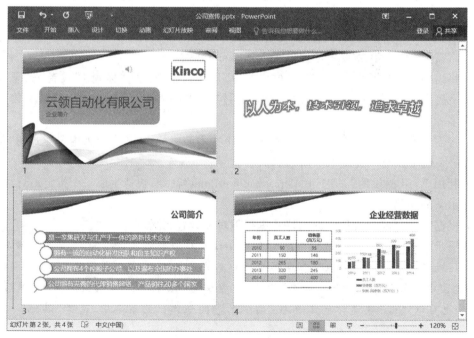

图 13.1　"公司宣传"演示文稿

本案例将结合用户在日常办公中最常用到的一些基本技能,创建一个"公司宣传"演示文稿。

本案例将涉及如下知识点:

- 演示文稿主题的修改
- 插入图片和剪贴画并编辑
- 插入艺术字并编辑
- 插入 SmartArt 图形并编辑
- 插入表格和图表并编辑
- 绘制图形并编辑
- 插入媒体文件并编辑
- 打包演示文稿

13.2 相关知识

PowerPoint 还有一些功能,利用这些功能可以更有效地处理演示文稿。

13.2.1 插入屏幕截图或屏幕剪辑

在 Microsoft Office 中可以快速而轻松地将屏幕截图添加到 Office 文件中,以增强可读性或捕获信息,且无须退出正在使用的程序。可以使用此功能捕获在计算机上打开的全部或部分窗口的图片。

单击"屏幕截图"按钮时,既可以插入整个程序窗口,也可以使用"屏幕剪辑"工具选择窗口的一部分。但是只能捕获没有最小化到任务栏的窗口。

要想在幻灯片中插入屏幕截图或屏幕剪辑,可以执行如下操作步骤:

(1)单击选中要将屏幕截图添加到的幻灯片。

(2)单击需要转换为 SmartArt 图形的文本框。

(3)在"插入"选项卡的"图像"组中单击"屏幕截图"选项,如图 13.2 左图所示。

(4)在弹出的下拉菜单中,有"可用的视窗"列表和"屏幕剪辑"命令两个选项可供选择,如图 13.2 右图所示。

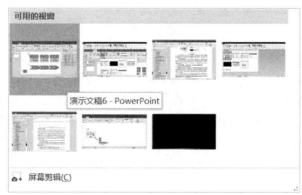

图 13.2 插入屏幕截图

（5）如果想要添加整个操作系统打开的视窗,可单击"可用的视窗"列表中的缩略图。打开的程序窗口以缩略图的形式显示在"可用的视窗"库中,当指针悬停在缩略图上时将弹出工具提示,其中显示了程序名称和文档标题。例如,正在使用另一个 PowerPoint 程序,在"可用的视窗"里会看到以"演示文稿 6-PowerPoint"为提示信息的缩略图,单击该缩略图可将其添加到当前幻灯片中。

（6）如果想要添加自定义大小的屏幕内容,则可单击"屏幕剪辑"命令,当指针变成十字时,当前的 PowerPoint 程序将消失,然后整个屏幕将变得模糊和泛白,按住鼠标左键并拖动,形成一个矩形区域,这个区域的内容将变得清晰,即为捕获的屏幕区域,松开鼠标左键,则该区域的屏幕内容将以图片的形式插入到当前幻灯片的中部。

（7）添加屏幕截图后,可以使用"图片工具"选项卡上的功能对该屏幕截图进行编辑。

13.2.2 创建 SmartArt 图形时要考虑的内容

SmartArt 图形可以用最恰当的可视化形式来展示内容信息,这就需要选择合适的布局类型,使绘制的图形美观、清晰且易于理解。由于 PowerPoint 可以快速轻松地切换布局,因此可以通过在不同类型下尝试不同的布局,帮助设计者确定一个最合适的布局版式。表 13.1 中列举了一些常见的 SmartArt 图形类型及对应用途。

表 13.1 常见的 SmartArt 图形类型及对应用途

图形的用途	图形类型
显示无序信息	列表
在流程或日程表中显示步骤	流程
显示连续的流程	循环
显示决策树	层次结构
创建组织结构图	层次结构
图示连接	关系
显示各部分与整体的关联	矩阵
显示与顶部或底部最大部分的比例关系	棱锥图
绘制带图片的族谱	图片

此外,还要考虑里面的文字量,因为文字量通常决定了所用布局以及布局中所需的形状个数。通常,在形状个数和文字量仅限于表示要点时,SmartArt 图形最有效。如果文字量较大,则会分散 SmartArt 图形的视觉吸引力,使这种图形难以直观地传达所要表达的信息。但某些布局（如"列表"类型中的"梯形列表"）适用于文字量较大的情况。

某些 SmartArt 图形布局包含的形状个数是固定的。例如,"关系"类型中的"反向箭头"布局用于显示两个对立的观点或概念。只有两个形状可与文字对应,并且不能将该布局改为显示多个观点或概念,如图 13.3 左图所示。

如果需要传达两个以上的观点,可以切换具有两个以上可用于文字的形状的布局,例如"列表"类型中的"目标图列表"布局,如图 13.3 右图所示。

图 13.3　"反向箭头"布局和"目标图列表"布局

更改布局或类型会改变信息的含义。例如,带有右向箭头的布局(如"流程"类型中的"基本流程")和带圆环箭头的 SmartArt 图形布局(如"循环"类型中的"连续循环")具有不同的含义,随意更改会造成表达不明。

13.2.3　SmartArt 图形的转换

由于演示文稿通常包含带有项目符号列表的幻灯片,因此可以快速将幻灯片文本转换为 SmartArt 图形,可以执行如下操作步骤:

(1)单击选中需要转换为 SmartArt 图形的文本框。

(2)在"开始"选项卡的"段落"组中单击"转换为 SmartArt"按钮,就会弹出 SmartArt 样式的选项菜单,单击选择"基本矩阵"样式,如图 13.4(a)所示。

(3)幻灯片中的文本内容就会自动转换为相应的 SmartArt 图形,效果如图 13.4(b)所示。

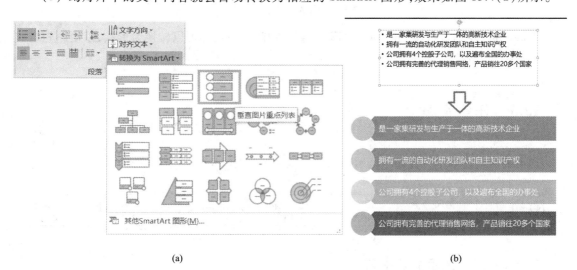

(a) (b)

图 13.4　文本转换为 SmartArt 图形

在 PowerPoint 2016 中不但可以快速将幻灯片文本转换为 SmartArt 图形,还可以将已经创建好的 SmartArt 图形转换为幻灯片文本,可以执行如下操作步骤:

(1)单击选中需要转换的 SmartArt 图形,在功能区的右侧就会出现"SmartArt 工具"的"设计”和“格式”两个选项卡。

（2）在“SmartArt 工具|设计”选项卡的“重置”组中单击“转换”按钮，就会弹出选项菜单，单击选择“转换为文本”按钮，如图 13.5（a）所示。

（3）SmartArt 图形就会自动转换为文本，并且在文本中创建了项目符号列表，效果如图 13.5（b）所示。

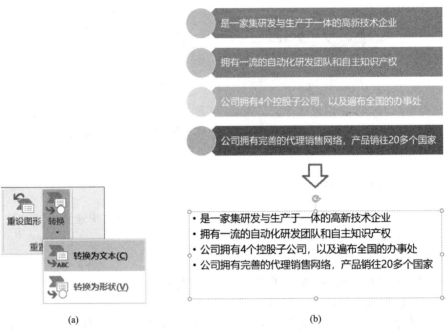

图 13.5　SmartArt 图形转换为文本

PowerPoint 不但可以将 SmartArt 图形转换为幻灯片文本，还可以转换为形状，以便原先组成 SmartArt 图形的任何形状都可以独立于其他形状被移动、调整大小和删除。

13.3　任务实施

本案例实施的基本流程如下所示。

13.3.1　修改演示文稿主题

在制作和设计演示文稿时，常常先确定演示文稿的主题，即对演示文稿中各幻灯片的布局、结构、色调、字体和图形效果等进行设定。在创建空白演示文稿时，就可以根据需要选择一种适合的主题样式，可以执行如下操作步骤：

（1）选择“文件”选项卡，单击“新建”选项。

（2）在窗口右侧下方的"特色"页的主题列表中选择"水汽尾迹"主题。

（3）在弹出的主题预览对话框中，左侧为主题缩略图预览，右侧为该主题的变体列表，在变体列表中选择右下角的变体类型。

（4）单击窗口右下角的"创建"按钮，如图 13.6（a）所示。

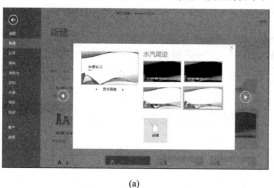

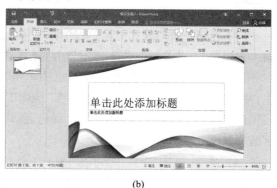

（a）　　　　　　　　　　　　　　（b）

图 13.6　创建"水汽尾迹"主题的演示文稿

（5）系统将新建一篇空白文稿，并且已经应用了"水汽尾迹"的主题样式，如图 13.6（b）所示。

为演示文稿应用主题样式之后，还可以根据自己的喜好或者幻灯片内容的需要设置主题中已经应用的颜色、字体和效果。

要是想对主题颜色进行修改设置，可以执行如下操作步骤：

（1）单击"设计"选项卡"变体"组的下拉按钮 ，鼠标移至"颜色"菜单，就会弹出"颜色"选项菜单。

（2）在菜单中选择"自定义颜色"命令，如图 13.7（a）所示。

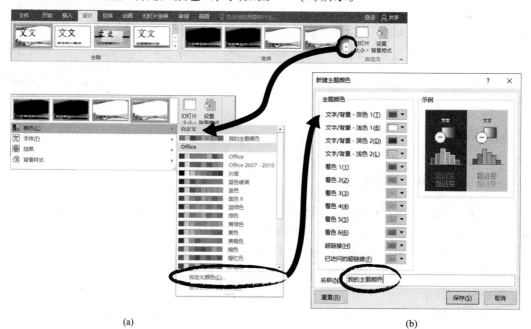

（a）　　　　　　　　　　　　　　（b）

图 13.7　设置主题颜色

（3）在打开的"新建主题颜色"对话框中设置名称为"我的主题颜色"。

（4）在"文字/背景-深色 1"颜色中选择主题颜色"绿色，个性色 5，深色 50%"，如图 13.7 （b）所示。

（5）单击"保存"按钮，保存主题颜色设置。

要是想对主题效果进行修改设置，可以执行如下操作步骤：

（1）在第一页幻灯片的标题占位符中输入标题"云领自动化有限公司"，在副标题占位符中输入副标题"企业介绍"，将字体设置为"微软雅黑"，大小适当调整。

（2）在"插入"选项卡的"插图"组中单击"形状"按钮，选择"圆角矩形"形状，插入幻灯片中，并利用右键菜单将其置于底层。在"绘图工具|格式"选项卡的"形状样式"组的主题样式列表中选择"浅色 1 轮廓，彩色填充 – 绿色，强调颜色 5"样式，将该圆角矩形作为标题和副标题文字的背景框。

（3）单击"设计"选项卡"变体"组的下拉按钮，将鼠标移至"效果"菜单，会弹出"效果"选项菜单，在"效果"菜单中有很多内置的效果，如图 13.8（a）所示。

（4）在"效果"菜单中单击选择"极端阴影"，效果如图 13.8（b）所示。

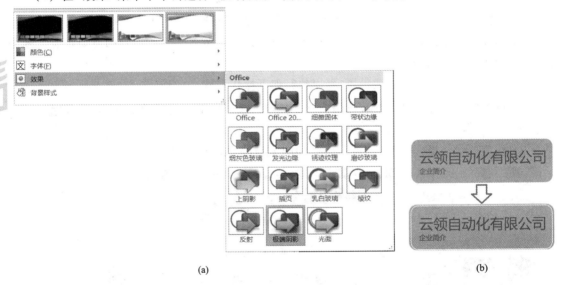

（a）　　　　　　　　　　　　　　　　　　　　（b）

图 13.8　设置主题效果

13.3.2　插入图片和剪贴画

在设计演示文稿时，为了丰富幻灯片的页面内容，或是根据页面内容的要求，经常需要在幻灯片中插入图片或者剪贴画。在本例中需要在首页中插入公司的 LOGO 图标，可以执行如下操作步骤：

（1）单击"插入"选项卡"图像"组中的"图片"按钮。

（2）在弹出的"插入图片"对话框中选择需要插入的图片，然后单击对话框下方的"打开"按钮，如图 13.9（a）所示。

（3）将插入的图片移动到幻灯片的右上角适当位置，如图 13.9（b）所示。

插入图片后，还可以根据自己的喜好或者幻灯片内容的需要设置不同的图片边框、图片效果和图片外观样式。

在本例中如果需要对插入的 LOGO 图片进行外观样式的设置,可以执行如下操作步骤:

(1)单击选中插入的图片,在功能区的右侧就会出现"图片工具|格式"选项卡。

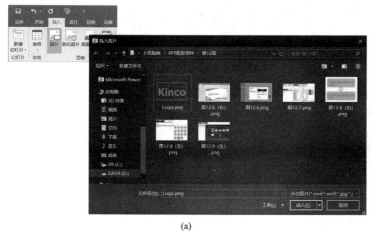
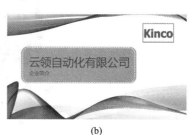

(a)　　　　　　　　　　　　　　　　　　(b)

图 13.9　插入图片

(2)在"图片工具|格式"选项卡的"图片样式"组中单击"外观样式"的下拉按钮,就会弹出图片样式选项菜单,里面有内置的一些图片外观样式可供选择,如图 13.10(a)所示。

(3)单击选择"圆形对角,白色"样式,所插入的公司 LOGO 图片的外观样式就被快速改变了,如图 13.10(b)所示。

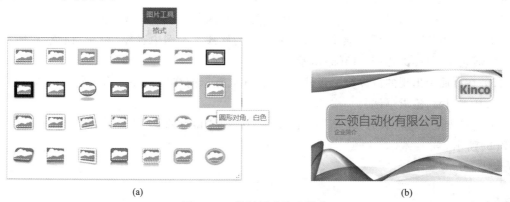

(a)　　　　　　　　　　　　　　　　　(b)

图 13.10　设置图片外观样式

如果想要设置图片的边框和图片效果,就可以分别利用"图片工具|格式"选项卡"图片样式"组中的"图片边框"和"图片效果"按钮,在弹出的"图片边框"和"图片效果"选项菜单中进行设置,如图 13.11 所示。

"图片效果"选项菜单中还包括了预设、阴影、映像、发光、柔化边缘、棱台和三维旋转等 7 种不同的效果选项,通过对这 7 种效果选项的设置,可以使图片具有独特的效果。

13.3.3　插入艺术字

艺术字是经过专业的字体设计师艺术加工的汉字变形字体,字体具有美观有趣、易认易识、醒目张扬等特性,是一种有图案意味或装饰意味的字体变形。艺术字同时具有文字和图片的属性,因此在幻灯片中插入艺术字可以让幻灯片显得更加生动活泼,让文字更具有艺术效果。艺术字广泛应用于宣传、广告、商标、标语、黑板报、企业名称、会场布置、展览会等,越来越被大众喜欢。

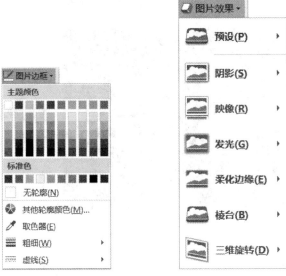

图 13.11 图片边框和图片效果菜单

在本例中需要将企业的经营理念"以人为本,技术引领,追求卓越"用艺术字的形式表现出来,可以执行如下操作步骤:

(1) 新建一个"空白"版式的幻灯片,然后单击"插入"选项卡"文本"组中的"艺术字"按钮。

(2) 在弹出的"艺术字"列表中选择一种合适的样式。本例中选择"填充-白色,轮廓-着色1,发光-着色1"样式,如图 13.12(a)所示。

(3) 在页面中出现的占位符中会显示"请在此放置您的文字",在此占位符中输入文字"以人为本,技术引领,追求卓越"。

(4) 在"开始"选项卡的"字体"组中,设置字体为"微软雅黑""加粗"、大小为"60",如图 13.12(b)所示。

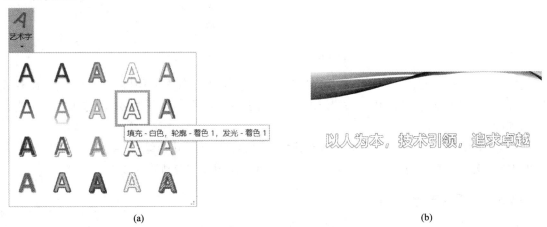

(a)   (b)

图 13.12 插入艺术字

　　插入艺术字后,还可以根据幻灯片内容或是文字内容的需要,为艺术字设置不同的文本填充、文本轮廓和文本效果,让艺术字产生更独特的效果。

　　在本例中如果需要对插入的艺术字进行各种不同效果的设置,可以执行如下操作步骤:

　　(1)选中要编辑的艺术字,在功能区的右侧就会出现"绘图工具 l 格式"选项卡。

　　(2)在"绘图工具 l 格式"选项卡"艺术字样式"组中有"文本填充""文本轮廓"和"文本效果"3 组按钮,单击下拉按钮,就会弹出相应的选项菜单,如图 13.13 所示。

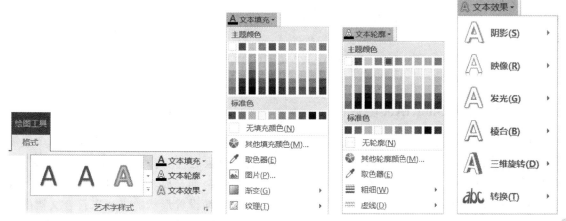

图 13.13　艺术字样式选项菜单

　　(3)单击"文本效果"下拉按钮,在弹出的文本效果选项菜单中选择"发光"选项,选择"红色,8 pt 发光,个性色 1"选项,如图 13.14(a)所示。

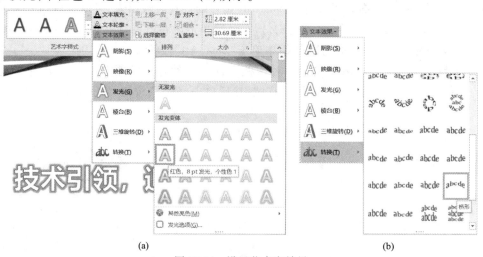

(a)　　　　　　　　　　　　　　　　　　(b)

图 13.14　设置艺术字效果

　　(4)单击"文本效果"下拉按钮,在弹出的文本效果选项菜单中选择"转换"选项,选择"弯曲"/"桥形"样式,如图 13.14(b)所示。

　　(5)所插入的艺术字"以人为本,技术引领,追求卓越"的效果就会随之发生改变,效果如图 13.15 所示。

　　"文本效果"选项菜单中除了刚才应用过的"发光"和"转换"两种效果选项外,还有阴影、映像、棱台和三维旋转等效果选项,通过对这 6 种效果选项的设置,可以使艺术字具有独特的效果。

图 13.15 改变效果后的艺术字

13.3.4 插入 SmartArt 图形

虽然插图和图形比文字更有助于读者理解和回忆信息,但演示文稿的大多数使用者多数需要创建仅包含文字的内容。创建具有设计师水准的插图很困难,尤其对非专业设计人员来说。如果使用早期版本的 Microsoft Office,则可能无法专注于内容,而是要花费大量时间进行以下操作:使各个形状大小相同并且适当对齐;使文字正确显示;手动设置形状的格式以符合文档的总体样式。而使用 SmartArt 图形只需单击几下鼠标,即可创建具有设计师水准的插图。SmartArt 图形是信息和观点的视觉表示形式。可以通过从多种不同布局中进行选择来创建 SmartArt 图形,从而快速、轻松、有效地传达信息。

在本例中需要将企业的介绍资料用 SmartArt 图形的形式表现出来,可以执行如下操作步骤:

(1)新建一个"标题和内容"版式的幻灯片,然后单击内容占位符中的"插入 SmartArt 图形"的按钮,或者在"插入"选项卡的"插图"组中单击"SmartArt"按钮。

(2)在弹出的"选择 SmartArt 图形"对话框中选择一种合适的图形样式。本例中选择"列表"中的"垂直曲形列表"的 SmartArt 图形样式,然后单击"确定"按钮,如图 13.16 所示。

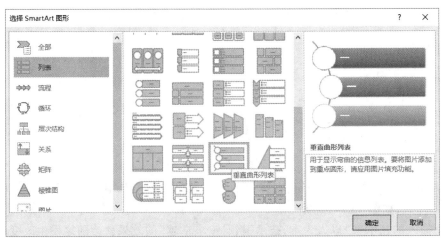

图 13.16 插入 SmartArt 图形

（3）在幻灯片中会出现对应的 SmartArt 图形，打开图形左侧的"文本窗格"，逐个输入如下文字"是一家集研发与生产于一体的高新技术企业""拥有一流的自动化研发团队和自主知识产权""公司拥有 4 个控股子公司，以及遍布全国的办事处""公司拥有完善的代理销售网络，产品销往 20 多个国家"。同时，图形内对应的文本框会直接显示相应文字。在幻灯片的标题占位符中输入"公司简介"4 个字，字体设置为"微软雅黑"、加粗，如图 13.17 所示。

图 13.17　SmartArt 图形文本输入

（4）在"开始"选项卡的"字体"组中，将 SmartArt 图形中所有文本的字体格式设置为"微软雅黑，32 号"。

插入 SmartArt 图形后，同样可以根据幻灯片内容或是文字内容的需要，为 SmartArt 图形设置不同的总体外观样式、更改颜色和图形布局等，让 SmartArt 图形产生更独特的效果。

在本例中如果需要对插入的 SmartArt 图形进行效果设置，可以执行如下操作步骤：

（1）单击选中插入的 SmartArt 图形，在功能区的右侧就会出现"SmartArt 工具"的"设计"和"格式"这两个选项卡。

（2）在"SmartArt 工具|设计"选项卡"SmartArt 样式"组中单击下拉按钮，在弹出的 SmartArt 样式列表中选择"三维"组中的"卡通"样式，如图 13.18（a）所示。

（3）所插入的 SmartArt 图形的总体外观样式效果就会随之发生改变，效果如图 13.18（b）所示。

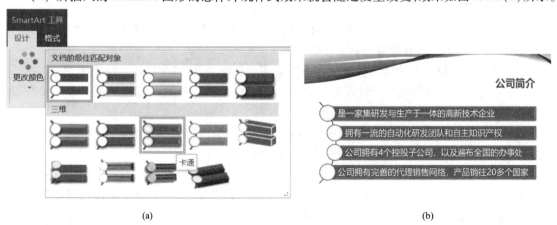

（a）　　　　　　　　　　　　　　　　　　　　　　（b）

图 13.18　SmartArt 图形外观样式

（4）在"SmartArt 工具|设计"选项卡的"SmartArt 样式"组中单击"更改颜色"的下拉按钮，就

会弹出颜色的选项菜单。

（5）单击选择"彩色"组中的"彩色 – 个性色"选项，如图 13.19（a）所示。

（6）所插入的 SmartArt 图形的配色效果就会随之发生改变，效果如图 13.19（b）所示。

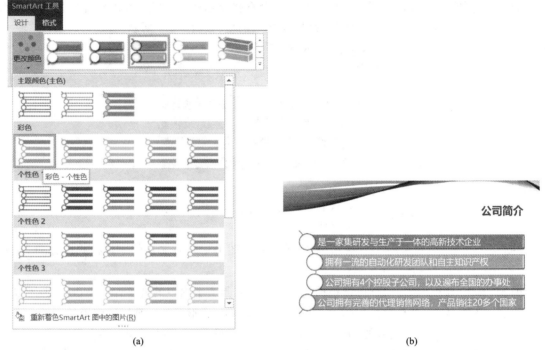

(a)   (b)

图 13.19 SmartArt 图形更改颜色

 如果对刚才所做的设置和修改不满意，需要重新再来，在"SmartArt 工具丨设计"选项卡的"重置"组中单击"重设图形"按钮，就可以快速恢复到图形的初始状态。

13.3.5 插入表格和图表

 一般情况下，对于数据格式的资料，可能需要在幻灯片中插入表格和图表来进行数据的说明，使幻灯片的内容更具有说服力和更好的效果。

 在本例中需要将企业的经营资料用表格的形式表现出来，可以执行如下操作步骤：

（1）新建一个"两栏内容"版式的幻灯片，然后单击页面左侧占位符中的"插入表格"的按钮。

（2）在弹出的"插入表格"对话框中设置需要插入表格的行数和列数。本例中选择列数是3、行数是 6，然后单击"确定"按钮，如图 13.20（a）所示。

（3）在页面左侧出现的空白表格中输入相应数据，如图 13.20（b）所示。

 插入表格后，还可以根据幻灯片内容或是表格内容的需要，为表格设置不同的外观样式、边框、底纹和效果等，让表格产生更独特的效果。

 在本例中如果需要对插入的表格进行各种不同效果的设置，可以执行如下操作步骤：

（1）单击选中表格，在功能区的右侧就会出现"表格工具"的"设计"和"布局"两个选项卡。

（2）在"表格工具丨设计"选项卡的"表格样式"组中单击选择"外观样式"下拉按钮，在弹出的样式选项菜单中选择"浅色样式 3 - 强调 1"样式,如图 13.21(a)所示。

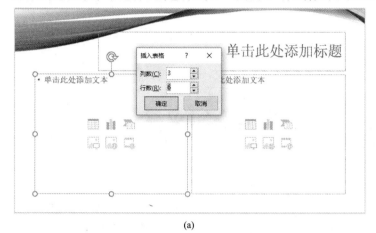

图 13.20　插入表格

（3）利用"开始"选项卡的"字体"组的功能,将表格文字的字体设置为"微软雅黑",大小为 28;利用"段落"组的功能,设置表格单元格水平和垂直居中对齐,如图 13.21(b)所示。

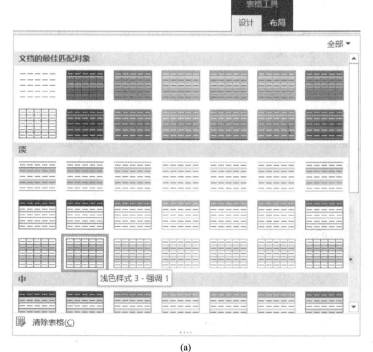

(a)　　　　　　　　　　　　　　　　(b)

图 13.21　表格外观样式

（4）在"表格工具丨设计"选项卡的"表格样式"组中还有"底纹""边框"和"效果"3 个按钮, 单击下拉按钮就会弹出相应的选项菜单,如图 13.22 所示。利用这些选项的不同设置,可以使表 格具有不同的独特效果。

如果还需要继续将企业的经营资料用图表的形式表现出来,可以执行如下操作步骤:

(1)在刚才新建的"两栏内容"版式的幻灯片中,单击幻灯片右侧内容占位符中的"插入图表"的按钮。

图 13.22 表格样式选项菜单

(2)在弹出的"插入图表"对话框中选择适合的图表类型。本例中选择"簇状柱形图"这个图表类型,然后单击"确定"按钮,如图 13.23 所示。

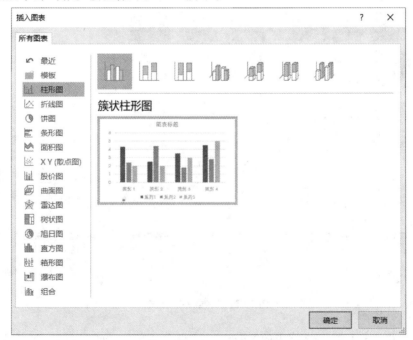

图 13.23 "插入图表"对话框

(3)紧接着就会弹出一个名为"Microsoft PowerPoint 中的图表"的 Excel 工作表,在这个 Excel 工作表中将企业的相关数据输入进去,并调整数据区域为 A1:C6,如图 13.24(a)所示。

（4）关闭该 Excel 工作表，在幻灯片右侧的占位符位置就会出现图表。设置图表中所有文字的字体为"微软雅黑"，字号适当增大，如图 13.24（b）所示。

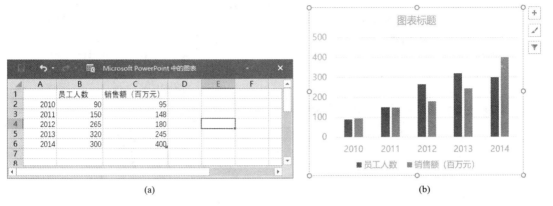

图 13.24　插入图表

插入图表后，还可以根据幻灯片的布局或是图表内容的需要，对图表进行设置，让图表产生更独特的效果。

在本例中如果需要对插入的图表进行设置，可以执行如下操作步骤：

（1）单击选中插入的图表，在功能区的右侧就会出现"图表工具"的"设计"和"格式"两个选项卡。

（2）在"图表工具|设计"选项卡的"图表布局"组中单击"添加图表元素"下拉按钮，在弹出的图表元素选项菜单中，鼠标移动到或点击"图表标题"菜单项，在右侧弹出的菜单中选择"无"选项。

（3）再次单击"添加图表元素"下拉按钮，在弹出的图表元素选项菜单中，鼠标移动到或点击"数据标签"菜单项，在右侧弹出的菜单中选择"数据标签外"选项。

（4）再次单击"添加图表元素"下拉按钮，在弹出的图表元素选项菜单中，鼠标移动到或点击"趋势线"菜单项，在右侧弹出的菜单中选择"指数"选项，弹出"添加趋势线"对话框，在对话框的"添加基于系列的趋势线"列表中选择"销售额（百万元）"，如图 13.25 所示。

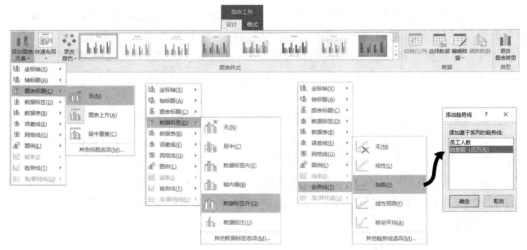

图 13.25　图表标题、数据标签、趋势线的设置

（5）最后，在标题占位符中输入"企业经营数据"，并将字体设置为"微软雅黑、加粗"。本张幻灯片中插入的表格和图表的显示效果如图 13.26 所示。

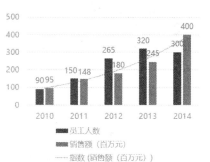

图 13.26　插入图表

对图表的个性化设置，还可以利用"图表工具|设计"选项卡"图表布局"组的"快速布局"下拉按钮弹出的系统预置布局样式列表，来快捷设置某一种图表布局。也可以通过选中幻灯片的图表对象后，在图表对象的右上角外侧出现的"图表元素""图表样式"和"图表筛选器"3 个快捷按钮对选中的图表进行设置。

另外，还可以通过"图表工具|设计"选项卡的其他功能组和"图表工具|格式"选项卡提供的功能对图表的外观样式、形状样式、艺术字样式进行设置，以及数据的编辑和修改等。

13.3.6　绘制图形

除了插入图片，在幻灯片中常常需要自己绘制一些图形以对幻灯片进行修饰。下面在"企业经营数据"幻灯片的标题和内容间添加一条直线进行分割和修饰，可以执行如下操作步骤：

（1）选中需要绘制图形的幻灯片，然后单击"插入"选项卡"插图"组中的"形状"按钮。

（2）在弹出的"形状"列表中选择一种合适的形状。本例中选择"线条"组中的"直线"这个形状。

（3）在标题与内容之间绘制一条直线，在功能区右侧就会出现"绘图工具|格式"选项卡。

（4）在"绘图工具|格式"选项卡的"形状样式"组中单击下拉按钮，就会弹出外观样式的选项菜单，单击选择"粗线 – 强调颜色 2"外观样式，如图 13.27(a) 所示。

（5）在"绘图工具|格式"选项卡的"形状样式"组中，还有"形状填充""形状轮廓"和"形状效果"3 组按钮，单击下拉按钮就会弹出相应的选项菜单。本例中"线条"形状对象只有后两种设置，如图 13.27(b) 和 (c) 所示。

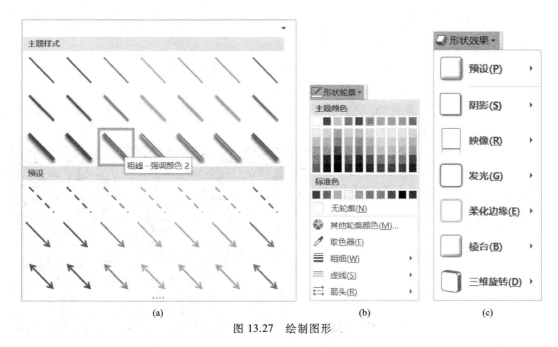

图 13.27 绘制图形

用类似的操作,可以在表格下方添加一个带箭头的"线条"图形对象,如图 13.28 所示。

图 13.28 绘制"线条"图形后的效果

如果想要设置形状的边框和效果等,就可以分别利用上述选项,形状就会随之发生改变。"形状效果"选项菜单中还包括了预设、阴影、映像、发光、柔化边缘、棱台和三维旋转 7 种不同的效果选项,通过对这 7 种效果选项的设置,可以使形状具有独特的效果。

13.3.7 插入媒体文件

在某些演示场合下,声情并茂的幻灯片才能更吸引观众。因此在制作幻灯片时,用户可以插入剪辑声音、添加音乐、添加视频或为幻灯片录制配音等,使幻灯片声情并茂。

　　下面在当前演示文稿中插入媒体文件,可以执行如下操作步骤:

　　(1)选择第一张幻灯片,在"插入"选项卡的"媒体"组中单击"音频"按钮,在打开的下拉菜单中选择"PC 上的音频"命令,如图 13.29(a)所示。

　　(2)在弹出的"插入音频"对话框中选择"Ring08.wav"音频文件,单击对话框右下角的"插入"按钮,如图 13.29(b)所示。

(a)　　　　　　　　　　　　　　　　　　(b)

图 13.29　插入音频文件

　　(3)此时幻灯片中将显示一个声音图标 ，同时打开提示播放的控制条,单击播放按钮就可以预览插入的声音。

　　(4)同时在功能区的右侧会出现"音频工具"的"播放"和"格式"两个选项卡。

　　(5)在"音频工具 | 播放"选项卡的"音频选项"组中选中"跨幻灯片播放""循环播放,直到停止""播完返回开头"和"放映时隐藏"4 个选项;在"开始"下拉菜单中选择"自动"选项,如图 13.30 所示。

图 13.30　音频播放设置

　　在演示文稿中插入的媒体文件,除了可以是音频格式的文件,也可以是视频格式的文件。表 13.2 和表 13.3 中列出了可以在 PowerPoint 2016 中使用的主要音频和视频文件格式分类。在日常工作、生活中遇到的 PowerPoint 不支持的其他类型文件格式,则可以通过使用特定音频、视频转码的实用工具进行文件类型的转换,使之成为受支持的文件格式。

表 13.2 兼容的音频文件格式

文件格式	扩展名	更多信息
ADTS 音频流文件	.adts 或 .aac	音频数据传输流文件格式
AIFF 音频文件	.aiff	音频交换文件格式
AU 音频文件	.au	UNIX 音频
MIDI 文件	.mid 或 .midi	乐器数字接口
MP3/MP4 音频文件	.mp3 或 .mp4	MPEG Audio Layer 3
Windows 音频文件	.wav	波形格式
Windows Media Audio 文件	.wma	Windows Media 音频

表 13.3 兼容的视频文件格式

文件格式	扩展名	更多信息
Windows Media 文件	.asf	高级流格式
MKV/MK3D 视频文件	.mkv / .mk3d	Matroska 多媒体容器文件
Windows 视频文件	.avi	音频视频交错
MPEG 电影文件	.mpg 或 .mp4	运动图像专家组推出的音视频格式
MPEG-2 TS 视频文件	.m2ts	MPEG-2 视频码流文件
Windows Media 视频文件	.wmv	Windows Media 视频
QuickTime 视频文件	.mov	Apple 开发的 QuickTime 影音格式

13.3.8 打包演示文稿

演示文稿制作好之后,如果需要在其他电脑上进行放映,可以将制作好的演示文稿打包,还可以通过内嵌字体和链接文件的方式,避免在其他电脑上放映时无法正常显示原字体效果或者出现跳版现象。

下面把"公司宣传"演示文稿进行打包,可以执行如下操作步骤:

(1)单击"文件"菜单,选择"导出"选项卡。

(2)在"导出"功能列表中,选择"将演示文稿打包成 CD"选项,然后在右侧窗格中单击"打包成 CD"按钮,如图 13.31 所示。

(3)在打开的"打包成 CD"对话框中,单击"选项"按钮,如图 13.32(a)所示。

(4)在打开的"选项"对话框中的"打开每个演示文稿时所用密码"文本框中输入打开密码,在"修改每个演示文稿时所用密码"文本框中输入修改密码,单击"确定"按钮,如图 13.32(b)所示;在打开的"确认密码"对话框中再次输入相应密码,单击"确定"按钮。

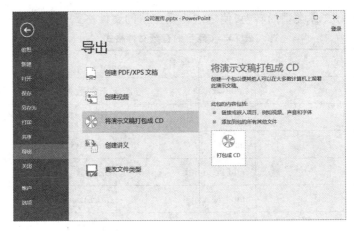

图 13.31 演示文稿打包成 CD

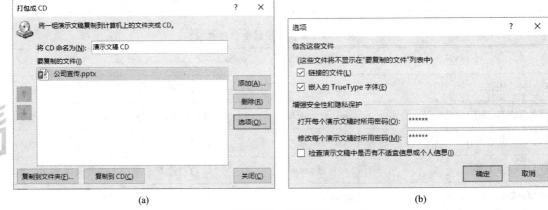

(a)   (b)

图 13.32 设置密码

（5）返回"打包成 CD"对话框，单击"复制到文件夹"按钮。

（6）在打开的"复制到文件夹"对话框中的"文件夹名称"文本框中输入文本"公司企业宣传PPT"，并设置保存位置，单击"确定"按钮，如图 13.33 所示。

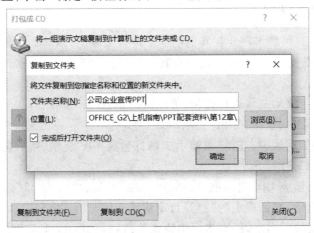

图 13.33 演示文稿打包名称与位置

（7）在打开的对话框中提示是否一起打包链接文件,单击"是"按钮,如图 13.34(a)所示,系统开始自动打包演示文稿,如图 13.34(b)所示,完成后返回"打包成 CD"对话框。

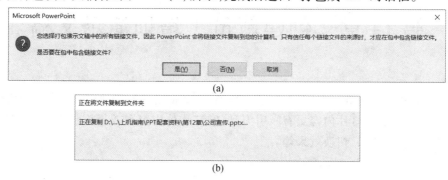

(a)

(b)

图 13.34　演示文稿打包过程

（8）打包完成后系统将会自动打开"公司企业宣传 PPT"文件夹,双击名为"公司宣传.pptx"的文件,如图 13.35 所示。

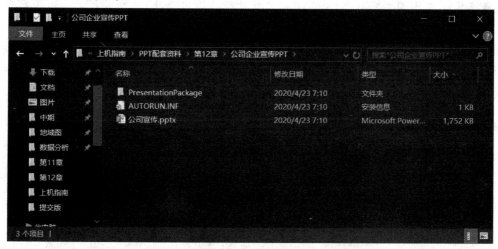

图 13.35　查看打包文件

（9）在第一个打开的"密码"对话框的文本框中输入打开密码,然后单击"确定"按钮,如图 13.36(a)所示;在第二个打开的"密码"对话框的文本框中输入修改密码,然后单击"确定"按钮,如图 13.36(b)所示。

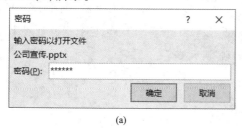

(a)　　　　　　　　　　　　　　　　　　(b)

图 13.36　输入密码

第14章　创建新员工培训演示文稿

在应用幻灯片对企业进行宣传、对产品进行展示、对员工进行培训以及在各类会议或演讲过程中进行演示时，为使幻灯片内容更有吸引力，使幻灯片的内容和效果更加丰富，常常需要在幻灯片中添加各类动画效果、切换效果等。

14.1　任务目标

最近公司要对一批新员工进行培训，人事部小张希望自己制作的培训幻灯片更专业、更生动、更具吸引力，需要对"新员工培训"演示文稿进行进一步设计，并加入各类动画效果和切换效果。

本案例将应用 PowerPoint 2016 制作一份"新员工培训"演示文稿，通过案例的学习，可以学会在 PowerPoint 2016 软件中制作幻灯片母版、幻灯片动画效果、幻灯片切换效果以及幻灯片放映方式设置等功能。本案例最终完成的"新员工培训"演示文稿如图 14.1 所示。

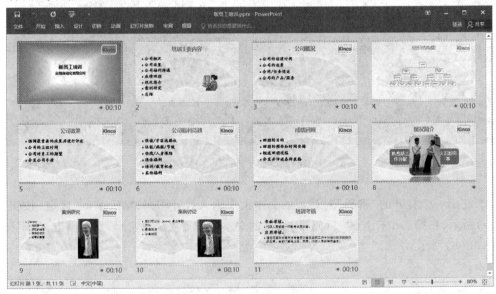

图 14.1　"新员工培训"演示文稿

本案例将涉及如下知识点：
- 幻灯片母版的设计与使用
- 幻灯片背景的设置

- 幻灯片切换效果的设置
- 幻灯片动画效果的设置
- 演示文稿放映方式的设置

14.2　相关知识

14.2.1　将幻灯片组织成节的形式

如果遇到一个幻灯片数量较多的演示文稿,经常会被定位某一张幻灯片而感到困扰,而且也难以快速地理解创作者对演示汇报内容的组织和意图。在 Microsoft PowerPoint 中,可以使用节功能组织幻灯片,就像使用文件夹组织文件一样,将演示文稿的幻灯片按照某种逻辑关系划分成层次结构。分类的思想有利于对幻灯片进行管理和使用,并可以为节命名,使每一节具有明确的语义信息,方便理解演示文稿和快速定位幻灯片。

在协同创作演示文稿的过程中,可以先按照演示汇报内容进行节的快速划分,然后将不同节的内容创作分配给不同的设计者,明确职责分工,各自编制相关幻灯片后,可以通过整节复制的方式进行合稿。

在演示文稿中新增和编辑节,可以执行如下操作步骤:

（1）在"普通"视图的缩略图窗格中,在要新增节的两个幻灯片之间单击鼠标右键,在弹出的快捷菜单中单击"新增节"选项,如图 14.2（a）所示。

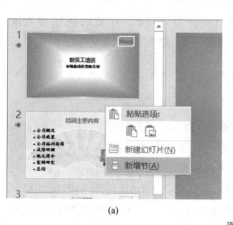
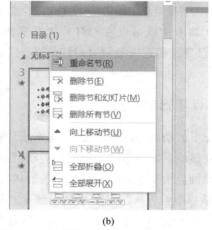
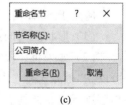

(a)　　　　　　　　　(b)　　　　　　　　　(c)

图 14.2　新增并命名节

（2）在两张幻灯片之间就会出现一个新节,名称为"无标题节"。

（3）要为节重新指定一个更有意义的名称,请右键单击"无标题节"标记,然后在弹出的快捷菜单中单击"重命名节"选项,如图 14.2（b）所示。

（4）在弹出的"重命名节"对话框的"节名称"文本框中输入新的节名称,单击"重命名"按钮,如图 14.2（c）所示。

（5）对演示文稿完成分节后,单击节名,可以选中本节的所有幻灯片;在普通视图的缩略图窗格或者幻灯片浏览视图中,单击节名左侧的三角形图标,可以对该节的幻灯片进行折叠或者展开,如图 14.3(a)所示,折叠的节,其节名后的括号内数字代表该节的幻灯片数量。

(6)单击节名,将选中该节的所有幻灯片。如果想要删除建立好的节,可以右键单击要删除的节名称,然后在弹出的快捷菜单中单击"删除节"命令,将删除该节并将该节的所有幻灯片合并到上一节中;如果在弹出的快捷菜单中单击"删除节和幻灯片"命令,则将该节所有的幻灯片连同节一起被删除,如图 14.3(b)所示。

(a)

(b)

(c)

图 14.3 编辑演示文稿中的节

(7)通过节来管理幻灯片后,可以将整节的幻灯片内容进行向上或向下移动,可以右键单击要移动的节名称,然后在弹出的快捷菜单中单击"向上移动节"或"向下移动节"选项,如图 14.3(c)所示。

尽管在 PowerPoint 2016 中既可以在幻灯片浏览视图中查看节,也可以在普通视图中查看节,但如果你希望按自己定义的逻辑类别对幻灯片进行组织和分类,则幻灯片浏览视图往往更加方便。

14.2.2　SmartArt 图形的动画

应用于 SmartArt 图形的动画与应用于形状、文本或艺术字的动画有以下几方面的不同:

(1)形状之间的连接线通常与第二个形状相关联,且不将其单独制成动画。

(2)如果将一段动画应用于 SmartArt 图形中的形状,动画将按形状出现的顺序进行播放,还可以在"效果选项"对话框中设置为"倒序"播放。除此之外,不能将 SmartArt 图形中形状的动画顺序进行随意调整。假如 SmartArt 图形有 6 个形状,且每个形状包含一个从 A 到 F 的字母,则可以按从 A 到 F 或从 F 到 A 的顺序播放动画。不能以混乱的顺序播放动画,例如,不能做到先从 A 到 C 播放,再从 F 到 D 播放。但是,可以创建多张幻灯片来模仿该顺序,例如,可以创建一张幻灯片从形状 A 到形状 C 播放动画,再创建另一张幻灯片从形状 F 到形状 D 播放动画。

(3)在将一个使用 Microsoft Office PowerPoint 2007 之前的版本创建的图表转换为 SmartArt 图形时,可能会丢失一些动画设置,或者动画可能会显得有所不同。

(4)当切换 SmartArt 图形布局时,添加的任何动画将传送到新布局中。

(5)有一些动画效果是无法用于 SmartArt 图形的效果,在菜单中将显示为灰色。如果要使用无法用于 SmartArt 图形的动画效果,可右键单击 SmartArt 图形,单击"转换为形状"或者"转换为文本",然后给转换后的形状或文本添加动画。

14.2.3　SmartArt 动画选项含义

在为 SmartArt 图形的动画设置效果的时候,会发现在"效果选项"对话框的"SmartArt 动画"选项卡的"组合图形"列表中,会有很多选项以供选择,而且不同的 SmartArt 图形对应的选项也是不一样的,表 14.1 中列出了所有 SmartArt 动画效果选项的含义,并以表中的 SmartArt 图形为例,供大家参考。

表 14.1　SmartArt 动画效果选项的含义

选项	功能说明
(参考示例)	上图所示的"水平项目符号列表"SmartArt 图形,可以认为有 6 个子对象,对应的内容编号为"1""1.1,1.2""2""2.1,2.2""3"和"3.1,3.2"
作为一个对象	将整个 SmartArt 图形当作一个大图片或对象来应用动画
整批发送	动画播放时,SmartArt 图形的子对象独立呈现同一种动画效果。当应用于"飞入""浮入"等动画时,"整批发送"与"作为一个对象"的动画呈现效果区别不明显,但应用于"形状""轮子"和其他旋转或缩放的动画时,就会呈现明显的区别。使用"整批发送"时,每个子对象独立呈现动画效果;使用"作为一个对象"时,整个 SmartArt 图形旋转或增长。上图例中,"1""1.1,1.2""2""2.1,2.2""3"和"3.1,3.2"对应的 6 个子对象同时播放动画效果,但每个对象独立呈现
逐个	动画播放时,SmartArt 图形的子对象逐个依次呈现动画效果。上图例中,子对象的播放顺序为"1""1.1,1.2""2""2.1,2.2""3""3.1,3.2"对应的子对象,前一个播放完才开始下一个子对象的动画
一次级别	动画播放时,SmartArt 图形的子对象按层级关系一次性播放一个相同层级的子对象。上图例中,播放顺序为:先呈现"1""2""3"对应的子对象动画,再呈现"1.1,1.2""2.1,2.2""3.1,3.2"对应的子对象动画
逐个级别	动画播放时,SmartArt 图形的子对象按层级关系逐个播放每一个子对象,一个层级的子对象都播放完后再播放下一层级的子对象。上图例中,播放顺序为:先逐个呈现"1""2""3"对应的子对象动画,再逐个呈现"1.1,1.2""2.1,2.2""3.1,3.2"对应的子对象动画

14.2.4 复制 SmartArt 图形动画

利用动画刷,可以轻松、快速地将一个或多个动画从一个 SmartArt 图形复制到另一个 SmartArt 图形。

若要从一个 SmartArt 图形向另一个 SmartArt 图形复制动画,执行下列操作:

(1)选择含有要复制的动画的 SmartArt 图形,在"动画窗格"中对应的动画条组呈现被选中状态,如图 14.4(a)所示。

(2)在"动画"选项卡的"高级动画"组中单击"动画刷"选项,如图 14.4(b)所示。

(3)然后单击要向其中复制动画的 SmartArt 图形即可,刷完后在"动画窗格"中会出现被刷 SmartArt 图形对象的动画条组,如图 14.4(c)所示。

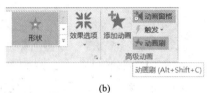
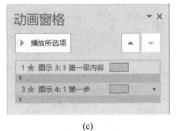

(a)　　　　　　　　(b)　　　　　　　　(c)

图 14.4　动画刷及动画窗格

14.2.5 动画任务窗格

PowerPoint 2016 中可以在名为"动画窗格"的任务窗格中查看幻灯片上所有动画的列表。"动画窗格"显示有关动画效果的重要信息,如效果的类型、多个动画效果之间的相对顺序、受影响对象的名称以及效果的持续时间。若要打开"动画窗格",则在"动画"选项卡的"高级动画"组中单击"动画窗格"按钮。

- "动画窗格"中的编号表示动画效果的播放顺序,也代表需要"单击时"的动画播放控制状态,如图 14.4 右图所示。各个效果将按照其添加顺序显示在"动画窗格"中。"动画窗格"中的编号与幻灯片上显示的不可打印的编号标记相对应。
- "动画窗格"最下方有时间刻度,每一动画条中显示的时间线代表该动画效果的持续时间。
- "动画窗格"中的图标代表动画效果的类型,例如进入、退出等效果。
- 选中"动画窗格"中动画列表的某一动画条(组),其最右侧会出现相应菜单图标(向下箭头),单击该图标即可显示相应菜单。

14.2.6 将 SmartArt 图形中的个别形状制成动画

可以利用"动画窗格"的动画列表操作,实现定制 SmartArt 图形中的个别子对象的个性化动画,可以执行如下操作步骤:

(1)单击要将其制成动画的 SmartArt 图形。

(2)在"动画"选项卡的"动画"组中,应用某个特定的动画效果。

(3)在"动画"选项卡的"动画"组中,单击"效果选项",然后选择某种播放序列。

（4）在"动画"选项卡的"高级动画"组中单击"动画窗格"，编辑区的右侧将出现名为"动画窗格"的任务窗格。

（5）在"动画窗格"的动画列表中单击 ⌄ 图标，展开 SmartArt 图形中能应用动画效果的所有子对象。

（6）在动画列表中，单击选中某个动画条，或者按住 Ctrl 键并依次单击多个动画条，可以选中多个子对象。

（7）在"动画"选项卡的"动画"组中单击"无动画"，或者按 Delete 键，可以将选中的动画条删除。此操作仅删除选中的动画效果，并不会将 SmartArt 图形中的子对象删除。

（8）或者对选中的子对象更换其他的动画效果，使一个 SmartArt 图形可以包含丰富的、复杂的动画效果。

（9）在"动画窗格"的动画列表中，也可以通过拖动动画条目的方式调整动画的播放顺序。值得注意的是，在 SmartArt 图形内部不能拖动子对象调整播放顺序，但可以将 SmartArt 图形最后一个子对象动画拖动到该 SmartArt 图形动画组的外部，甚至可以拖到另一个 SmartArt 图形的动画组中。

14.3　任务实施

本案例实施的基本流程如下所示。

14.3.1　使用幻灯片母版

在对演示文稿进行编辑和修饰时，有时会遇到需要同时对多个相同版式的幻灯片进行修改的情况，此时可以利用幻灯片母版来进行修改。幻灯片母版即为幻灯片的模板，是一组用于设定不同版式的幻灯片外观效果的特殊幻灯片，它存储有关演示文稿的主题和幻灯片版式的所有信息，包括背景、颜色、字体、效果、占位符大小和位置。幻灯片母版通常用来制作具有统一标志、背景、占位符格式、各级标题文本的格式等。通常一个幻灯片主题样式中包含一组不同的幻灯片母版，在母版视图中可以对目前幻灯片中应用的母版进行修改，包括设置占位符格式、项目符号、背景和页眉页脚等。

为"新员工培训"演示文稿的每一张幻灯片加上同一个图片，可以执行如下操作步骤：

（1）在"视图"选项卡的"母版视图"组中单击"幻灯片母版"按钮，如图 14.5 所示，就可以切换到母版视图。

（2）在左侧的缩略图窗格中单击选择第 1 张标有"1"的"幻灯片母版"。

（3）在编辑区的母版中插入图片"LOGO"，将图片放置到幻灯片的右上角，适当调整大小，并为图片设置"映像圆角矩形"的样式，图片会出现在所有幻灯片母版的右上角，如图 14.6 所示。

图 14.5　幻灯片母版视图

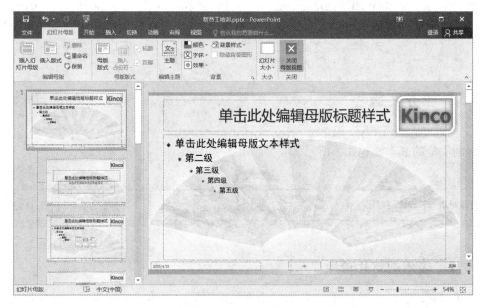

图 14.6　幻灯片母版中插入图片

（4）单击"幻灯片母版"选项卡中的"关闭母版视图"按钮退出母版视图。

刚才插入并设置了样式的图片"LOGO"就会出现在所有幻灯片的右上角。

要是想对幻灯片的标题和文本的格式进行统一修改,可以执行如下操作步骤:

（1）进入母版视图,在缩略图窗格中单击选择"标题和内容版式"。

（2）在编辑区的幻灯片中,选中"单击此处编辑母版标题样式"文本占位符,在"开始"选项卡的"字体"组中设置字体格式为"微软雅黑,加粗,48,红色,文字阴影",如图 14.7(a)所示。

（3）在幻灯片中,选择内容占位符的第一级文本(即显示为"单击此处编辑母版文本样式"的内容),在"开始"选项卡的"字体"组中设置字体格式为"楷体,加粗,40",在"段落"组中设置项目符号为"带填充效果的钻石形项目符号",如图 14.7(b)所示。

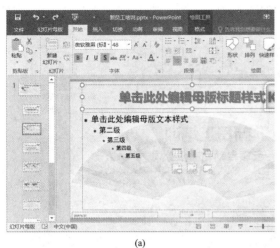 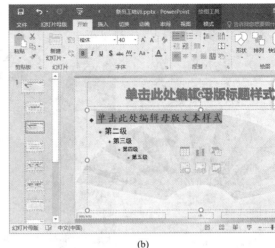

(a)　　　　　　　　　　　　　　(b)

图 14.7 设置母版标题和文本格式

（4）单击"幻灯片母版"选项卡中的"关闭母版视图"按钮退出母版视图。

在普通视图下可以看到，所有"标题和内容"版式的幻灯片的标题和文本格式都自动修改了。

14.3.2 设置幻灯片背景

在应用了主题效果的演示文稿中，整个演示文稿的幻灯片的背景就是主题样式中的主色调。但是幻灯片的背景颜色是可以根据需要进行修改的，还可以插入图片、剪贴画作为整个幻灯片的背景甚至设置为水印。

要为"新员工培训"演示文稿设置幻灯片背景，可以执行如下操作步骤：

（1）选择第 1 张标题幻灯片，单击"设计"选项卡"自定义"组中的"设置背景格式"按钮。

（2）在编辑区的右侧将出现"设置背景格式"任务窗格。

（3）在"填充"组下选择"渐变填充"方式，在"预设渐变"下拉菜单选项中选择"顶部聚光灯-个性色 2"效果，如图 14.8 所示。

图 14.8 设置幻灯片背景的填充效果

（4）在"类型"下拉列表中选择"矩形"选项，如图 14.9（a）所示，在"方向"下拉列表中选择"从中心"，效果如图 14.9（b）所示。

(a)

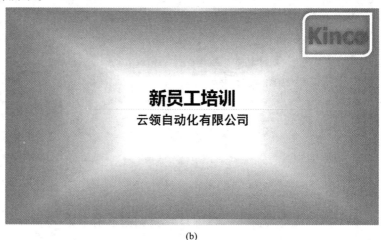
(b)

图 14.9　设置图片外观样式

（5）如果希望将当前这个背景只应用到当前这张幻灯片中，就直接关闭"设置背景格式"任务窗格即可。

如果希望将当前这个背景应用到所有幻灯片中，就依次单击"全部应用"按钮和"关闭"按钮，返回到幻灯片中就会看到全部幻灯片设置了相同的背景效果。

刚才为利用幻灯片母版为"新员工培训"演示文稿的每一张幻灯片的右上角都插入了一张图片。通过幻灯片背景的设置可以控制图片的显示情况，可以执行如下操作步骤：

选中演示文稿的第 2 张幻灯片，在"设计"选项卡的"自定义"组中单击"设置背景格式"按钮，在编辑区的右侧将显示"设置背景格式"任务窗格。在该任务窗格的"填充"功能组下，勾选"隐藏背景图形"选项，如图 14.10（b）所示。第 2 张幻灯片（如图 14.10（a）所示）右上角的LOGO图片以及主题的相关图形就隐藏起来了，如图 14.10（c）所示。

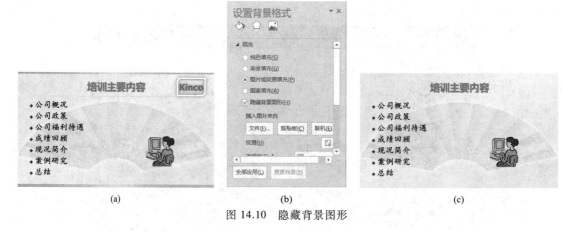
(a)　　　　　　　　　　　(b)　　　　　　　　　　　(c)

图 14.10　隐藏背景图形

14.3.3　幻灯片切换效果设置

幻灯片切换效果是在演示期间从一张幻灯片切换到下一张幻灯片时，在"幻灯片放映"视图中出现的多种多样的动画效果,它使得幻灯片在放映时更加生动活泼。PowerPoint 2016 中可以控制切换效果的速度,添加声音,甚至还可以对切换效果的属性进行自定义。

在"新员工培训"演示文稿中设置幻灯片切换效果,可以执行如下操作步骤:

(1)选择演示文稿的第 1 张标题幻灯片,在"切换"选项卡的"切换到此幻灯片"组中选择"细微型"组(通过 下拉按钮展开切换样式列表,可以看到样式分为"细微型""华丽型"和"动态内容"3 组)中的"推进"样式,如图 14.11(a)所示。

(2)在"切换"选项卡的"切换到此幻灯片"组中单击"效果选项"按钮,在打开的下拉列表中选择"自左侧"选项,为幻灯片设置切换的效果,如图 14.11(b)所示。

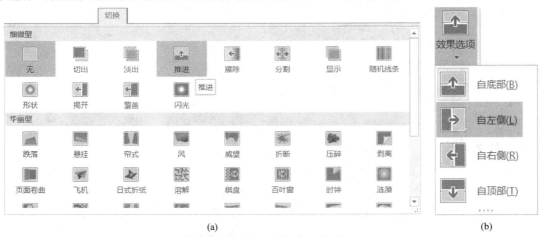

图 14.11 设置切换方案与效果

(3)在"切换"选项卡的"计时"组中点开"声音"下拉列表,从中选择"风铃"选项,为幻灯片设置切换的声音,如图 14.12(a)所示。

(4)在"持续时间"数值框中输入"02.25"秒,在"设置自动换片时间"数值框中输入"00:10.00"秒,如图 14.12(b)所示。

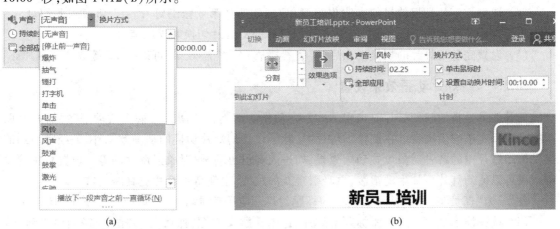

图 14.12 设置切换声音与时间

(5)单击"全部应用"按钮,完成对幻灯片切换效果的设置。

这时可以看到在幻灯片视图中幻灯片左侧出现了一个 符号,单击幻灯片左侧的这个 符号,就会自动播放这张幻灯片的切换动画。

现在,"新员工培训"演示文稿中所有的幻灯片都应用了相同的幻灯片切换动画。为使切换动画效果更加丰富,可以为不同的幻灯片设置不同的切换方案和效果选项,则执行如下操作步骤:

(1)选择演示文稿的第 2 张幻灯片,在"切换"选项卡的"计时"组中将"设置自动换片时间"复选框取消勾选;在"切换到此幻灯片"组中单击"效果选项"按钮,在打开的下拉列表中选择要应用的切换效果选项,如选择"自右侧"选项,为幻灯片设置不同的切换效果,如图 14.13(a)所示。

 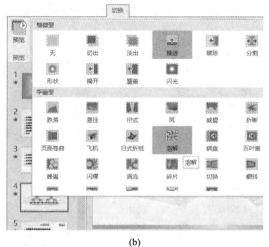

(a)　　　　　　　　　　　　　　　　　　(b)

图 14.13　设置不同切换方案和效果

(2)选择演示文稿的第 4 张幻灯片,在"切换"选项卡的"切换到此幻灯片"组的切换样式下拉列表中选择"华丽型"组中的"溶解"样式,如图 14.13(b)所示。

(3)重复上面两个步骤,就可以根据自己的需要为所有幻灯片设置不同的切换样式和切换效果,包括具有动态内容的切换效果、模拟真实三维空间中的动作路径和旋转。

(4)取消幻灯片切换效果的方法也很简单,例如选择第 8 张幻灯片,在"切换到此幻灯片"组中将切换样式设置为"无",即可将第 8 张幻灯片的幻灯片切换效果取消。

(5)设置完各幻灯片的切换动画后,要查看播放时的完整效果,可以按 F5 键放映幻灯片。

14.3.4　幻灯片动画效果设置

动画效果是指放映幻灯片时出现的一系列动作。动画可使演示文稿更具动态效果,并有助于提高演示文稿的生动性。在制作幻灯片时,除了设置幻灯片切换的动画效果外,最经常用到的还是为幻灯片中的各种对象设置动画效果,如进入和退出动画、对象强调动画等。设置对象的动画效果可以使幻灯片更加生动活泼,更吸引观众的视线,也使得幻灯片更具有观赏性。

首先,为"新员工培训"演示文稿中的标题幻灯片应用动画效果,可以执行如下操作步骤:

(1)选择演示文稿的第 1 张标题幻灯片,选中标题文本框,然后在"动画"选项卡的"动画"组中打开"动画样式"下拉列表,从中选择"进入"组中的"浮入"动画样式,如图 14.14(a)所示。

(2)在"动画"组中单击"效果选项"按钮,在打开的下拉列表中选择"下浮"选项,如图 14.14(b)所示。

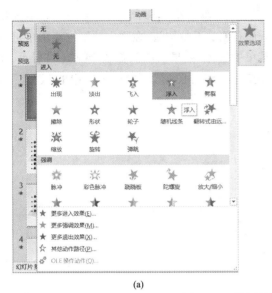

(a)　　　　　　　　　　　　　　　　(b)

图 14.14　设置标题幻灯片动画效果

（3）选中副标题文本框,然后在"动画"选项卡的"动画"组中打开"动画样式"下拉列表,从中选择"进入"组中的"飞入"样式。在"动画"组中单击"效果选项"按钮,在打开的下拉列表中选择"自右下部"选项。

（4）在"动画"选项卡的"计时"组中的"开始"下拉列表框中选择"上一动画之后"选项,如图 14.15(a)所示。

（5）在"动画"选项卡的"计时"组中的"持续时间"数字框中设置"01.50",指定动画的持续时间为 1.50 秒,如图 14.15(b)所示。

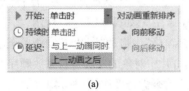

(a)　　　　　　　　　　　　　　(b)

图 14.15　设置动画的持续时间和延迟时间

（6）在"动画"选项卡的"计时"组中的"延迟"数字框中设置"00.25",指定 0.25 秒后播放动画,如图 14.13 右图所示。

（7）完成动画设置后,可以在"动画"选项卡的"预览"组中,通过"预览"按钮弹出的下拉菜单中选择"预览"命令,进行幻灯片的动画预览。也可以在"动画"选项卡的"高级动画"组中单击"动画窗格"按钮,在编辑区右侧出现的"动画窗格"任务窗格中点击播放按钮(未选中任一动画条时显示"全部播放",选中某一动画条时显示"播放自"),预览当前幻灯片的动画效果。

接下来为"新员工培训"演示文稿中的其他幻灯片应用动画效果,可以执行如下操作步骤:

（1）选择演示文稿的第 8 张幻灯片,选中其中的 SmartArt 对象,然后在"动画"选项卡的"动画"组中打开"动画样式"下拉列表,在列表框的下面选择"更多进入效果"选项。

（2）在弹出的"更改进入效果"对话框中选择"阶梯状"选项,然后单击"确定"按钮,如图 14.16(a)所示。

（3）单击"高级动画"组中的"动画窗格"按钮,在"动画窗格"任务窗格的动画列表中选择第 1 条名为"内容占位符 3"的动画,单击该动画条最右侧的下拉按钮,在弹出的下拉菜单中可以设置启动方式、效果选项和计时等参数。在下拉菜单中选择"效果选项",如图 14.16(b)所示,在弹出的"阶梯状"对话框中,选择"SmartArt 动画"选项卡"组合图形"下拉列表框中的"逐个"选项,然后单击"确定"按钮,如图 14.16(c)所示。

图 14.16 设置 SmartArt 动画效果

（4）为幻灯片中的图片对象设置"飞入"的进入效果,并且设置方向为"自右侧"。

（5）在"动画窗格"中可以看到"图片 4"的动画序号是 5,如图 14.17(a)所示,其中如图 14.17(b)所示,将 SmartArt 对象展开,包含 4 个子对象。在"动画窗格"中拖动"图片 4"动画条至序号 1 的前面,让"图片 4"的动画序号是 1,如图 14.17(c)所示。对幻灯片中对象的动画进行播放顺序调整,还可以利用"动画"选项卡"计时"组中的"向前移动""向后移动"命令进行操作,如图 14.17(d)所示。

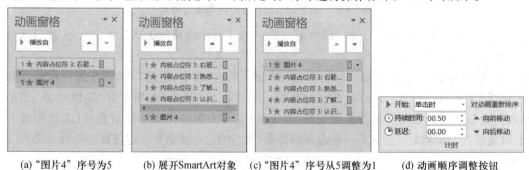

(a)"图片 4"序号为 5　　(b) 展开 SmartArt 对象　　(c)"图片 4"序号从 5 调整为 1　　(d) 动画顺序调整按钮

图 14.17 调整动画顺序

（6）在"图片 4"动画条的下拉菜单中选择"效果选项",在弹出的"飞入"对话框的"效果"选项卡中,在"动画播放后"选项的下拉列表框中选择"下次单击后隐藏"选项,如图 14.18(a)所示。

(a)　　　　　　　　　　(b)

图 14.18　设置动画效果

（7）在"飞入"对话框的"计时"选项卡中，在"延迟"数字框中输入"0.5"秒，在"期间"下拉列表框中选择"中速（2 秒）"选项，然后单击"确定"按钮，如图 14.18（b）所示。

14.3.5　动画效果的叠加

前面都是对某个对象应用某一种效果，其实在 PowerPoint 中还可以对同一对象应用多个动画效果。下面为"新员工培训"演示文稿中的同一对象应用多个动画效果，可以执行如下操作步骤：

（1）选择演示文稿的第 2 张幻灯片，为其中的内容占位符对象应用"阶梯状"动画，效果选项中方向设置为"左下"，序列设置为"整批发送"。

（2）为第 2 张幻灯片的图片对象"Picture2"设置"翻转式由远及近"动画效果。

（3）选中内容占位符中的"公司福利待遇"文本，如图 14.19（a）所示。

（4）在"动画"选项卡的"动画"组中打开动画样式下拉列表，在底部点击"更多进入强调效果"选项。

（5）在弹出的"添加强调效果"对话框中选择"基本型"组中的"陀螺旋"动画样式，然后单击"确定"按钮，如图 14.19（b）所示。

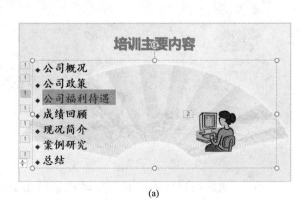

(a)　　　　　　　　　　(b)

图 14.19　添加强调效果

（6）选择第 2 张幻灯片的内容占位符对象，在"动画"选项卡的"高级动画"组中单击"添加动画"按钮，如图 14.20（a）所示。

（7）在打开的下拉列表中选择"动作路径"组中的"弧形"动画样式，如图 14.20（b）所示。

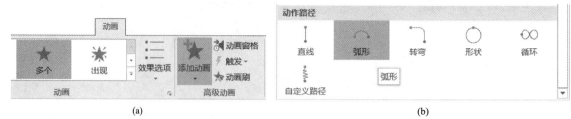

(a)   (b)

图 14.20 添加动作路径效果

（8）继续选择第 2 张幻灯片的内容占位符对象，在"动画"选项卡的"高级动画"组中单击"添加动画"按钮，在打开的下拉列表中选择"更多退出效果"，在弹出的"添加退出效果"对话框中选择"温和型"组中的"基本缩放"动画样式，然后单击"确定"按钮。

以上这些步骤执行完成之后，第 2 张幻灯片的动画效果布局显示如图 14.21 所示。

从图 14.21 中，可以看出"内容占位符"这个对象被叠加了多个动画效果，在"动画窗格"中的编号表示了动画效果的播放顺序。各个效果按照其添加的顺序显示在"动画窗格"中。"动画窗格"中的编号与幻灯片上显示的不可打印的编号标记是一一对应的。"动画窗格"中的时间线代表了效果的持续时间，当"动画窗格"宽度足够时，在动画序号后面可能会出现鼠标图标，代表该动画需要"单击时"才开始播放，如图 14.21（b）所示。

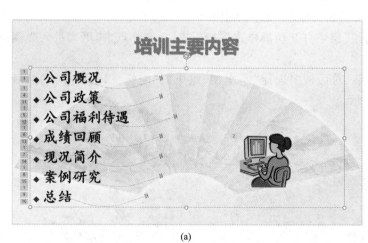

(a)   (b)

图 14.21 多个动画效果叠加

14.3.6 放映方式设置

演示文稿制作完成后，只有进行幻灯片的放映才可以将所有设置的动画效果和切换效果等显示出来，可以执行如下操作步骤（如图 14.22 所示）：

（1）在"幻灯片放映"选项卡的"开始放映幻灯片"组中，单击"从头开始"按钮，在"幻灯片放映"视图中就会从第一张幻灯片开始放映演示文稿。

（2）在"幻灯片放映"选项卡的"开始放映幻灯片"组中，单击"从当前幻灯片开始"按钮，在"幻灯片放映"视图中就会从当前幻灯片开始放映演示文稿。

图 14.22 幻灯片放映

在实际演讲或应用时经常会碰到在不同的场合下放映幻灯片，就会需要用各种不同的方式进行放映。例如，有演讲者演讲时自行操作放映，通常使用全屏方式放映；若由观众自行浏览，则常常以窗口的方式放映，以方便观众应用相应的浏览功能；若要在展台进行播放，则常常应用全屏方式进行自动放映，且取消鼠标和键盘相关播放功能。

为"新员工培训"演示文稿设置一种放映方式，可以执行如下操作步骤：

（1）在"幻灯片放映"选项卡的"设置"组中单击"设置幻灯片放映"按钮，弹出"设置放映方式"对话框，如图 14.23 所示。

图 14.23 设置幻灯片放映方式

（2）在"放映类型"组中选择"观众自行浏览（窗口）"选项。

（3）在"放映选项"组中选择"循环放映，按 ESC 键终止"选项，单击"确定"按钮。

14.3.7 自定义放映

在放映幻灯片时,系统将自动按照设置的方式依次放映每张幻灯片。但在实际应用中,有时候并不需要放映所有的幻灯片,用户可以将不放映的幻灯片隐藏起来,需要放映时再将其显示出来。

隐藏"新员工培训"演示文稿中的某张幻灯片,可以执行如下操作步骤:

(1)选择演示文稿的第 4 张幻灯片,在"幻灯片放映"选项卡的"设置"组中单击"隐藏幻灯片"按钮,如图 14.24 所示。

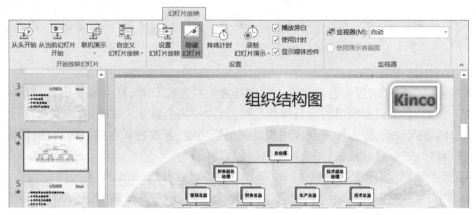

图 14.24 隐藏幻灯片

(2)第 4 张幻灯片即被隐藏。在"幻灯片浏览"视图下的缩略图窗格中,被隐藏的幻灯片,其编号将显示为 ▵(编号上加了一条斜杠)。对于演示文稿来讲,隐藏的第 4 张幻灯片并不是被删除了,只是在演示文稿放映时不出现。

(3)如果想要取消隐藏,只需再次单击"隐藏幻灯片"按钮。

在放映幻灯片时,除了会隐藏某些幻灯片,有时还会调整幻灯片放映的顺序,但是又不希望调整这些幻灯片在演示文稿中的真正顺序,这时就需要通过自定义放映功能来建立多种不同的放映过程,可以执行如下操作步骤:

(1)在"幻灯片放映"选项卡的"开始放映幻灯片"组中,单击"自定义幻灯片放映"按钮,在下拉列表中选择"自定义放映"选项,如图 14.25(a)所示。

(2)在打开的"自定义放映"对话框中单击"新建"按钮,如图 14.25(b)所示,系统将弹出"定义自定义放映"对话框。

(a)

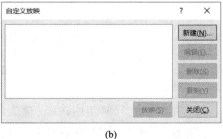

(b)

图 14.25 "自定义放映"对话框

（3）在"定义自定义放映"对话框中设置幻灯片放映的名称为"员工培训2"，在左侧列表中勾选需要添加的幻灯片，单击"添加"按钮，将自定义放映中需要的幻灯片添加到右侧列表中。还可通过最右侧的顺序调整和删除按钮进行自定义放映的调整。定义完成后单击"确定"按钮，如图 14.26 所示。

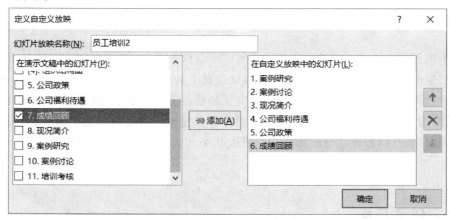

图 14.26　"定义自定义放映"对话框

（4）返回到"自定义放映"对话框中，单击"放映"按钮即可预览"员工培训2"这个自定义放映，如图 14.27（a）所示。如果需要重新编辑这个自定义放映"员工培训2"，可以单击"编辑"按钮重新进入"定义自定义放映"对话框进行编辑。

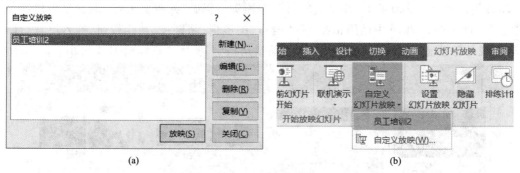

（a）　　　　　　　　　　　　　（b）

图 14.27　预览自定义放映

（5）在"自定义放映"对话框中，单击"关闭"按钮返回到演示文稿的普通视图，再次单击"自定义幻灯片放映"按钮，就会发现在下拉列表中多了一个选项"员工培训2"，如图 14.27（b）所示。鼠标单击选择这个选项，就会自动放映"员工培训2"这个自定义放映中的所有幻灯片。

第 15 章　快速制作电子相册

随着手机照相功能的不断改进和计算机的广泛应用,人们在可以更加方便地拍摄照片却又不需要把拍摄的照片都冲印出来的时候,更多地选择了利用计算机来浏览和存储照片,电子相册制作在这个过程中发挥了非常重要的作用。电子相册具有传统相册无法比拟的优越性,图、文、声、像并茂的表现手法,随意编辑和修改的功能都非常强大。通过制作电子相册,照片可以更加动态地展现出来,可以方便地与朋友共享。利用 PowerPoint 2016 就能帮你轻松地制作出漂亮的电子相册。

15.1　任务目标

小王是一个贵州小伙,他的家乡贵州是一个美丽的地方,有着丰富的旅游资源但是却比较偏远。小王想把美丽的家乡介绍给同事们,所以他想利用一些家乡的风景照片制作出一个电子相册分享给大家。

本案例将应用 PowerPoint 2016 制作一份“美丽贵州相册”的演示文稿。通过案例的学习,可以学会在 PowerPoint 2016 中运用相册、图片编辑、图形框、超链接、动作按钮、插入声音、排练计时、转换视频等功能。本案例最终完成的“美丽贵州相册”演示文稿如图 15.1 所示。

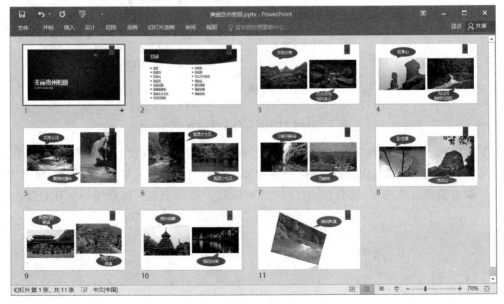

图 15.1　“美丽贵州相册”演示文稿

本案例将涉及如下知识点：

- 相册演示文稿的创建方法
- 超链接的创建与使用
- 动作按钮的创建与使用
- 背景音乐的设置
- 图片对象的编辑方法
- 图形对象的编辑方法
- 视频文件的生成
- 排练计时的应用

15.2 相关知识

15.2.1 演示文稿制作的基本规范

- 演示文稿能够脱离原制作电脑而正常运行，可靠性高
- 图片、视频清晰，对比度不能过小
- 插入的动画准确生动，音效质量高
- 导航与链接准确，避免错误的链接以及死链接
- 界面设计美观大方，布局合理，色彩协调
- 文字简明扼要，避免照搬文字素材
- 色彩搭配和谐、醒目，避免使用太多的颜色，注意文字与背景色的反差
- 每张幻灯片的文字不能排得过密，每页不超过 10 行，每行不超过 24 个字
- 每张幻灯片边缘留有一定空白，以免过于拥挤

15.2.2 演示文稿制作的技术规范

（1）导航设计要求
- 文件内链接都采用相对链接，并能够正常打开
- 使用超级链接时，要在目标页面有"返回"按钮
- 鼠标移至按钮上时要求显示出该按钮的操作提示
- 不同位置使用的导航按钮保持风格一致或使用相同的按钮

（2）动画设计要求
- 动画连续，节奏合适
- 使用动画效果时，同一页（幅）面上最好不超过 3 种以上
- 不宜出现不必要的动画效果，不使用随机效果
- 幻灯片中插入的动画文件一般采用.swf、.avi 等格式
- 为使动画播放流畅，建议动画速度不少于 12 帧/秒

（3）视频设计要求

- 插入的视频一般采用 avi、mpeg、asf 等通用格式
- 视频窗口以不大于 352×288 为宜,视频清晰,播放流畅

15.2.3　修剪音频剪辑

在幻灯片的制作过程中也许会遇到旁白、讨论的话题与主题无关,或者插入的音频过长而想要缩短音频好与幻灯片的计时相适应。这时就可以利用 PowerPoint 提供的"剪裁音频"功能,在每个音频剪辑的开头和末尾处对音频进行修剪,可删除与剪辑内容无关的部分,并使剪辑更加简短,可以执行如下操作步骤:

（1）在幻灯片中选择需要剪裁的音频,在功能区右侧出现"音频工具|格式"和"音频工具|播放"两个选项卡。

（2）在"音频工具|播放"选项卡的"编辑"组中单击"剪裁音频"按钮,弹出"剪裁音频"对话框。

（3）在"调整音频"对话框中,执行下面一项或多项操作:

- 若要修剪剪辑的开头,则单击起点（如图 15.2 中最左侧的绿色标记所示）。看到双向箭头时,将箭头拖动到所需的音频剪辑起始位置。
- 若要修剪剪辑的末尾,则单击终点（如图 15.2 中右侧的红色标记所示）。看到双向箭头时,将箭头拖动到所需的音频剪辑结束位置。

图 15.2　剪裁音频

15.2.4　图片的艺术效果

通过 PowerPoint 2016,可以对图片应用不同的艺术效果,使其看起来更像素描、绘图或油画。预置的艺术效果共有 22 种,分别为标记、铅笔灰度、铅笔素描、线条图、粉笔素描、画图笔画、画图刷、发光散射、虚化、浅色屏幕、水彩海绵、胶片颗粒、马赛克气泡、玻璃、混凝土、纹理化、十字图案蚀刻、蜡笔平滑、塑封、图样、影印和发光边缘。如图 15.3 所示的就是 4 种艺术效果的示例,从左到右分别是标记、水彩海绵、浅色屏幕和影印。

对图片应用艺术效果,可以执行如下操作步骤:

（1）单击要对其应用艺术效果的图片,在"图片工具|格式"选项卡的"调整"组中单击"艺术效果"按钮。

（2）在预置的艺术效果下拉列表中,单击所需的艺术效果,例如"影印",如图 15.4 所示就是原始图片与"影印"效果的对比。

图 15.3　图片艺术效果示例

图 15.4　原始图片与"影印"效果

（3）若要进一步微调艺术效果，则单击"艺术效果选项"，在编辑区的右侧将出现"设置图片格式"任务窗格，可对图片的艺术效果进行更加细节的调整。

（4）若要删除艺术效果，则再次单击"图片工具|格式"选项卡的"调整"组中的"艺术效果"按钮，在下拉列表的"艺术效果"库中，单击第一个效果"无"。

（5）若要删除已添加到图片中的所有效果，则单击"调整"组中的"重设图片"按钮。

15.2.5　删除图片背景

PowerPoint 中包含的另一高级图片编辑选项是自动删除图片的背景及其他不需要的部分，以强调或突出显示图片主题或删除杂乱的细节。

若要删除图片背景或其他不需要的图片部分，可以执行如下操作步骤：

（1）单击要删除背景的图片，在"图片工具|格式"选项卡的"调整"组中单击"删除背景"按钮。

（2）单击点线框线条上的一个控点，然后拖动线条，使之包含希望保留的图片部分，并将大部分希望删除的区域排除在外。大多数情况下，不需要执行任何附加操作，而只要不断尝试点线框线条的位置和大小，就可以获得满意的结果。如图 15.5（a）所示，就是一张显示背景删除线和控点的图片。

（3）接下来就需要在如图 15.5（b）所示的"背景消除"选项卡中进行操作。若要标示你不希望自动删除的图片部分，则单击"优化"组中的"标记要保留的区域"。若要标示除了自动标记要删除的图片部分外，哪些部分确实还要删除，则单击"优化"组中的"标记要删除的区域"。如果对线条标出的要保留或删除的区域不甚满意，想要更改它，则单击"优化"组中的"删除标记"，然后单击线条进行更改。

（4）确认操作后，单击"关闭"组中的"保留更改"，图片背景就会被删除，效果如图 15.6 所示。

(a)　　　　　　　　　　　　　　　　　　(b)

图 15.5　背景删除操作

图 15.6　原始图片与背景删除的图片

（5）若要取消自动背景删除，则单击"关闭"组中的"放弃所有更改"。

15.3　任务实施

本案例实施的基本流程如下所示。

新建相册演示文稿　→　对图片进行编辑　→　用图形框添加说明　→　制作目录页　→　添加动作按钮　→　设置背景音乐　→　转换为视频文件

15.3.1　新建相册演示文稿

在 PowerPoint 2016 中创建相册演示文稿是一件非常轻松的事情，可以执行如下操作步骤：

（1）启动 PowerPoint 2016 软件，新建一个空白演示文稿。

（2）在"插入"选项卡的"图像"组中单击"相册"按钮，打开"相册"对话框。

（3）在打开的"相册"对话框中单击选择"文件/磁盘"按钮，如图 15.7 所示。

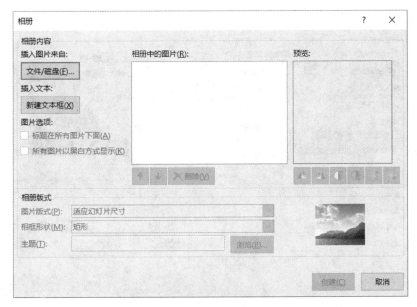

图 15.7 "相册"对话框

（4）在打开的"插入新图片"对话框中，打开需要插入相册中的图片所在的"美丽贵州相册"文件夹，将文件夹中所有图片全部选中，然后单击"插入"按钮，如图 15.8 所示。

图 15.8 "插入新图片"对话框

（5）在返回的"相册"对话框中的"相册中的图片"列表框中，通过上下箭头按钮调整图片的先后顺序，使"西江千户苗寨"与"西江苗寨民族风情表演"在一张幻灯片中，如图 15.9 所示。

（6）在"相册"对话框的"相册版式"组中，单击"图片版式"的下拉按钮，在下拉列表中选择

图 15.9 相册版式设置

"2 张图片"选项。

（7）在"相册版式"组中，单击"相框形状"的下拉按钮，在下拉列表中选择"居中矩形阴影"选项，如图 15.9 所示。

（8）单击"创建"按钮，图片就被全部插入到演示文稿的幻灯片中，并且是每张幻灯片放 2 张图片，系统自动将第一张幻灯片制作成标题幻灯片，如图 15.10 所示。

图 15.10 创建的相册演示文稿

（9）在标题幻灯片中输入相册的标题"美丽贵州相册"，并且设置适当的字体和字号。

（10）利用"设计"选项卡的"主题"选项，为演示文稿应用"离子会议室"的主题样式。

（11）在"插入"选项卡的"插图"组中单击"形状"按钮，在下拉列表中选择"直线"选项，在标题幻灯片中插入一条直线，设置直线的外观形状，如图 15.11 所示。

图 15.11　创建好的演示文稿

15.3.2　对图片进行编辑

利用相册功能插入到演示文稿中的图片，都已经是经过初步编辑后的效果，尽管如此仍旧可以根据需要进一步进行编辑，可以执行如下操作步骤：

（1）选择演示文稿的第 7 张幻灯片，同时选中幻灯片中的两张图片。

（2）在"图片工具 | 格式"选项卡的"排列"组中单击"对齐"按钮，在打开的下拉菜单中选择"底端对齐"命令，如图 15.12 所示。

（3）幻灯片中的两张图片的排列位置就会发生改变，如图 15.13 所示。

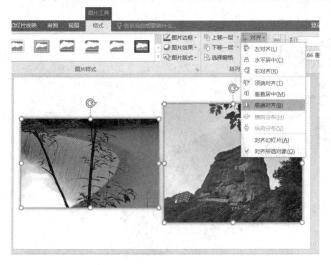

图 15.12　图片对齐方式设置

图 15.13　图片"底端对齐"效果

（4）选择演示文稿的最后一张幻灯片，右键单击幻灯片中唯一的那张图片，在弹出的快捷菜单中选择"大小和位置"选项,在编辑区右侧会显示"设置图片格式"任务窗格。

（5）在"设置图片格式"任务窗格的"大小与属性"选项卡中,在"大小"组中"旋转"的数字框中输入"15°",设置图片旋转角度。

（6）勾选"锁定纵横比"复选框,设置"缩放高度"为"80%","缩放宽度"会自动跟随设置为"80%",如图 15.14(a)所示。

(a)

(b)

图 15.14　图片大小和位置设置

（7）展开"位置"组,在"水平位置"的数字框中输入"6 厘米",在"垂直位置"的数字框中输入"5 厘米",并且都选从"左上角",如图 15.14(b)所示。此时幻灯片中的图片会随着大小和属性的设置直接显示对应的效果。

（8）继续选中需要编辑的图片,在"图片工具|格式"选项卡的"图片样式"的下拉列表框中选择"映像右透视"图片样式,如图 15.15(a)所示。

设置了外观样式的图片效果如图 15.15(b)所示。

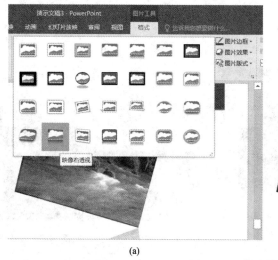
(a)

(b)

图 15.15　图片样式设置

（9）在"图片工具|格式"选项卡的"图片样式"组中单击"图片效果"按钮,在下拉列表框中选择"阴影"选项中"透视"组的"右上对角透视"效果,如图 15.16(a)所示。

编辑完成后的图片效果如图 15.16(b)所示。

(a)　　　　　　　　　　　(b)

图 15.16　图片阴影效果设置

15.3.3　利用图形框添加说明

利用相册功能创建这个演示文稿时,选择的图片版式是"2 张图片"选项,所以图片幻灯片的版式都自动设置为"空白",幻灯片中没有标题占位符,无法输入说明文字,这时就可以利用图形框来添加文字说明,可以执行如下操作步骤:

（1）选择演示文稿的第 2 张幻灯片,在"插入"选项卡的"插图"组中单击"形状"按钮。

（2）在打开的下拉列表中选择"标注"组中的"椭圆形标注"选项,如图 15.17(a)所示。

（3）在第 2 张幻灯片的第 1 张图片的上方绘制一个椭圆形标注,然后在"椭圆形标注"图形对象上单击右键,在弹出的菜单中选择"编辑文字"选项,如图 15.17(b)所示;输入文字"安顺龙宫"到椭圆形标注,设置好字体、字号和字符颜色等。

(a)　　　　　　　　　　　(b)

图 15.17　标注选项

（4）选中"椭圆形标注"形状,利用"绘图工具 | 格式"选项卡的"形状样式"中的"形状填充""形状轮廓"和"形状效果"等选项,为标注设置适当的效果属性。

（5）继续重复上述的步骤,在第 2 张图片的下方绘制一个椭圆形标注,效果如图 15.18所示。

图 15.18　利用图形框添加说明

15.3.4　利用超链接制作目录页

在 PowerPoint 中,利用超链接可以链接到另一张幻灯片,既可以是同一演示文稿中的幻灯片,也可以是不同演示文稿中的幻灯片,还可以是电子邮件地址、网页或文件。在 PowerPoint 中,可以为文本或一个对象(如图片、图形、形状或艺术字)创建链接。

创建好相册演示文稿后,利用超链接制作一个方便跳转的目录页,可以执行如下操作步骤:

（1）在第 1 张标题幻灯片的下面新建一个版式为"两栏内容"的幻灯片,在两栏文本框中输入相应的文字,并设置好字体、字号等。如图 15.19 所示。

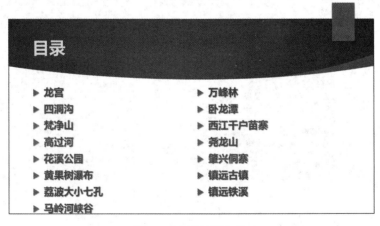

图 15.19　目录页文字

（2）选择文字"龙宫"，在"插入"选项卡的"链接"组中单击"超链接"按钮。

（3）在打开的"插入超链接"对话框的"链接到"列表中单击"本文档中的位置"，如图 15.20 所示。

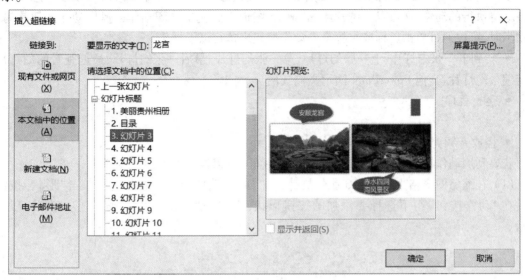

图 15.20　插入超链接

（4）在"请选择文档中的位置"列表中单击要用作超链接目标的幻灯片"3. 幻灯片 3"，在右侧"幻灯片预览"框中就会出现目标幻灯片的预览效果，然后单击"确定"按钮，如图 15.20 所示。

（5）重复上面的步骤，为目录页中的其他行文字创建相应的超链接，让文字可以链接到相应的图片幻灯片。

（6）目录页中已经添加了超链接的文字就会改变颜色，并且添加了下画线，如图 15.21 所示。

（7）在"幻灯片放映"视图下，目录的超链接效果就可以实现。

图 15.21　超链接效果

15.3.5 添加动作按钮

动作按钮是指可以添加到演示文稿中的内置按钮形状,可以分配单击鼠标或鼠标悬停时动作按钮将执行的动作,还可以为图片或 SmartArt 图形中的文本分配动作。提供动作按钮是为了在演示时,可以通过单击鼠标或鼠标悬停动作按钮来执行以下操作:

- 转到下一张幻灯片、上一张幻灯片、第一张幻灯片、最后一张幻灯片、最近查看的幻灯片、特定编号幻灯片、其他 PowerPoint 演示文稿或网页
  - 运行程序
  - 运行宏
  - 播放音频剪辑

若要利用动作按钮制作一个返回目录页的跳转,可以执行如下操作步骤:

(1)在缩略图窗格中选择第 3 张幻灯片,在"插入"选项卡的"插图"组中单击"形状"按钮,然后在"动作按钮"组下选择要添加的按钮形状,例如"动作按钮:第一张"选项,如图 15.22 所示。

图 15.22 动作按钮

(2)在第 3 张图片的右上方绘制一个动作按钮,就会弹出"操作设置"对话框。

(3)在"操作设置"对话框的"单击鼠标"选项卡中,在"超链接到"的下拉列表框中选择"幻灯片"选项,如图 15.23(a)所示。

(4)在弹出的"超链接到幻灯片"对话框中,单击选中要用作超链接目标的幻灯片"2. 目录",在对话框右边就会出现目标幻灯片的预览,然后单击"确定"按钮,如图 15.23(b)所示。

(5)将这个按钮复制到第 4 张到第 11 张幻灯片中。为了操作更方便,还可以在第 2 张"目录"幻灯片中插入一个名为"动作按钮:上一张"的动作按钮,并复制到第 3 张到第 11 张幻灯片中。

15.3.6 设置背景音乐

为了增加相册的观赏性,还需要给相册添加优美的背景音乐来增加效果,可以执行如下操作步骤:

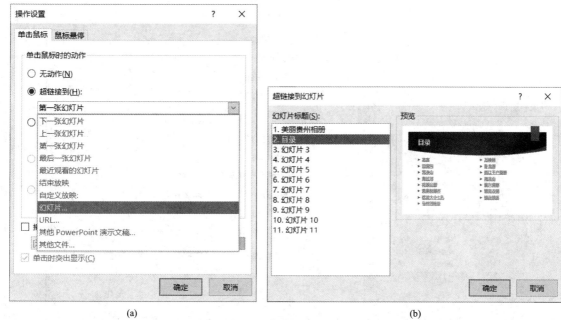

图 15.23　动作按钮超链接

（1）选择第 1 张幻灯片,在"插入"选项卡的"媒体"组中单击"音频"按钮,在打开的下拉菜单中选择"文件中的音频"选项。

（2）在打开的"插入音频"对话框中选中要插入的音乐文件（本例为"贵州恋歌.wma"）,单击"插入"按钮将音乐插入到第 1 张幻灯片中,此时幻灯片中就会出现一个声音图标。

（3）单击选中这个声音图标,然后单击"动画"选项卡的"动画窗格"按钮,在编辑区右侧就会出现"动画窗格"任务窗格。

（4）在"动画窗格"中,单击音乐文件右方的下拉按钮,在下拉列表中选择"效果选项",如图15.24（a）所示。

（5）在打开的"播放音频"对话框中选择"效果"选项卡,在"开始播放"组中有"从头开始""从上一位置"和"开始时间"3 个选项,默认选项是"从头开始";在"停止播放"组中有"单击时""当前幻灯片之后"和"在…张幻灯片后"3 个选项,默认选项是"当前幻灯片之后"。由于要设置的是背景音乐,所以选择"在…张幻灯片后",并且在数字框中输入"11",如图 15.24（b）所示。数字框中的数字是根据演示文稿的幻灯片数量来的,也就是说这个背景音乐会在整个演示文稿的最后一张幻灯片放映之后才停止。

（6）在"播放音频"对话框中选择"计时"选项卡,在"开始"选项右边的下拉列表框中选择"与上一动画同时",在"触发器"按钮下方选择"部分单击序列动画"单选项,单击"确定"按钮,如图 15.25（a）所示。这样设置后就会在播放相册的同时自动播放音乐。

（7）在第 1 张幻灯片中选中声音图标,在"音频工具|播放"选项卡的"音频选项"组中单击"音量"按钮,在下拉列表中选择"中",如图 15.25（b）所示。

（8）在"音频选项"组中单击"放映时隐藏"选项。

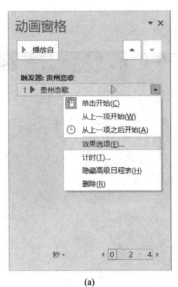

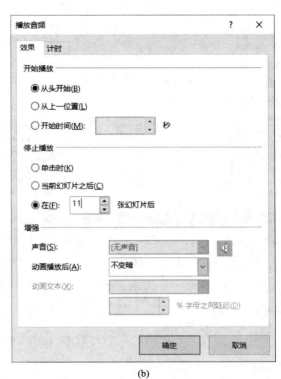

图 15.24　音乐效果设置

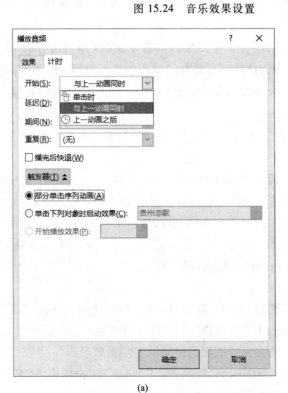

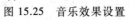

图 15.25　音乐效果设置

15.3.7　排练计时

排练计时功能可以自动利用计时器记录演示每张幻灯片需要的时间,以及演示整个演示文稿所需的所有时间。使用排练计时的方法对 PPT 演示文稿的播放进行预演,这样以后就可以按照预演的时间来播放每张幻灯片。为相册演示文稿设置排练计时,可以执行如下操作步骤:

（1）首先为整个演示文稿设置适合的幻灯片切换效果和动画效果。

（2）在“普通”视图中,单击要设置排练时间的幻灯片,例如选中第 1 张幻灯片。

（3）在“幻灯片放映”选项卡的“设置”组中单击“排练计时”按钮,系统会自动启动幻灯片放映视图进入排练放映状态,同时出现一个“录制”导航条,如图 15.26 所示。

图 15.26　排练计时“录制”导航条

（4）单击“录制”导航条中的第一个按钮“下一项” ，可以切换到下一张幻灯片的放映时间设置;单击“暂停”按钮 就可以暂时停止当前的录制;单击“重复”按钮 可以将这个幻灯片录制的时间重新归零,即回到本张的第一个动画执行之前的地方重新录制本张幻灯片;“录制”导航条中间的时间框中显示的是每张幻灯片的放映时间,而导航条最右侧的时间框中显示的是所有幻灯片放映的总时间。

（5）在结束所有幻灯片“录制”操作之后,系统会弹出提示对话框询问是否保存放映的时间设置,如图 15.27 所示。如果单击“是”按钮就会将排练好的幻灯片保存起来,如果单击“否”按钮就会放弃录制的排练操作。

图 15.27　录制提示对话框

15.3.8　转换为视频文件

如果要向同事或客户提供演示文稿的高保真版本(通过电子邮件附件、发布至网站或刻录在 CD 或 DVD 上),PowerPoint 2016 可将演示文稿另存为视频,以使其按视频播放。

PowerPoint 2016 除了可以将演示文稿另存为 Windows Media 视频（.wmv）文件外,还新增了另存为 MPEG-4 视频(.mp4)的文件形式,这样可以确信自己演示文稿中的动画、旁白和多媒体内容可以顺畅播放,分发时可更加放心。另存为视频文件的方式,是将幻灯片按照预设的播放策略转换为视频文件。

将演示文稿录制为视频时,有如下几点提示:

- 可以在视频中录制语音旁白和激光笔运动轨迹并进行计时。

- 可以控制视频文件的大小以及视频的质量。
- 可以在视频中包括动画和切换效果。
- 无须在其计算机上安装 PowerPoint 即可播放。
- 即使演示文稿中包含嵌入的视频,该视频也可以正常播放,而无须加以控制。
- 根据演示文稿的内容,创建视频可能需要一些时间。创建冗长的演示文稿和具有动画、切换效果和媒体内容的演示文稿,可能会花费更长时间。

要将"美丽贵州相册"演示文稿转换为视频,可以执行如下操作:

(1)首先要保存演示文稿,然后在"文件"菜单上选择"导出"选项卡。

(2)在"导出"选项卡中选择"创建视频"选项,如图 15.28 所示。

图 15.28 创建视频

(3)在"创建视频"任务窗格中,可设置创建视频的质量,如图 15.29(a)所示。录制视频质量的下拉列表中有"演示文稿质量""互联网质量"和"低质量"3 个选项,分别代表最高质量(分辨率为 1920×1080)、中等质量(分辨率为 1280×720)和最低质量(分辨率为 852×480)。

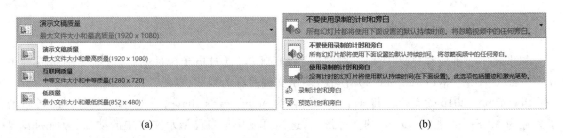

(a)   (b)

图 15.29 设置视频文件的质量和录制方式

(4)在"计时和旁白"下拉列表中,有两个选项和两个命令。选项"不要使用录制的计时和旁白",意味着所有幻灯片都将使用下面设置的默认持续时间,并将忽略视频中的任何旁白;选项"使用录制的计时和旁白",意味着已经计时的幻灯片将使用计时作为该张幻灯片的持续时间,而没有计时的幻灯片则按默认的持续时间来录制,同时还会将旁白、墨迹和激光笔势录制到视频中。

两个命令分别为"录制计时和旁白"和"预览计时和旁白",相当于"幻灯片放映"选项卡的"设置"组中的"排练计时"和"录制幻灯片演示"功能,并可对其进行预览。

(5)在下拉列表的下面,可以设置每张幻灯片放映的默认持续时间,即在"放映每张幻灯片的秒数"右侧的数值调整框中可以输入时间,默认为 5 秒。若要更改此值,单击向上箭头增加时间秒数或单击向下箭头减少时间秒数。

(6)单击"创建视频"按钮。

(7)在弹出的"另存为"对话框的"文件名"框中,为该视频输入一个文件名;选择存放此视频文件的文件夹和保存视频文件的类型,然后单击"保存"。可以通过屏幕底部的状态栏来查看视频创建进度。创建视频可能会持续一段时间,具体取决于视频长度和演示文稿的复杂程度。

全国计算机等级考试二级 MS Office 高级应用与设计考试大纲

基本要求

1. 正确采集信息并能在文字处理软件 Word、电子表格软件 Excel、演示文稿制作软件 PowerPoint 中熟练应用。

2. 掌握 Word 的操作技能,并熟练应用编制文档。

3. 掌握 Excel 的操作技能,并熟练应用进行数据计算及分析。

4. 掌握 PowerPoint 的操作技能,并熟练应用制作演示文稿。

考试内容

≫一、Microsoft Office 应用基础

1. Office 应用界面使用和功能设置。

2. Office 各模块之间的信息共享。

≫二、Word 的功能和使用

1. Word 的基本功能,文档的创建、编辑、保存、打印和保护等基本操作。

2. 设置字体和段落格式、应用文档样式和主题、调整页面布局等排版操作。

3. 文档中表格的制作与编辑。

4. 文档中图形、图像(片)对象的编辑和处理,文本框和文档部件的使用,符号与数学公式的输入与编辑。

5. 文档的分栏、分页和分节操作,文档页眉、页脚的设置,文档内容引用操作。

6. 文档审阅和修订。

7. 利用邮件合并功能批量制作和处理文档。

8. 多窗口和多文档的编辑,文档视图的使用。

9. 控件和宏功能的简单应用。

10. 分析图文素材,并根据需求提取相关信息引用到 Word 文档中。

≫三、Excel 的功能和使用

1. Excel 的基本功能,工作簿和工作表的基本操作,工作视图的控制。

2. 工作表数据的输入、编辑和修改。

3. 单元格格式化操作、数据格式的设置。

4. 工作簿和工作表的保护、版本比较与分析。

5. 单元格的引用、公式、函数和数组的使用。

6. 多个工作表的联动操作。

7. 迷你图和图表的创建、编辑与修饰。

8. 数据的排序、筛选、分类汇总、分组显示和合并计算。

9. 数据透视表和数据透视图的使用。

10. 数据模拟分析、运算与预测。

11. 控件和宏功能的简单使用。

12. 导入外部数据并进行分析，获取和转换数据并进行处理。

13. 使用 Power Pivot 管理数据模型的基本操作。

14. 分析数据素材，并根据需求提取相关信息引用到 Excel 文档中。

四、PowerPoint 的功能和使用

1. PowerPoint 的基本功能和基本操作，幻灯片的组织与管理，演示文稿的视图模式和使用。

2. 演示文稿中幻灯片的主题应用、背景设置、母版制作和使用。

3. 幻灯片中文本、图形、SmartArt、图像（片）、图表、音频、视频、艺术字等对象的编辑和应用。

4. 幻灯片中对象动画、幻灯片切换效果、链接操作等交互设置。

5. 幻灯片放映设置，演示文稿的打包和输出。

6. 演示文稿的审阅和比较。

7. 分析图文素材，并根据需求提取相关信息引用到 PowerPoint 文档中。

考试方式

上机考试，考试时长 120 分钟，满分 100 分。

1. 题型及分值

单项选择题 20 分（含公共基础知识部分① 10 分）。

Word 操作 30 分。

Excel 操作 30 分。

PowerPoint 操作 20 分。

2. 考试环境

操作系统：中文版 Windows 7。

考试环境：Microsoft Office 2016。

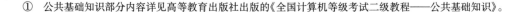

① 公共基础知识部分内容详见高等教育出版社出版的《全国计算机等级考试二级教程——公共基础知识》。

郑重声明

高等教育出版社依法对本书享有专有出版权。任何未经许可的复制、销售行为均违反《中华人民共和国著作权法》,其行为人将承担相应的民事责任和行政责任;构成犯罪的,将被依法追究刑事责任。为了维护市场秩序,保护读者的合法权益,避免读者误用盗版书造成不良后果,我社将配合行政执法部门和司法机关对违法犯罪的单位和个人进行严厉打击。社会各界人士如发现上述侵权行为,希望及时举报,我社将奖励举报有功人员。

反盗版举报电话 (010)58581999 58582371
反盗版举报邮箱 dd@hep.com.cn
通信地址 北京市西城区德外大街4号
高等教育出版社法律事务部
邮政编码 100120

读者意见反馈

为收集对教材的意见建议,进一步完善教材编写并做好服务工作,读者可将对本教材的意见建议通过如下渠道反馈至我社。

咨询电话 400-810-0598
反馈邮箱 gjdzfwb@pub.hep.cn
通信地址 北京市朝阳区惠新东街4号富盛大厦1座
高等教育出版社总编辑办公室
邮政编码 100029

防伪查询说明

用户购书后刮开封底防伪涂层,使用手机微信等软件扫描二维码,会跳转至防伪查询网页,获得所购图书详细信息。

防伪客服电话 (010)58582300